水库大坝安全研究与管理系统开发

Studies on Dam Safety and Management System for Dams

贾金生　赵　春　郑璀莹　徐　耀　著

黄 河 水 利 出 版 社

Yellow River Conservancy Press

·郑 州·

内 容 提 要

本书阐述了作者多年来在水库大坝相对安全度评价研究方面的科技成果与应用实践。首先介绍了全国水库大坝管理系统开发的必要性和主要内容，并以全国病险水库大坝管理子系统为例，详细介绍了系统结构和功能；运用比较研究的新理念，建立了基于贝叶斯网络方法的大坝病害诊断模型；提出了基于主成分分析法的水库大坝风险排序方法；提出了基于超载分析的相对安全度评价、基于新型因子的监测模型状态预测等多种大坝安全评估新方法；总结了在大坝补强加固方面的研究成果；最后提出了促进我国水库大坝安全管理的有关建议。

本书可供水库大坝工程管理领域的人员，以及水利水电工程相关专业科研人员及高等院校师生阅读与参考。

图书在版编目(CIP)数据

水库大坝安全研究与管理系统开发/贾金生等著. —郑州:黄河水利出版社,2014.2
ISBN 978 – 7 – 5509 – 0722 – 5

Ⅰ.①水…　Ⅱ.①贾…　Ⅲ.①水库 – 大坝 – 安全管理 – 数据库管理系统 – 中国②水库 – 大坝 – 安全评价③水库 – 大坝 – 加固　Ⅳ.①TV698.2

中国版本图书馆 CIP 数据核字(2014)第 024583 号

出　版　社:黄河水利出版社
　　　　地址:河南省郑州市顺河路黄委会综合楼 14 层　　　邮政编码:450003
发行单位:黄河水利出版社
　　　　发行部电话:0371 – 66026940、66020550、66028024、66022620(传真)
　　　　E-mail:hhslcbs@ 126. com
承印单位:河南省瑞光印务股份有限公司
开本:787 mm×1 092 mm　1/16
印张:15.5
字数:360 千字　　　　　　　　　　　　　印数:1—2 000
版次:2014 年 10 月第 1 版　　　　　　　印次:2014 年 10 月第 1 次印刷

定价:60.00 元

序

    我国是世界上水库大坝最多的国家，水库总数已达到 98 002 座，我国坝高 100 米以上高坝数量、正在建设的 200 米以上特高坝数量均居世界第一。这些水库大坝在保障我国防洪安全、粮食安全、能源安全、供水安全和生态安全等方面发挥了重大的作用。由于水库大坝是国家重要基础设施，因此大坝安全研究日益受到关注。针对已建大坝日益老化、新建大坝坝高不断突破，当前已有工程经验不能完全覆盖的实际情况，作者提出了大坝安全评价存在外延性，需要在建立水库大坝案例库的基础上，通过与成功的、有经验教训的类似工程进行全要素、全过程、多角度的全面比较分析，探索相对安全度评价方法，以揭示影响大坝安全的模糊性、未知性等不确定性因素及其影响。作者的这一观点具有一定的指导意义。

    本书作者长期致力于大坝安全科学研究和工程实践，依靠国际大坝委员会和中国大坝协会，建立了全国水库大坝数据库、病险水库大坝数据库、溃坝库，这些资料是十分宝贵的，是进行比较研究的重要基础。作者结合小湾，做过国内外类似工程的比较研究，提出了增强小湾大坝安全度的解决方法和措施，实际应用表明，效果很好。书中也阐述了结合丰满大坝、小浪底大坝安全评估等所做的创新研究和提出的新模型与新方法，以及具有指导意义的结论，相信本书对水库大坝安全研究具有重要参考价值。

    随着我国经济社会的快速发展，全社会的安全意识不断增强，对水库大坝安全保障的要求越来越高，由此带来的挑战也更为严峻，需要进一步组织创新研究，在现有大坝安全评价体系及方法基础上，提出适宜于我国实际情况的新方法和新理论，更好地服务于政府管理与行业发展。本书正是在这方面作出了良好的开端，将大坝安全评价技术提升到一个新的台阶。为此，乐于为本书作序，以促进我国大坝安全管理更好更快的发展。

中国工程院院士　马洪琪

2014 年 1 月

前　言

　　水库大坝安全是国内外普遍关注的重要课题,虽然国内外做了大量的研究,有很丰富的成果,但与全社会对安全的要求日益提高相比,仍有巨大的差距,需要不断创新,以利于对水库大坝安全进行准确评价,真实掌握水库大坝安全状况。大坝安全分析涉及较准确的研究不确定性影响因素的问题。不确定性因素可概括为随机性、模糊性和未知性因素。影响安全的随机性因素可以以概率分析较准确把握,模糊性因素可以以安全度设计的概念利用经验进行控制,而未知性因素具有外延性,则需要新的考虑外延性因素影响的方法和理论解决。本书提出了三种新的方法研究不同外延性不确定性因素对大坝安全的影响:一是用相对安全度的概念评价小湾超高拱坝、评价有严重混凝土缺陷的丰满重力坝的安全,从而对小湾拱坝提出了新的安全措施,对丰满大坝安全问题得出了新的结论,量化反映了当前设计规范没有考虑的重要因素的影响。该方法后期用于丹江口大坝加高安全评价,也取得了重要的成果。二是提出初蓄因子法基于当前及历史状态通过监测分析对土石坝未来新状态的安全进行预测,如小浪底大坝安全鉴定时对其达到最高蓄水状态时安全性的预测,后期蓄水过程证明了新方法的可靠性。三是建立了基于贝叶斯网络方法的大坝病害诊断模型,提出了基于主成分分析法的水库大坝风险排序方法等,基于数据库,对溃坝概率等给出数值和排序。基于新的方法,通过全要素、全过程、多方面的比较研究,初步建立了水库大坝相对安全度评价方法体系,一是对单个大坝从多个方面进行全面评价,即在时间上进行自身安全度的纵向比较,有缺陷和无缺陷时的比较,与国内外同类坝的比较;二是对不同类型大坝,通过溃坝概率等,建立对比分析,给出确定性评价。

　　本书以构建全国水库大坝数据库、病险水库大坝数据库、溃坝库等平台为基础,以相对安全度评价为主线,以工程实例为对象,着重阐述了多年来在水库大坝相对安全度评价研究方面的科技成果与应用实践,阐述了基于比较研究的理念、水库大坝病害诊断、风险排序以及安全评估的新模型与新方法,总结了国内外先进的大坝加固技术和方案,并提出了未来水库大坝安全管理的思考与建议。本书编写目的在于促进建立全国统一、共享的水库大坝管理系统及建立大坝相对安全度评价体系,更好地服务于政府管理与行业发展,促进我国大坝安全管理技术和理念赶超世界先进水平。

　　本书共分七章。第一章对全国水库大坝管理系统开发背景、指导原则和主要内容进行了阐述,并介绍了我国水库大坝的基本情况;第二章介绍了全国病险水库大坝管理子系统的开发与应用;第三章基于病险水库大坝数据库,利用贝叶斯网络方法建立了大坝病害诊断模型,并结合具体工程,建立了从病害诊断、溃坝概率计算、除险加固效果评价等一整套应用方法;第四章提出了基于主成分分析法的水库大坝风险排序方法,并应用于实际工程的风险排序分析和对比研究;第五章结合丰满、小湾、小浪底等重大工程安全评估的实践,提出了全过程仿真计算、基于超载分析的相对安全度评价、基于新型因子的监测模型状态预测等多种大坝安全评估新方法;第六章总结了在大坝补强加固方面的研究成果;第七章介绍了美国、澳大利亚、瑞士的大坝安全管理体系,提出了促进我国水库大坝安全管理的有关建议。

本书也是一本工具书,一是对如何开发水库大坝管理系统进行了全面的介绍,对水库大坝病害诊断、风险排序、安全评估、加固技术等均有系统的阐述;二是提出的模型与方法均结合工程,介绍了具体的应用情况;三是对大坝加固技术进展进行了综述,介绍了国外水库大坝安全管理的方法。本书可供从事水库大坝安全管理和科研的技术人员参考。

在全国水库大坝管理系统开发中,作者得到了水利部规划计划司、安全监督司等单位的指导,在新理念、新方法的研究探索中得到了朱伯芳、郭军、陈昌林、鲁一晖、张国新、张进平、刘致彬、魏迎齐、张利民等专家的帮助,得到了华能澜沧江水电开发有限公司、丰满发电厂、大唐陈村水力发电厂、小浪底建管局、五凌电力有限公司等单位的大力支持,在此致以诚挚的谢意!

本书中列举了不少实际工程,所描述的工程情况,仅表示作者参与时或者分析时工程的状况,目的在于介绍系统或者说明方法。限于作者水平有限,时间仓促,书中难免有错误和不当之处,恳请广大读者批评指正。

作 者
2014 年 1 月于北京

目　录

序 .... 马洪琪

前　言

第一章　全国水库大坝管理系统开发 ·································· （1）
　　第一节　系统开发的背景、指导原则与目标 ··················· （1）
　　第二节　系统的功能介绍和已完成的开发内容 ··············· （3）
　　第三节　我国水库大坝情况 ····································· （6）

第二章　全国病险水库大坝管理子系统开发 ····················· （19）
　　第一节　系统开发和应用情况 ·································· （19）
　　第二节　病险水库除险加固工程数据库建设 ··············· （22）
　　第三节　全国病险水库大坝管理子系统 ····················· （51）
　　第四节　基于中文分词技术的病害特征抽取分析方法 ······· （79）

第三章　基于贝叶斯网络的大坝病害诊断研究 ··················· （84）
　　第一节　贝叶斯网络 ·· （84）
　　第二节　用于分析的病险水库大坝案例库 ··················· （86）
　　第三节　大坝病害诊断贝叶斯网络模型 ····················· （89）
　　第四节　应用实例研究 ··· （101）
　　第五节　结　语 ··· （109）

第四章　基于主成分分析法的水库大坝安全风险排序研究 ······ （111）
　　第一节　当前水库安全风险排序研究现状 ··················· （111）
　　第二节　主成分分析法 ··· （113）
　　第三节　基于主成分分析法的水库大坝安全风险排序指标 ··· （117）
　　第四节　应用实例研究 ··· （120）
　　第五节　结　语 ··· （130）

第五章　基于超载分析与状态预测的大坝安全评估 ·············· （131）
　　第一节　基于全坝全过程仿真的大坝超载安全度评估 ······· （132）
　　第二节　小湾特高拱坝相对安全度研究 ····················· （153）
　　第三节　基于监测分析的安全预测评估研究 ················· （168）

第六章　大坝加固技术 ··· （188）
　　第一节　混凝土坝加固方案综述 ······························ （189）
　　第二节　水库不放空的混凝土坝上游面防渗施工方案 ······· （192）
　　第三节　混凝土坝其他加固方案 ······························ （204）
　　第四节　混凝土坝锯缝技术 ···································· （206）
　　第五节　水下清淤及水下施工技术 ···························· （209）

  第六节 土石坝加固技术 …………………………………… （217）

第七章 国外水库大坝安全管理及对我国未来工作的思考 ……………… （222）

  第一节 美国大坝安全管理 ………………………………………… （222）

  第二节 澳大利亚大坝安全管理 …………………………………… （229）

  第三节 瑞士大坝安全管理 ………………………………………… （232）

  第四节 对我国大坝安全管理的思考与建议 ……………………… （235）

第一章 全国水库大坝管理系统开发

第一节 系统开发的背景、指导原则与目标

一、开发背景

我国是洪灾、旱灾严重的国家,水库大坝是调蓄水资源、防范水灾及涉水次生灾害的重要基础设施。根据《第一次全国水利普查公报》[1],截至2011年底,我国共有水库98 002座(不含港、澳、台),总库容9 323亿 m^3 ,是世界上水库大坝数量最多的国家,这些水库大坝在保障我国防洪安全、粮食安全、能源安全、供水安全和生态安全等方面发挥了重大的作用,产生了巨大的效益。我国水库大坝多、情况复杂,要实现科学发展、安全发展,科学支撑未来经济社会可持续发展,需要建立全国统一、共享的水库大坝管理系统。

全国水库大坝按照库容大小分类,大型水库756座(库容≥1亿 m^3),包括大(1)型127座(库容≥10亿 m^3),大(2)型629座(1亿 m^3 ≤库容<10亿 m^3);中型水库3 938座(1 000万 m^3 ≤库容<1亿 m^3);小型水库93 308座(10万 m^3 ≤库容<1 000万 m^3),包括小(1)型17 949座(100万 m^3 ≤库容<1 000万 m^3),小(2)型水库75 359座(10万 m^3 ≤库容<100万 m^3)。水库库容分布见图1-1。按照国际大坝委员会定义,坝高15 m以上或库容300万 m^3 以上的坝为大坝;根据中国大坝协会2013年底的统计,我国共有大坝40 353

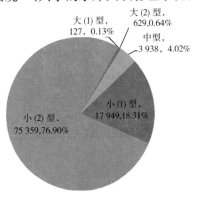

图1-1 我国水库大坝库容分布

座,包括30 m以上大坝6 487座,15~30 m大坝31 666座,以及坝高在5~15 m但库容在300万 m^3 以上的大坝2 200座。

全国水库大坝按区域划分,东部地区占全国的27%,中部地区占45%,西部地区占28%。湖南、江西、广东、四川、湖北、云南、山东、安徽八省水库数量较多,均超过5 000座,占全国水库总数的60%以上。湖南省是水库最多的省份,有13 000多座。

我国目前的水库大坝管理具有分行业的特点,水库大坝主要由水利行业和电力行业管理,其中以防洪、灌溉、供水等公益性功能为主的水库大坝一般由水利行业管理,以发电为主要功能的水库大坝一般由电力行业管理,交通、农业、林业等部门也管理了少数水库大坝。为了全面了解和掌握全国大型水库大坝的安全状况,有关管理部门曾于2012年5月联合开展了全国大型水库大坝安全调研。作者承担了调研数据库建设和资料整理分析工作。根据调研结果,当前存在部分工程等级不满足规范要求,部分工程未进行注册登

记,未按要求进行运行期安全鉴定、定期检查等突出问题;还有少数工程未落实水库大坝安全管理责任人,个别工程在建设管理、运行管理中权属不清、责任不明、监管缺失等,说明安全监管仍存在不少空白和盲点,支撑安全监管工作的数据统计和软件平台开发亟待加强。本次安全调研工作初步获得了对全国大型水库大坝当前工程安全状况和安全管理现状等的认识,对评价我国大型水库大坝总体安全状况具有重要的意义。但这些认识是阶段性的,随着时间的推移,已建水库大坝的运行环境、安全状况、管理状况会发生新的变化,每年会有大量新建工程投入运行,也有工程退役,有必要建设适合动态化数据入库、制度化管理的水库大坝管理系统,以对全国水库大坝动态信息进行有效管理,指导水库大坝的安全运行。

水库大坝事关人民群众生命财产安全,事关改革发展稳定大局,有的还涉及国际影响。水库大坝安全,特别是大型水库大坝安全,因其影响范围大,一旦发生重大险情有可能造成灾难性的后果,需要高度重视。目前,我国水库数量、坝高100 m以上高坝数量、正在建设的200 m以上特高坝数量均居世界第一。世界水库大坝发展史上,水库大坝的引领发展常伴随着惨痛的教训,欧洲、苏联、美国曾先后引领了坝工技术的发展,也付出了高昂的代价。例如法国玛尔帕塞坝、美国堤堂坝分别于1959年12月和1976年6月发生溃坝,苏联的萨扬舒申斯克高重力拱坝1990年首次蓄水时发生重大漏水事故,均造成了生命财产的巨大损失。1975年8月我国河南特大洪水导致板桥、石漫滩两座大中型水库溃决,死亡数万人,是世界上迄今为止最为惨痛的溃坝事件。目前,我国水库大坝在数量、规模、坝高等多方面开始走在世界的前列,需要对大坝安全保持高度关注。加强基础信息系统建设,是支撑安全管理和应急管理的重要手段。随着2007年《突发事件应对法》[2]的颁布实施,与国家突发公共事件应急管理体系建设同步,我国已开始逐步建立水库大坝安全应急管理体系。从全国大型水库大坝调研情况看,水库大坝统计的可靠性、完整性问题还比较突出,难以满足安全管理和应急管理的需要。由于水库大坝数量多、分部门管理,统计工作量大且十分复杂,考虑新建工程、退役工程、业主变更等因素,要准确及时地掌握工程数据,存在协调难度大和统计工作难的问题。目前不同部门,包括部级大坝中心、各省级水行政主管部门、流域机构、中国大坝协会等,分别建立了水库大坝数据库,但这些数据库都不同程度地存在工程名录不齐、工程信息欠缺、工程联系不清等问题,需要通过建设全国的、能动态更新的水库大坝数据库,边建设边核查统一,从而形成权威的、共享的管理库,既可服务于全国水库大坝日常安全管理,也可在地震、大洪水等应急情况下为重大决策提供技术支持。

二、指导原则与目标

充分利用交互式 Web、三维 GIS 技术、遥感技术、移动通信等信息技术,紧密结合当前建立水库大坝管理系统的迫切需求,以大型水库大坝为重点,以全国 30 m 以上水库大坝数据库、全国病险水库大坝数据库、世界溃坝数据库等为基础,不断提升和改进,通过综合开发,建立全国统一、共享的管理系统。

在管理系统中引入人工智能工具,为大量的电子文献入库和工程特性或病险等要素检索与信息提取服务。在已有的 6.52 万座水库大坝基础数据、工程技术参数和档案资料等基础上,结合安全监测数学模型、溃坝风险分析模型、水库大坝病害诊断、安全评估与加固技术、水库水量计算模型等,开发具有风险排序、病害案例检索、性能监测与状态预测等功能的决策支持系统,为水库大坝信息检索、统计分析、安全评估、应急管理等工作提供支撑,既服务于各有关政府部门,也服务于众多水库大坝业主和基层管理机构等。系统是开放性的,可以针对实际要求按约定的原则进行动态数据入库和维护,以考虑未入库工程、新建工程、退役工程等的变化。

系统采取总体设计、分期分批实施、急用先建原则建设。充分利用已有的全国 30 m 以上水库大坝数据库、全国病险水库大坝管理系统、世界溃坝数据库等,严格按入库、校核、审定的方法不断扩充完善,在满足总体设计的要求下边建设边为行业服务,在服务中不断完善系统,在完善系统中不断提高服务质量,逐步提升系统的自动化、规范化、智能化水平,强调方便、快速、实用,最终实现水库大坝全覆盖、数据权威、技术服务功能强、服务内容符合有关部门要求的开发总目标。

第二节　系统的功能介绍和已完成的开发内容

一、系统介绍

(一) 系统管理对象

1. 已入库水库大坝的管理

已入库并可管理的对象包括全国坝高 30 m 以上的水库大坝、列入全国病险水库大坝专项治理规划和补充治理规划的工程、溃坝工程,共 6.52 万座。数据主要来源于中国大坝协会 1974 年以来收集整理的数据库、全国病险水库除险加固各项规划、全国水库大坝调研、全国各有关单位每年上报的新建工程等。

2. 未入库水库大坝的动态入库功能开发

系统已为水库大坝管理单位、水库大坝主管部门及其他相关部门建立了数据填报、数据审核、数据汇总的用户子系统,开发了需求分析数据库表结构和数据字典,建立了可动态调整隶属关系和管辖关系的数据结构,实现了系统数据库开放和动态更新的能力。

(二) 系统的主要功能平台

系统主要功能平台包括信息填报与审核平台、信息汇总与统计平台、基于三维 GIS 与遥感技术的信息管理平台、多媒体档案管理平台、大型水库遥感影像本底库管理平台、溃坝模式分析、相对安全度对比分析平台、安全评估与加固方案的技术支持平台、应急管理支持平台等。各平台的内容如下。

1. 基于 Web 的信息填报与审核平台

本项功能为整个系统提供水库大坝信息的原始数据。功能有:各水库管理单位进行工程建设、运行管理、安全监测管理、安全鉴定与定期检查、缺陷治理与除险加固等信息的填报功能,根据上下管辖关系,各水库主管部门及其他相关部门对填报信息进行审核的功能。填报用户和审核用户都可上传各类管理、技术文档、文件,以便上级用户对填报内容进行核实。对于重点工程,还可上传主要工程部位和关键测点的监测数据,以便主管部门掌握大坝实时工作性态,为应急响应决策提供支持。

2.基于 Web 的信息统计与汇总平台

用户能够对各地填报的信息进行管理、统计和汇总排序,根据需要自动生成月报、季报、年报等各类报表。

为了起到监督的作用,系统还具有按照具体要求,如对存在安全隐患的工程,或安全管理工作不到位或填报项目动态信息不及时的单位,根据情况的严重程度等,通过向具体负责人员、主管领导等自动发送电子邮件、手机短消息等方式,进行分时分级督办提醒。

3.基于三维 GIS 与遥感技术的信息管理平台

利用 30 m DEM 数据和 15 m ETM 卫星遥感影像构建三维场景,在三维 GIS 可视化平台上,实现全国大型水库的三维信息展示、可视化查询与管理功能。开发水库信息辅助决策分析功能,如三维空间测量、等高线生成、三维透视分析等三维空间分析功能;基于 DEM 进行水库特征信息提取,包括水库上游流域河网提取、子流域划分、集水区面积、回水长度与面积、蓄水量的快速估算;进行库容曲线分析。

4.多媒体档案管理平台

对各水库管理单位上传的与工程相关的各类多媒体信息进行管理,包括建设管理各个阶段(包括前期工作、建设实施、工程验收)、运行管理各个环节(安全检查、安全监测、安全鉴定、应急管理、注册登记)的技术文档、图形、照片、音频、视频的档案信息等,提供查询、搜索、输出、下载等功能,为水库大坝的管理建立一个全面、完善的档案信息库。

5.大型水库遥感影像本底库管理平台

遥感影像对于灾情评估、抗灾抢险、应急救援等具有重要的意义。基于大量的历史遥感影像数据,以多时相的 MODIS 卫星遥感数据为主,国产 HJ – A/B 等多源遥感影像为辅,对不同时期的水库进行动态监测与分析,建立我国大型水库的遥感影像本底库管理平台。主要功能一是历史影像的回溯,采用 20 世纪 70 年代末、80 年代末和 2000 年左右的 3 个时期的遥感影像对全国大中型水库遥感影像进行建库,实现水库周边地形地貌等历史回溯;二是水库水面积提取与水面积变化分析,在三维可视化平台上,对根据遥感影像提取的不同时期的水库水面积进行分析,利用 GIS 技术进行叠加量化,推求水库水面积变化规律;三是通过不同时期的遥感影像对比分析,动态识别新建水库大坝,再通过人工核实、增补的方式,作为数据库动态更新的补充手段。

6.水库大坝相对安全度分析评价、安全评估和加固方案的技术支持平台

基于病险水库大坝数据库和其他数据库,通过工程建设年代、坝型、病害、除险加固措施、运行效果等字段组合查询,通过同类工程相对安全度的对比研究、统计计算分析,为安全评价、应急管理和加固方案选择提供支持。

7.溃坝模式分析和应急管理支持平台

基于溃坝数据库、水库大坝病险案例库等,不断完善溃坝模式和应急预案编制分析支持系统,选取典型工程,基于水雨情信息、安全监测信息、遥感影像信息等,对洪水淹没风险分析成果进行研究,为应急预案的制订提供技术支撑。

(三)系统软硬件环境

系统硬件平台设备主要包括 Web 应用服务器、数据库服务器、备份服务器、GIS 地图

服务器、遥感数据分析服务器、存储阵列、工作站、相关网络、电源设备等;软件平台主要包括操作系统、数据库管理系统、ArcGIS 开发平台、遥感数据处理软件等。

(四)系统应用与完善

系统按分期分批、急用先建等原则开发,系统的多项功能已完成并按有关部门要求对特定用户开放应用了多年。在系统使用期间不断收集反馈意见,及时对功能、界面等进行了调整。全国水库大坝管理系统是一个复杂系统,需要根据全国使用单位的意见和有关专家的咨询意见,不断修改、补充、完善和提高。

二、系统已完成的内容

经过多年开发,目前已完成的主要成果如下。

(一)全国病险水库大坝管理子系统

作者开发了基于 Web 的全国病险水库大坝管理子系统。我国病险水库除险加固工程存在点多、面广、量大,程序复杂,时间紧迫的特点,根据有关部门编制的各期病险水库除险加固规划,我国已纳入管理库的病险水库总量在 5.61 万座以上,项目管理难度极大。为加强病险水库除险加固项目的管理工作,提高管理工作效率,保障规划顺利实施,优先开发了本系统,在本书第二章中对本系统进行了详细的介绍。系统涵盖了全部国家级规划的病险水库除险加固项目,并将全国 30 多个省级、300 多个市级和近 2 900 个县级行政区划纳入用户体系,对病险水库的工程基本信息、前期工作、资金管理、建设管理以及病害原因和加固措施等技术信息统一进行管理,具有很强的远程数据管理功能,为政府部门提供了有力的技术手段和管理平台。目前全国病险水库大坝管理子系统管理的水库大坝共计 5.61 万座,包括 2007 年以前已经完成除险加固的 1 896 座、《全国病险水库除险加固专项规划》(2008 年 3 月国务院批准)6 240 座、《东部地区重点小型病险水库除险加固规划》1 116 座(与专项规划同步实施)、《全国重点小型病险水库除险加固规划》(2010 年 7月)5 400 座;《全国重点小(2)型病险水库除险加固规划》(2011 年 3 月)15 891 座;各省一般小(2)型病险水库 25 227 座(与小(2)型规划同步实施);《全国中小河流治理和病险水库除险加固、山洪地质灾害防御和综合治理总体规划》(2012 年 3 月)中增补的大中型病险水库 319 座。基于系统的病险水库案例还进行了病害特征统计分析研究、风险排序、病害诊断等研究,集成开发了病险混凝土坝加固方案决策支持系统,开发了基于中文分词技术的信息智能提取工具,为进一步的研究开发和完善奠定了良好的基础。

(二)全国 30 m 以上水库大坝数据库

作者建立了全国 30 m 以上水库大坝数据库。该系统收集整理了我国包括水利、电力、交通、农业等多个行业 6 487 座 30 m 以上大坝的主要信息,包括名称、所在地点、所在河流、最近的城市、开工完工年份、坝型、坝高、库容、坝长、坝身体积、坝基类型、防渗位置、防渗材料、水库面积、建库目的、装机容量、发电量、移民人数、设计单位、施工单位、业主单位等信息。对于一些重要工程,还建立了基于 GIS 的、界面友好的大坝空间数据库。

(三)世界溃坝数据库

作者收集了国际溃坝案例1 609座以及国内溃坝案例3 496座,建立了世界溃坝数据库,并建立了数据分析系统,可方便地添加、编辑案例,进行溃坝信息统计分析。

国际溃坝案例来自58个国家,其中美国的案例最多,达1 331座,其次为印度38座、英国33座、澳大利亚20座,10座以上还有南非、日本、加拿大、西班牙、巴西等国。所收集的信息除包括水库大坝基本信息、主要参数外,重点是关于溃坝的信息,包括溃坝日期、溃口几何参数、溃口水力参数、溃坝损失、应急措施、有关文字记录、照片、视频等。

国内溃坝案例分布在我国的29个省,四川省最多,共396座,其次为山西省288座、湖南省287座、云南234座,100座以上的还有广东等13省。所收集信息与国际溃坝案例类似,除基本信息外,对于溃坝模式、溃坝原因还进行了系统的整理和归纳,溃坝过程描述较为具体。

(四)水库大坝病害分析与安全评估加固技术研究

作者先后承担了小浪底、小湾、丰满、布西等工程的科研、技术咨询、安全评估等工作,参加了五强溪、潘家口、大黑汀、丹江口等已建工程的大坝安全鉴定、安全定期检查等工作。结合参与的工程,作者提出了基于超载和状态预测的相对安全度评价方法、基于贝叶斯网络的大坝病害诊断与安全评估方法、基于主成份分析法的水库大坝安全风险排序方法等,通过对水库大坝的病害诊断、风险分析、安全评价、除险加固技术等的深入研究,在思路、方法和措施方面取得了突出进展,开发了新的计算模型与分析程序,取得了良好的应用效果。本书的第三章至第六章对这些成果进行了介绍。

第三节　我国水库大坝情况

一、坝高30 m以上的大型水库大坝情况

根据中国大坝协会统计,全国(不含港、澳、台地区)坝高30 m以上、库容1亿 m^3 以上且于2012年7月前开工的水库大坝工程共545座。

(一)工程规模与效益

545座工程的总库容为6 531亿 m^3,占全国水库总库容9 323.12亿 m^3(第一次全国水利普查公报,2013年)的70.0%;电站总装机容量1.99亿 kW,占全国水电总装机容量3.33亿 kW(第一次全国水利普查公报,2013年)的59.8%,年总设计发电量7 125亿 kW·h;防洪保护人口2.29亿,保护农田2.44亿亩❶,灌溉农田1.37亿亩,占全国水库灌溉农田面积1.88亿亩的72.9%。

(二)地区分布

545座工程分布在28个省(自治区、直辖市)(见表1-1)。其中数量最多的是湖北省,为71座。

---

❶　1亩 = 1/15 hm²。

表 1-1　全国坝高 30 m 以上的大型水库大坝工程地区分布

省份	数量	省份	数量	省份	数量	省份	数量
湖北	71	江西	23	安徽	10	海南	7
广西	46	辽宁	23	新疆	9	西藏	5
云南	40	福建	21	甘肃	8	北京	3
湖南	39	河北	19	黑龙江	8	宁夏	1
四川	38	河南	19	内蒙古	8	天津	0
浙江	30	重庆	15	青海	8	上海	0
广东	28	陕西	13	山东	8	江苏	0
贵州	25	吉林	12	山西	8		

(三)坝型与坝高分布

545 座大坝中,拱坝 46 座(其中碾压混凝土拱坝 11 座),重力坝 186 座(其中碾压混凝土重力坝 51 座),土石坝 313 座(其中面板堆石坝 80 座),如图 1-2 所示。坝型与坝高情况如图 1-3 和表 1-2 所示。

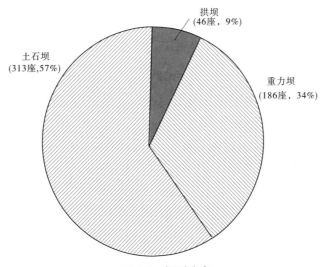

图 1-2　坝型分布

2000 年以后开工的工程共 172 座,其中拱坝 22 座(其中碾压混凝土拱坝 10 座),重力坝 66 座(其中碾压混凝土重力坝 36 座),土石坝 84 座(其中面板堆石坝 52 座)。混凝土坝、土石坝中发展最快的坝型为碾压混凝土坝和面板堆石坝,两种新坝型在 2000 年后开工的工程中分别占 25.6% 和 30.2%。

坝高 100 m 以上的大坝共 141 座,分布在全国 19 个省(市、自治区),见表 1-3。西南地区数量较多,其中数量最多的是云南省,为 26 座。按坝型统计见图 1-4,100 m 以上坝中,面板堆石坝的数量最多,为 54 座,占 38%;重力坝 46 座,占 33%;拱坝 27 座,占 19%;心墙坝和土坝数量最少,仅 14 座,占 10%。

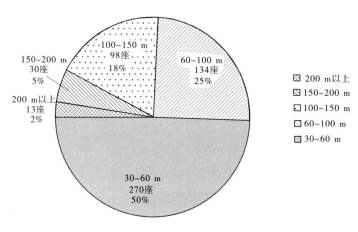

图 1-3 坝高分布

表 1-2 545 座工程坝型与坝高情况 （单位：座）

坝高	坝型			小计
	拱坝	重力坝	土石坝	
300 m 以上	1	0	0	1
250～300 m	3	0	1	4
200～250 m	3	1	4	8
100～200 m	20	45	63	128
100 m 以下	19	140	245	404
合计	46	186	313	545

表 1-3 全国坝高 100 m 以上的大型水库地区分布

省份	数量	省份	数量	省份	数量	省份	数量
云南	26	浙江	7	甘肃	4	安徽	1
四川	23	重庆	7	广西	4	广东	1
贵州	17	湖南	6	河南	4	河北	1
湖北	15	福建	5	吉林	3	山西	1
青海	8	新疆	5	陕西	3		

坝高 200 m 以上的共 13 座，其中坝高超过 250 m 的 5 座。坝高 200 m 以上的工程中，拱坝 7 座，最高的为锦屏一级拱坝，坝高 305 m；重力坝 1 座，即光照碾压混凝土重力坝，坝高 200.5 m；心墙堆石坝 2 座，最高的为糯扎渡心墙坝，坝高 261.5 m；面板堆石坝 3 座，最高的为水布垭面板堆石坝，坝高 233 m。从地区分布来看，坝高 200 m 以上的工程主要分布在我国西南地区，其中四川省为 6 座，云南省、贵州省、湖北省各 2 座，青海省 1 座。

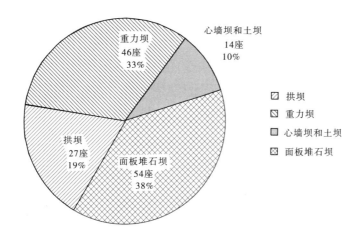

图 1-4 全国坝高 100 m 以上大型水库大坝的坝型分布

（四）已建工程建成年代分布

545 座工程中,已建工程 488 座(2012 年 7 月 25 日前竣工或主体工程完工),在建工程 57 座。已建工程的建成年代分布见表 1-4。从建成年代分布看,21 世纪前 10 年建成的最多,达 124 座,占总数的 25.4%;其次是 20 世纪 60 年代,占 23.6%。坝高 200 m 以上的 13 座特高坝工程中,除二滩建于 20 世纪 90 年代外,其余 12 座均是 2000 年以后开工建设的。2010 年以来,年均建成工程约 16 座,与 21 世纪前 10 年相比,呈上升趋势。

表 1-4　已建工程建成年代分布

建成年代		建成数量（座）	所占比例（%）
20 世纪	1950 年前	2	0.4
	50 年代	26	5.3
	60 年代	115	23.6
	70 年代	77	15.8
	80 年代	42	8.6
	90 年代	69	14.1
21 世纪	前 10 年	124	25.4
	2010 年~2012 年 7 月	33	6.8
合计		488	100

（五）管理单位性质与行业归属

545 座工程中,事业单位管理的 258 座,国有或国有控股企业管理的 273 座,非国有性质企业管理的 14 座。非国有性质企业中,国内民营企业管理的 11 座,境外企业或外资控股企业管理的 3 座。

545 座工程中,水利行业管理的 320 座,电力行业管理的 224 座,交通行业管理的 1 座。488 座已建工程中,水利行业管理的 303 座,电力行业管理的 184 座,交通行业管理的 1 座。

（六）坝址地震基本烈度

545 座工程中,坝址区域地震基本烈度为Ⅶ度及Ⅶ度以上的 174 座,其中云南 36 座、四川 29 座;基本烈度Ⅷ度区的 34 座,其中云南、四川各 11 座。基本烈度为Ⅷ度区的工程中,总库容 10 亿 m³ 以上的 11 座,坝高 100 m 以上的 21 座,其中 200 m 以上的有 5 座,见表 1-5。

表 1-5　位于Ⅷ度强震区且坝高大于 200 m 的工程

工程	所在省	最大坝高（m）	总库容（亿 m³）
小湾拱坝工程	云南	294.5	150
溪洛渡拱坝工程	四川/云南	285.5	126.7
糯扎渡土石坝工程	云南	261.5	237.0
长河坝土石坝工程	四川	240.0	10.8
大岗山拱坝工程	四川	210.0	7.8

（七）建设工期

488 座已建工程中,1980 年之前开工的工程,由于资金、管理、技术等原因,工期普遍较长。1980～1989 年开工建设的工程有 30 座,平均建设时间 7.8 年;1990～1999 年开工建设的工程有 76 座,平均建设时间 5.8 年;2000～2009 年开工建设的工程有 116 座,平均建设时间 4.4 年。2000～2009 年开工建设的工程与 20 世纪 80 年代开工建设的工程相比,平均建设工期缩短了 43.5%。不同坝型平均建设工期详见表 1-6。

表 1-6　不同坝型平均建设工期分析表

年代	总体情况		拱坝		重力坝		土石坝		面板堆石坝	
	座数	工期	座数	工期	座数	工期	座数	工期	座数	工期
20 世纪 80 年代	30	7.82	7	7.44	14	8.76	5	7.04	4	6.17
20 世纪 90 年代	76	5.79	4	5.72	40	5.60	8	6.30	24	5.94
2000～2009 年	116	4.42	12	5.10	47	4.27	20	4.48	37	4.36
2000～2009 年相对 20 世纪 80 年代工期缩短幅度	43.5%		31.5%		51.3%		36.4%		29.3%	

总体上看,工程建设工期呈缩短趋势。2000 年以后与 20 世纪 80 年代相比,大坝坝高增加,工程规模、建设难度加大,而平均工期却大幅度缩短。其中的主要原因为筑坝技术进步和施工机械化水平及管理水平的提高,但也不排除有因追求工程效益而过度压缩工期的问题。

二、大中型病险水库病害原因统计分析

(一)数据样本构成分析

分析对象为《全国病险水库除险加固专项规划》[5]中的 1 182 座大中型水库,其中大型 86 座,中型 1 096 座。

1.坝型分类

按筑坝材料对 1 182 座大中型水库的大坝进行分类,坝型分布见图 1-5。其中土石坝 1 078 座,占总数的 91.20%,浆砌石坝 83 座,占总数的 7.02%,混凝土坝仅 19 座,占总数的 1.61%,其他坝型 2 座。可见土石坝是病险水库大坝的主要坝型。

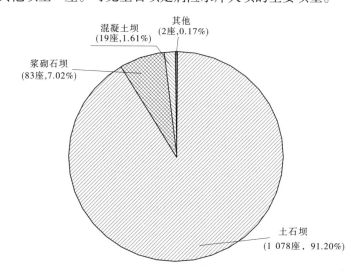

图 1-5 大中型病险水库坝型分布

1 078 座土石坝中,均质土坝 636 座,占土石坝的 59.0%,占总数的 53.8%;心墙坝 338 座,占土石坝的 31.4%,占总数的 28.6%;斜墙坝 68 座,占土石坝的 6.3%,占总数的 5.8%;面板堆石坝 13 座,占土石坝的 1.2%,占总数的 1.1%;其他 23 座,占土石坝的 2.1%,占总数的 1.9%。

83 座浆砌石坝中,重力坝 62 座,拱坝 21 座。

19 座混凝土坝中,重力坝 9 座,拱坝 6 座,连拱坝、平板坝、支墩坝各 1 座,其他 1 座。

2.坝高情况

1 182 座大坝的坝高分布情况为:坝高大于 30 m 的大坝为 463 座,占总数的 39.2%,其中土石坝 376 座,浆砌石坝 71 座,混凝土坝 16 座;坝高在 15～30 m 的大坝为 511 座,占总数的 43.2%,其中土石坝 499 座,浆砌石坝 11 座,混凝土坝 1 座;坝高小于 15 m 的大坝为 208 座,占总数的 17.6%,坝型以土石坝为主(占 98%)。

3.地区分布

大中型病险水库的地区分布情况见表 1-7。大中型病险水库最多的 3 个省依次为湖北省(147 座)、江西省(136 座)、湖南省(124 座)。此外,山东省、广西壮族自治区的水库

数量也较多,分别为103座和85座。

表 1-7　大中型病险水库地区分布

地区	数量	地区	数量	地区	数量	地区	数量
北京市	1	黑龙江省	41	河南省	69	四川省	16
天津市	5	江苏省	29	湖北省	147	贵州省	1
河北省	15	浙江省	45	湖南省	124	云南省	28
山西省	20	安徽省	65	广东省	50	陕西省	4
内蒙古自治区	13	福建省	33	广西壮族自治区	85	甘肃省	4
辽宁省	46	江西省	136	海南省	37	宁夏回族自治区	3
吉林省	32	山东省	103	重庆市	8	新疆维吾尔自治区	22

按照我国区域划分标准,对病险水库按区域统计,见表1-8。可见华东地区病险水库最多,达411座;其次为华中地区,为340座。

表 1-8　大中型病险水库按区域统计

区域	数量(座)	范围
华北地区	119	北京市、天津市、河北省、山西省、内蒙古自治区
东北地区	54	辽宁省、吉林省、黑龙江省
华东地区	411	上海市、江苏省、浙江省、安徽省、福建省、江西省、山东省
华中地区	340	河南省、湖北省、湖南省
华南地区	172	广东省、广西壮族自治区、海南省
西南地区	53	重庆市、四川省、贵州省、云南省、西藏自治区
西北地区	33	陕西省、甘肃省、青海省、宁夏回族自治区、新疆维吾尔自治区

(二)病害原因分类

1.病害原因数据结构

为了对病害原因进行统计分析,以"病险部位"与"病害特征"来对病险水库的主要病险原因进行描述,并采用了符号化处理。其中,"病险部位"与"工程部位"相对应,如坝体、坝基、坝坡、坝肩、溢洪道、输水洞等;"病害特征"为基于多个工程归纳出来的共同病害,如防洪标准不满足、抗滑稳定不满足、渗漏、裂缝、变形过大、混凝土质量差、白蚁严重等。

2.病险原因分类

根据水库大坝安全鉴定方法和安全鉴定报告书,结合国内大坝失事案例[6~9],将主要病险原因分为七个类型：

（1）防洪标准：经洪水复核许多水库存在防洪标准不足的问题，主要表现为坝顶高程不足，坝体防渗体（心墙）顶高程不足，水库泄洪能力不足，泥沙淤积导致库容不足等。

（2）工程质量：施工质量差，土料压实不均匀、含水量高，坝基未清基，混凝土破损、溶蚀、老化、强度降低、耐久性差；工程未完建、白蚁危害等。

（3）结构安全：坝体抗滑稳定安全系数不足，坝坡、边坡失稳，坝体单薄、断面不足，坝体裂缝，大变形，不均匀沉降，坝基裂缝，软弱夹层、断层；混凝土开裂，拉应力超规范；结构整体性差；护坡老化破坏、岸坡岩体崩塌；输放水建筑物、泄洪建筑物裂缝、断裂、露筋、剥离、冲蚀、漏水、坝脚侵蚀等结构破坏。

（4）渗流安全：坝体渗漏、坝基渗漏、绕坝渗流、接触冲刷、散浸、集中渗漏、流土、管涌、扬压力异常、渗透破坏、渗流稳定不安全等。

（5）抗震安全：抗震安全不满足、土层地震液化、地震引起开裂等。

（6）金属结构安全：金属机电设备老化、锈蚀、漏水、损坏，启闭失灵等。

（7）运行管理：管理设施、观测设施、防汛设备等缺失。

3. 病害问题

根据对 1 182 座病险水库病害特征的整理和细化，以坝体病害特征为主，提出 15 个主要的病害，作为统计分析的基础数据。这些病害分别为防洪标准不足、工程质量问题、坝体坝基裂缝、坝体变形过大、坝坡边坡不稳、坝体坝基渗漏、渗流安全问题、抗震安全问题、地震液化问题、输放水建筑物破坏、泄洪建筑物破坏、金属机电结构破坏、白蚁危害、泥沙淤积问题、管理设施不足等。

（三）大中型病险水库主要病害分析

对 1 182 座病险水库的主要病害进行统计，结果见表 1-9 和图 1-6。

统计结果显示，在全部 1 182 座病险水库中，以泄洪建筑物破坏导致病险的水库最多，达 882 座，占总数比例为 74.6%。如安徽梅山水库，泄洪建筑物存在安全隐患，泄洪能力不足，闸门锈蚀严重、应力超标、闸门剧烈振动、事故闸门不能动水关闭等；山东米山水库，溢洪道闸室抗滑稳定不满足规范要求，上下游边墙抗倾不稳定，未建消力池，护坦海漫及泄槽毁坏严重等；湖南六都寨水库，溢洪道边墩裂缝较严重，碳化深度超标，消力池消能防冲标准低。

其次为存在坝体坝基渗漏的水库，共有 843 座，占总数比例为 71.3%。如广东龙颈上水库，大坝填土不密实导致渗漏严重，左坝肩绕坝渗流严重；江苏沙河水库，大坝填筑质量差，坝基渗漏，排水棱体不满足要求；河南宿鸭湖水库，大坝渗水，坝下游出现管涌、翻砂，大面积沼泽化。

输放水建筑物破坏的水库比例也达到 69.1%，如山西后湾水库，输水洞出现裂缝，洞身结构配筋不满足规范要求；吉林海龙水库，输水洞运行中强烈振动，土体与洞壁脱离，形成渗漏通道，无法正常运行，危及大坝安全；湖北华阳河水库，输水隧洞混凝土结构存在蜂窝麻面、破损、渗水、止水破坏等问题。

表 1-9 病险水库主要病害原因按区域统计分析

(单位:座)

病害问题	全国范围 1182		华北地区 54		东北地区 119		华东地区 411		华中地区 340		华南地区 172		西南地区 53		西北地区 33	
防洪标准不足	442	37.4%	30	55.6%	73	61.3%	137	33.3%	119	35.0%	46	26.7%	19	35.8%	18	54.5%
坝体坝基裂缝	153	12.9%	9	16.7%	9	7.6%	37	9.0%	68	20.0%	21	12.2%	4	7.5%	5	15.2%
坝体变形过大	147	12.4%	9	16.7%	10	8.4%	36	8.8%	56	16.5%	22	12.8%	7	13.2%	7	21.2%
工程质量问题	554	46.9%	19	35.2%	81	68.1%	189	46.0%	170	50.0%	64	37.2%	13	24.5%	18	54.5%
坝体边坡不稳	345	29.2%	21	38.9%	35	29.4%	125	30.4%	87	25.6%	45	26.2%	25	47.2%	7	21.2%
坝体坝基渗漏	843	71.3%	26	48.1%	46	38.7%	307	74.7%	286	84.1%	116	67.4%	42	79.2%	20	60.6%
渗流安全问题	410	34.7%	19	35.2%	41	34.5%	181	44.0%	85	25.0%	56	32.6%	16	30.2%	12	36.4%
金属机电结构	538	45.5%	21	38.9%	58	48.7%	147	35.8%	199	58.5%	72	41.9%	29	54.7%	12	36.4%
抗震安全问题	84	7.1%	6	11.1%	3	2.5%	47	11.4%	4	1.2%	9	5.2%	12	22.6%	3	9.1%
地震液化问题	38	3.2%	3	5.6%	0	0	33	8.0%	1	0.3%	0	0	0	0	1	3.0%
输放水建筑物破坏	817	69.1%	19	35.2%	75	63.0%	303	73.7%	258	75.9%	105	61.0%	38	71.7%	19	57.6%
泄洪建筑物破坏	882	74.6%	31	57.4%	92	77.3%	324	78.8%	288	84.7%	104	60.5%	26	49.1%	17	51.5%
白蚁危害	138	11.7%	0	0	0	0	53	12.9%	45	13.2%	24	14.0%	16	30.2%	0	0
泥沙淤积	30	2.5%	4	7.4%	2	1.7%	5	1.2%	7	2.1%	6	3.5%	0	0	6	18.2%
管理设施不足	424	35.9%	18	33.3%	48	40.3%	116	28.2%	121	35.6%	90	52.3%	14	26.4%	17	51.5%

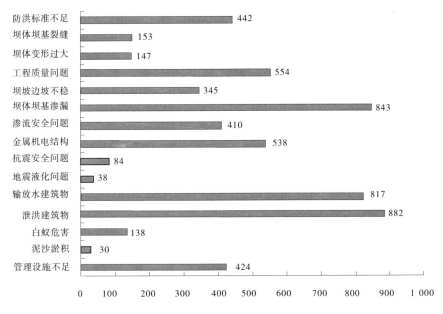

图 1-6 大中型病险水库主要病害原因分类统计

（四）大中型病险水库病害地理分布分析

表 1-9 还列出了各种病害按地理分布进行统计的结果。

从地理分布来看,各项病害区域分布存在一定差异。对于泄洪建筑物破坏这一病害,华中地区该病害比例最高,达到 84.7%;其次为华东地区,达 78.8%,均高于全国平均水平 74.6%;西北地区、西南地区该项病害比例分别为 51.5%、49.1%,低于平均水平。输放水建筑物破坏的情形也类似。

坝体坝基渗漏病害以华中地区为最高,达 84.1%,西南地区和华东地区也高于全国平均水平 71.3%。东北地区和华北地区该项病害比例较低,分别为 38.7% 和 48.1%,低于平均水平。

防洪标准不足这一病害以东北地区(61.3%)、华北地区(55.6%)和西北地区(54.5%)较高,高于全国平均水平;而华南地区该项病害比例为 26.7%,低于平均水平。如天津鸭淀水库围堤顶高程不足,不满足规范要求;大连洼子店水库坝顶高程、防渗体顶高程不满足防洪要求,防渗体与防浪墙没有连接上;陕西沈河水库坝顶高程不够,溢洪道泄洪能力不足。

抗震安全这一项,以西南地区为最高,达 22.6%。如云南有 12 座水库存在抗震安全问题,占全省的 42.9%;云南萧湘水库抗震设防烈度不能满足规范规定的要求,安全等级为 C 级。

泥沙淤积这一项,以西北地区为最高,达 18.2%。如新疆有 6 座水库存在泥沙淤积问题,占全区的 27.3%;新疆克孜尔水库、头屯河水库、兵团跃进水库均存在严重的泥沙淤积问题。

白蚁危害一项,从病害发生比例来看,以西南地区比例为最高,达 30.2%;其中以四川省的比例最高,达 75%。华东、华中、华南地区也有一定的分布。而在东北、华北和西北地区的病险水库则不存在这一病害。从绝对数量来看,138 个白蚁病害案例各省分布图见图 1-7。水库的白蚁危害主要发生在 12 个省,集中在中部地区,发生蚁害最多的 3 个省案例之和占到总数的一半左右。因为气候湿润等原因,巢、蚁道以及空穴发展到一定程度将严重削弱坝体结构,当遇强降雨,水库水位上涨时,库水就会沿着蚁道渗进主巢和副巢,甚至贯穿坝体,造成大坝渗漏或者管涌,进而导致滑坡甚至垮坝的严重事故。南方地区十分适宜白蚁繁殖,白蚁问题在土坝中较为普遍。

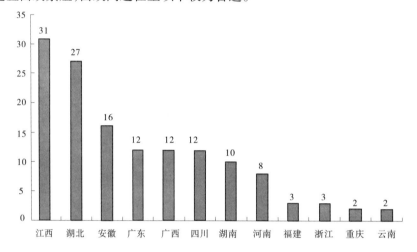

图 1-7 存在白蚁危害的地区分布

对某一个区域来说,不同病害的严重性也不同。如东北、华北、华东、华中,都以泄洪建筑物破坏为最常见的病害,其中华中地区此项病害最为普遍;西南地区、西北地区、华南地区最常见病害则为坝体坝基渗漏。

（五）大中型病险水库病害与坝型关系分析

选择三种数量较多的坝型进行病害原因分析,即 636 座均质土坝、314 座黏土心墙坝和 62 座浆砌石重力坝,统计结果见表 1-10。

表 1-10 全部样本和三种主要坝型样本的病险原因分析

序号	病害问题	全部样本 （共 1 182 座）		均质土坝 （共 636 座）		黏土心墙坝 （共 314 座）		浆砌石重力坝 （共 62 座）	
		座数	比例	座数	比例	座数	比例	座数	比例
1	防洪标准不足	442	37.4%	255	40.1%	127	40.4%	13	21.0%
2	坝体坝基裂缝	153	12.9%	53	8.3%	32	10.2%	27	43.5%
3	坝体变形过大	147	12.4%	74	11.6%	45	14.3%	5	8.1%
4	工程质量问题	554	46.9%	307	48.3%	157	50.0%	34	54.8%
5	坝坡边坡不稳	345	29.2%	176	27.7%	93	29.6%	22	35.5%
6	坝体坝基渗漏	843	71.3%	451	70.9%	210	66.9%	54	87.1%
7	渗流安全问题	410	34.7%	231	36.3%	115	36.6%	0	0
8	金属机电结构	538	45.5%	295	46.4%	150	47.8%	23	37.1%

序号	病害问题	全部样本（共 1 182 座）		均质土坝（共 636 座）		黏土心墙坝（共 314 座）		浆砌石重力坝（共 62 座）	
		座数	比例	座数	比例	座数	比例	座数	比例
9	抗震安全问题	84	7.1%	44	6.9%	33	10.5%	2	3.2%
10	地震液化问题	38	3.2%	14	2.2%	24	7.6%	0	0
11	输放水建筑物	817	69.1%	455	71.5%	224	71.3%	30	48.4%
12	泄洪建筑物	882	74.6%	480	75.5%	256	81.5%	32	51.6%
13	泥沙淤积	138	11.7%	81	12.7%	32	10.2%	0	0
14	管理设施不足	30	2.5%	17	2.7%	8	2.5%	3	4.8%
15	防洪标准不足	424	35.9%	233	36.6%	122	38.9%	19	30.6%

从表 1-10 中可以看出,对于 636 座均质土坝,出现最多的病害问题是泄洪建筑物破坏,达到 480 座(占 75.5%);其次为输放水建筑物破坏,占 71.5%;坝体坝基渗漏问题占第 3 位,达 70.9%。

对于 314 座黏土心墙坝,出现最多的病害问题也是泄洪建筑物破坏,达到 256 座(占81.5%);其次为输放水建筑物破坏,占 71.3%;坝体坝基渗漏问题占第 3 位,达 66.9%。与均质土坝相比,坝体坝基渗漏问题的比例稍有降低。

对于 62 座浆砌石重力坝,坝体坝基渗漏则成为出现最多的病害问题,达 87.1%;而泄洪建筑物破坏、输放水建筑物破坏的比例分别为 48.4% 和 51.6%,相比前两种坝型明显降低。

(六)主要结论

(1)泄洪建筑物破坏、坝体坝基渗漏、输放水建筑物破坏这三种病害是我国大中型病险水库最常见的病害,其中泄洪建筑物破坏导致病险的最多,比例达到 74.6%。

(2)从地理分布来看,泄洪建筑物破坏病害以华中地区、华东地区比例最高,分别达到84.7% 和 78.8%,均高于全国平均水平 74.6%;西北地区、西南地区该项病害比例分别为51.5%、49.1%,明显低于全国平均水平。输放水建筑物破坏的情形也类似。

(3)坝体坝基渗漏病害以华中地区为最高,达 84.1%,西南地区和华东地区也高于全国平均水平。东北地区和华北地区该项病害比例分别为 38.7% 和 48.1%,低于全国平均水平。

(4)防洪标准不足这一病害以东北地区(61.3%)、华北地区(55.6%)和西北地区(54.5%)较高,高于全国平均水平;华南地区该项病害比例为 26.7%,低于全国平均水平。

(5)西南地区抗震安全问题比例最高,为 22.6%;西北地区泥沙淤积问题比例最高,为18.2%。

(6)白蚁危害问题,从比例上看,以西南地区最高,为 30.2%,东北、华北和西北地区则不存在这一病害;从绝对数量来看,水库的白蚁危害最多的 3 个省是江西、湖北、安徽,主要集中在中部地区。

（7）坝型分析表明，不同坝型最常见的病害问题不尽相同。对于土石坝，泄洪建筑物破坏、输放水建筑物破坏是最常见的病害问题，心墙坝的坝体渗漏问题比均质土坝有所减轻；而对于浆砌石坝，坝体坝基渗漏是最主要的病害问题，泄洪建筑物破坏、输放水建筑物破坏等问题则明显少于土石坝。

三、溃坝案例库及统计分析

为对比研究水库病险和溃坝之间的关系，收集了近 3 500 座国内溃坝案例，选择 107 座 30 m 以上的案例进行了初步分析，有关结论如下：

（1）溃坝分布在全国 21 个省份，陕西数量最多为 19 座，其次为山西 11 座，广西 10 座。

（2）从规模上看，中型 25 座，占 23.4%，小型 82 座，占 76.6%；小型中，小（1）型 56 座，小（2）型 26 座。总库容最大的为广东横江，为 7 879 万 m³。107 座总库容之和为 9.3 亿 m³。

（3）从溃坝的坝型上看，土石坝 96 座，占 89.7%，堆石坝 6 座，砌石坝 5 座，无混凝土坝。

（4）从溃坝时工程运行情况来看，正在施工的 36 座，占 33.6%；正在运行的 61 座，占 57.0%；停建的 4 座，另有 6 座情况不明。

（5）从溃坝年份来看，107 座坝溃坝时间在 1954 ~ 2001 年。其中，20 世纪 50 年代溃决 16 座，20 世纪 60 年代溃决 22 座，20 世纪 70 年代溃决 52 座，20 世纪 80 年代溃决 6 座，20 世纪 90 年代溃决 10 座，2000 年以后溃决 1 座。溃决高峰为 20 世纪 70 年代，溃坝数量占总数的 48.6%。

（6）从溃坝月份来看，8 月份溃决数量最多，为 36 座，其次为 7 月份 26 座，5 月份 10 座，6、9 月各 9 座。雨季 5 ~ 9 月共溃决 90 座，占总数的 84%。

（7）从溃决模式来看，漫坝溃决的 49 座，占比为 45.8%；其中超标准洪水为 20 座，泄洪能力不足为 28 座，因副坝漫坝溃决的 1 座。因大坝质量问题溃决 53 座，占比为 49.5%；其中坝体渗漏造成溃决 34 座；涵管或涵洞渗漏 6 座；溢洪道质量问题 8 座，另有基础、坝体滑坡、白蚁侵害、泄水洞质量等问题 5 座。因管理不当或其他原因溃决的 5 座。

参 考 文 献

［1］水利部，国家统计局. 第一次全国水利普查公报［R］. 2013.
［2］第十届全国人民代表大会常务委员会.《中华人民共和国突发事件应对法》. 2007.
［3］贾金生. 中国大坝建设 60 年［M］. 北京：中国水利水电出版社，2013.
［4］贾金生，等. 中国水库大坝统计和技术进展及关注的问题简论［J］. 水力发电，2003（10）.
［5］水利部，国家发展和改革委员会，财政部. 全国病险水库除险加固专项规划［R］. 2008.
［6］汝乃华，姜忠胜. 大坝事故与安全. 拱坝［M］. 北京：中国水利水电出版社，1999.
［7］汝乃华，牛运光. 大坝事故与安全. 土石坝［M］. 北京：中国水利水电出版社，2001.
［8］牛运光. 病险水库加固实例［M］. 北京：中国水利水电出版社，2002.
［9］牛运光. 土坝安全与加固［M］. 北京：中国水利水电出版社，1998.

第二章　全国病险水库大坝管理子系统开发

近年来,政府投入大量资金进行病险水库除险加固,取得了显著的成效。根据水利部编制的各期病险水库除险加固规划,我国病险水库总量在5.61万座左右,数量多,项目管理难度大。紧密围绕政府部门对全国病险水库除险加固工程的管理需求,依据全国水库大坝管理系统的总体设计和开发原则,开发了《全国病险水库大坝管理子系统》,目的在于为行业管理部门和工程单位提供及时的服务。本章对该系统的开发应用背景、数据库设计、功能与界面、技术分析、应用情况等进行详细介绍。

第一节　系统开发和应用情况

一、病险水库基本情况

根据《水库大坝安全管理条例》[1]的有关规定,我国要求对水库大坝定期进行安全鉴定,并按大坝安全状况,将大坝分为一、二、三类坝。其中三类坝是指:实际抗御洪水标准低于部颁《水利枢纽工程除险加固近期非常运用洪水标准》(水规[1989]21号规定),或者工程存在较严重安全隐患,不能按设计工况正常运行的大坝。确定为三类坝的水库,被称为病险水库。

根据我国编制多个病险水库除险加固规划时进行的普查结果,截至2011年底,各类病险水库共有约5.61万座,其中大型327座,中型2451座,小型5.33万座。

从分布来看,我国病险水库遍布全国,但区域分布不均,各地病险水库的数量基本上与其水库数量成正比,湖南、广东、四川、山东、云南、湖北、江西等省病险水库数量相对较多。

二、系统开发背景

我国政府历来非常重视病险水库除险加固工作,先后启动多个病险水库除险加固的规划编制和实施工作,总计投入资金近2 000亿元,工程总体规模宏大。

1999年和2001年,水利部编制有关规划[2,3],分别确定了两批共3 458座病险水库除险加固中央补助项目。截至2006年底,完成了1 896座病险水库的除险加固。

2007年1月,水利部部署开展了全国水库安全状况普查,并编制形成《全国病险水库除险加固专项规划》[4](简称《专项规划》)。2008年3月,国务院批准了《专项规划》。《专项规划》纳入项目共6 240座(其中大型86座、中型1 096座、小型5 058座),估算总投资约510亿元,实施年限为3年。同步编制实施的还有《东部地区重点小型病险水库除险加固规划》[5],规划共纳入东部地区1 116座重点小型病险水库,总投资50.22亿元。

经过近3年的实施时间,7 356座专项规划和东部小型规划病险水库除险加固目标任务已于 2010 年年底如期完成。

针对我国小型水库多且除险加固率偏低的问题,2010 年 7 月,水利部和财政部联合编制并印发了《全国重点小型病险水库除险加固规划》(简称《重点小型规划》)[6]。《重点小型规划》共包括 5 400 座小(1)型病险水库,规划总投资为 244.04 亿元。2011 年底,《重点小型规划》已基本完成。

为进一步做好近 4.1 万座小(2)型病险水库除险加固工作,2011 年 3 月,水利部、财政部组织编制并联合印发了《全国重点小(2)型病险水库除险加固规划》(简称《重点小(2)型规划》)[7]。《重点小(2)型规划》安排对 15 891 座重点小(2)型病险水库实施除险加固,总投资 381.4 亿元。其余 2.52 万座小(2)型病险水库由各地在省级规划中明确具体项目。所有项目由地方负总责,组织实施,国务院有关部门监督指导。《重点小(2)型规划》于 2013 年底完成。

《专项规划》实施完成后,仍有新出现的 300 多座大中型病险水库亟待加固,国务院 2012 年 3 月批复的《全国中小河流治理和病险水库除险加固、山洪地质灾害防御和综合治理总体规划》[8]中对这一工作进行了安排和部署。规划中大中型病险水库共 319 座,其中大型 29 座,中型 290 座。

另一方面,病险水库除险加固工程属于基本建设工程,程序较为复杂。建设程序主要包括前期工作、投资计划、建设管理等几个重要环节,其管理办法按照项目规模主要分为两类:一是大中型项目,二是小型项目。

大中型病险水库项目和 2007 年以前的小型病险水库项目的建设管理程序,根据《病险水库除险加固工程项目建设管理办法》(发改农经[2005]806 号)执行。前期工作包括安全鉴定、安全鉴定核查、项目审批等环节,其中安全鉴定按照分级负责的原则,由各级水行政主管部门组织安全鉴定;安全鉴定核查需由水利部大坝安全管理中心及相应的核查承担单位进行核查;项目审批需根据规模履行国家发展和改革委员会可行性研究审批、初步设计编制、流域机构复核、省发展改革部门审批等程序。投资计划方面,包括地方项目计划的逐级申报、国家发展和改革委员会及水利部研究下达投资计划、地方建设配套投资的落实、建设资金的到位和完成统计等。建设管理方面,需严格执行项目法人责任制、招标投标制、工程监理制和竣工验收等各项制度,重点把握招标投标、开工、完工、竣工验收等时间节点,保障病险水库除险加固工程的顺利实施和规划目标任务的顺利完成。

2007 年底,财政部和水利部联合发布《重点小型病险水库除险加固项目管理办法》,之后财建[2010]436 号、财建[2011]47 号等管理办法也相继颁布。根据这些管理办法,小型病险水库项目实行项目管理,按照地方负总责的原则,中央给予定额补助并负责监督检查。因此,中央投资下达都是由中央根据投资规模,将投资切块下达到各省,再由各省根据项目初设批复情况分解下达到具体项目,资金缺口由地方建设资金解决。有关建设管理程序也进行了一定的简化,如前期工作只包含安全鉴定、初步设计编制、初步设计批复等环节,省略了安全鉴定检查、初步设计流域机构复核等环节。但由于各地具体情况复杂,对管理办法的执行也存在差别,许多省份还根据实际情况制定了相应的实施细则,加上项目量大面广、程序繁多、时间紧迫,且主要由技术力量相对薄弱的县级单位组织实施,规划实施情况的跟踪督促、绩效评价的工作量和难度极大。

总的来看,我国病险水库除险加固投资管理和工程管理,任务重,难度大。本系统的开发和应用较好地支持了有关工作的开展。

三、系统开发过程简述

针对我国病险水库除险加固管理工作难度很大的实际情况,有关部门非常重视采取技术手段来加强病险水库除险加固项目的投资计划管理、前期工作管理和工程建设管理,以提高管理工作效率,保障规划工作的顺利实施。基于政府部门的管理需求和全国水库大坝管理系统整体设计,作者开发了全国病险水库大坝管理子系统。该子系统是一个基于 Web 的远程管理和分析系统。根据需求,该系统分为两期实施:一期子系统纳入的水库包括《专项规划》项目和"专项规划"实施前项目;二期子系统则扩展涵盖了《东部小型规划》、《重点小型规划》、《重点小(2)型规划》以及新增大中型水库项目。

具体来说,该子系统基于 Web 方式,采用符合我国行政区划分级管理特点的管理模式,将全国 30 多个省级、300 多个市级和近 2 900 个县级行政区划全部纳入用户体系,具有很强的远程数据管理功能,为规划数据核查、基本信息采集、加固进度填报、投资计划管理、查询统计分析等工作提供了有力的技术手段和管理平台。自投入运行以来,通过各省(市、县)用户及流域机构用户的使用,基于系统提供的数据和功能编写了多期《全国病险水库除险加固工程前期工作进展情况通报》,在及时掌握和督促除险加固前期工作进度、进行投资计划管理和投资建议计划编制、保障各项规划顺利实施等方面发挥了非常重要的作用。

该子系统的突出特点有:

(1)采用数据库技术对病险水库除险加固投资计划工作进行管理,提高了管理工作的效率和信息管理标准化、规范化的程度。

(2)采用基于 Web 的应用系统用于病险水库除险加固前期工作的信息采集和管理,促进了各地除险加固前期工作的进度。

(3)首次建立了相对完备的全国病险水库除险加固项目库,为进一步的技术归纳、总结和开发奠定了基础。

(4)首次建立了病险水库除险加固管理部门的全国用户体系,促进了系统的应用和除险加固项目管理工作。

(5)开发了一系列基于数据库的 Java 动态数据图表展示技术。

四、系统应用情况

经过长时间的探索、研究、实践、总结,全国病险水库大坝管理子系统已在水利行业进行全国病险水库除险加固工程管理与监督工作中发挥了重要的作用,主要表现在以下几个方面:

(1)全国病险水库规划基本数据核查功能保障了规划的顺利实施。子系统一期运行后,利用用户填写的数据对《全国病险水库除险加固专项规划》中水库数据进行核对,理清中部地区适用"参照西部地区政策"的水库划分工作,对专项规划有关内容进行了修正。子系统二期建设与运行过程中,利用系统将《全国重点小型病险水库除险加固规划》《全国重点小（2）型病险水库除险加固规划》中水库基本信息逐座核查,修正了错误数据,发挥了非常重要的作用。

（2）规划实施进度信息填写工作为及时掌握全国各地病险水库除险加固工程进度提供了技术手段和基础数据。利用子系统一期发布了15期《全国病险水库除险加固工程前期工作情况通报》,有力地促进了专项规划项目的前期工作和投资计划的下达;利用子系统二期,有关管理部门联合发布了20多期《全国病险水库除险加固工程进展情况通报》,促进了全国小型病险水库除险加固项目的顺利实施。

（3）该子系统已完成各批次病险水库的全部投资计划下达信息的整编与入库。通过系统的统计、汇总、查询功能,可根据用户需要形成各类病险水库资金数据,为主管部门、管理部门和其他单位在病险水库除险加固投资信息方面提供充分的数据支撑。

（4）该子系统采用我国行政区划分级管理的模式,经过长时间的运行,将全国30多个省级、300多个市级和近2 900个县级行政区划全部纳入用户范围,建立了全国范围稳定的、完整的用户体系,为各省、各市县病险水库除险加固管理工作者协同工作提供了统一的管理平台。

（5）该子系统首次将各期全国性规划的病险水库项目全部纳入管理,项目库容量达到近5.61万座,是国内目前最齐备和最实用的病险水库除险加固项目管理系统。依据系统建立了实用的数据库,为进一步的技术归纳、总结和开发奠定了基础。

第二节　病险水库除险加固工程数据库建设

通过参考全国水利普查有关数据表格,并结合水利电力行业开发的同类数据库系统的设计开发经验,设计开发了我国目前规模最大、内容相对完整的病险水库除险加固工程技术管理信息数据库。本数据库纳入了各期全国规划的病险水库信息,包括病险水库的工程基本信息、防洪技术参数、水工建筑物信息、水库效益指标、运行管理等工程情况,同时涵盖了水库除险加固的前期工作、投资计划、建设管理、资金管理以及实施情况,建立了病险水库除险加固数据管理平台。本数据库既为我国病险水库除险加固管理工作提供了数据支撑,也为开展病险水库除险加固病害原因分析、加固措施研究、加固实施效果跟踪评价、除险加固工程效益分析评价等技术总结工作奠定了坚实的数据基础。

一、数据库主要任务

系统数据库建设的主要任务是研究E—R关系、优化数据结构、编写数据字典、进行逻辑设计、完成物理建库、初始数据装载、提高系统性能。

系统管理对象为列入各期全国性规划的病险水库的主要信息,见图2-1。共计56 089座病险水库,其中列入国家规划的共30 862座。

经过需求分析,确定本系统应包含的主要数据内容包括:

（1）全国病险水库基本情况。

（2）规划实施项目基本情况。

（3）病险水库安全鉴定及核查情况。

（4）病险水库除险加固工程初步设计审查、复核、批复等情况。

（5）地方政府对配套资金的承诺及到位情况。

（6）病险水库除险加固工程投资建议计划情况。

（7）病险水库除险加固工程投资计划下达情况。

（8）病险水库除险加固工程实施进展情况。

（9）病险水库除险加固工程竣工验收情况。

（10）管理中涉及的各类文档和多媒体信息。

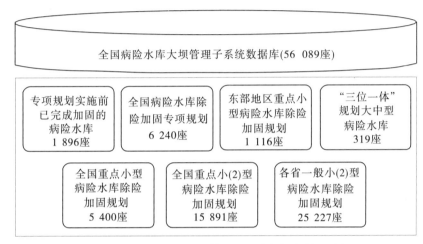

图 2-1　全国病险水库大坝管理子系统数据库管理对象

二、主要数据结构

病险水库除险加固工程数据库，主要存储管理由国家投资建设的已加固完成、正在实施加固、将要实施加固的全部病险水库的基本信息、工程信息、除险加固过程信息，以及水库病险原因、加固措施、实施效果等技术资料的重要信息。根据水行政管理部门实际工作中的具体需求，参考相关标准、规范、管理办法，并结合同类信息管理系统的数据库设计开发经验，数据库应包括以下 18 项的内容。

（一）索引信息

该部分主要包含水库编号、名称、型别、库容、所在地点、所在流域、管理单位、主管部门、列入规划的情况等，共 23 项内容，旨在表明水库的标识信息和分类信息，可作为整个表的索引。其中第一列为系统水库编号，根据规划采用 8 位编码，说明如下：

（1）第 1 位为除险加固批次，取值为 1~9，1 表示第一批中央补助已销号水库，2 表示第二批中央补助已销号水库，3 表示专项规划中央补助水库，4 表示规划外中央补助已销号水库，5 表示东部地区小型病险水库，6 表示全国重点小型病险水库，7 表示全国重点小（2）型病险水库，8 表示各省一般小（2）型病险水库，9 表示新增大中型病险水库。

（2）第 2 位为水库型别，取值为 A、B、C、D，A 表示大型水库，B 表示中型水库，C 表示小（1）型水库，D 表示小（2）型水库。

（3）第3～4位为所属地区字段,地区划分按照规划设定,取值参照表2-1。

（4）第5～8位为顺序编号。

如,3A100001表示江苏沙河水库,属专项规划内大型水库,位于江苏省,顺序编号为0001。

其余各列说明参见表2-2。

表2-1 系统地区编码

编码	地区	地区全称	编码	地区	地区全称
00	直属	水利部直属	23	四川	四川省
01	北京	北京市	24	贵州	贵州省
02	天津	天津市	25	云南	云南省
03	河北	河北省	26	西藏	西藏自治区
04	山西	山西省	27	陕西	陕西省
05	内蒙古	内蒙古自治区	28	甘肃	甘肃省
06	辽宁	辽宁省(不含大连)	29	青海	青海省
07	吉林	吉林省	30	宁夏	宁夏回族自治区
08	黑龙江	黑龙江省	31	新疆	新疆维吾尔自治区
09	上海	上海市	32	兵团	新疆生产建设兵团
10	江苏	江苏省	33	大连	大连市
11	浙江	浙江省(不含宁波)	34	青岛	青岛市
12	安徽	安徽省	35	宁波	宁波市
13	福建	福建省(不含厦门)	36	厦门	厦门市
14	江西	江西省	37	深圳	深圳市
15	山东	山东省(不含青岛)	38	长委	长江水利委员会
16	河南	河南省	39	黄委	黄河水利委员会
17	湖北	湖北省	40	淮委	淮河水利委员会
18	湖南	湖南省	41	海委	海河水利委员会
19	广东	广东省(不含深圳)	42	珠委	珠江水利委员会
20	广西	广西壮族自治区	43	松辽委	松辽水利委员会
21	海南	海南省	44	太湖局	太湖流域管理局
22	重庆	重庆市			

（二）工程基本信息

该部分主要描述工程的基本情况等,包括所在水系河流、详细地点、水库开工完工时间、坝址经纬度、主要建筑物、移民安置人口、建库审批文件、原设计施工单位、原工程投资等共 26 项内容,详见表 2-2。

(三)防洪技术参数

该部分包括水库的各项水位、库容、流量、洪水标准以及历史极值等信息,共 39 项内容,详见表 2-2。

表 2-2　病险水库除险加固技术信息总表数据字典

序号	大类	名称	列名	类型	单位	字段说明
001		水库编号	CL001	c(12)		根据列入的规划进行编码,多次列入规划的水库视作多条记录进行编号,但在备注中注明(记录第一次列入规划的编号)
002		标准编号	CL002	c(20)		已列入《中国水库名称代码》(SL 259—2000)标准的,按标准代码填写,未列入的暂为空
003		注册登记编号	CL003	c(20)		已进行大坝注册登记的按注册登记号填写(按归口管理分水口与电口水库),未进行注册的暂为空
004		水库名称	CL004	c(40)		水库名称的标准全称,以批准的设计文件为准,并与规划进行逐库核对。不能一库多名,水库名称前不加地名或管理单位名称。有别名的须在备注中说明
005	索引信息	水库型别	CL005	c(10)		枚举型,水库工程现状规模。填写批准建设或改建后达到的工程规模,不含工程实际总库容达到的规模或实际要求的管理等级规模。大于等于 10 亿 m³ 为大(1)型,1 亿~10 亿 m³ 为大(2)型,1 000 万~1 亿 m³ 为中型,100 万~1 000 万 m³ 为小(1)型,10 万~100 万 m³ 为小(2)型
006		工程等别	CL006	c(10)		枚举型,Ⅰ/Ⅱ/Ⅲ/Ⅳ/Ⅴ。按照工程设计文件中确定的等别,选择填写,无法查阅工程设计文件的,参照《水利水电工程等级划分及洪水标准(SL 252—2000)》选择填写
007		总库容	CL007	n(12,4)	万 m³	指校核洪水位以下的水库容积。填写设计文件中的总库容
008		所在流域	CL008	c(40)		枚举型,填水库所在流域。填写格式为:A:黑龙江流域;B:辽河流域;C:海河流域;D:黄河流域;E:淮河流域;F:长江流域;G:浙、闽、台诸河;H:珠江流域;J:广西、云南、西藏、新疆诸国际河流;K:内流区诸河
009		水行政归属流域机构	CL009	c(10)		枚举型,水利部派出流域管理机构。填写格式为:长委、黄委、淮委、海委、松辽委、珠委、太湖局
010		所在省份	CL010	c(10)		工程地理位置所在省(自治区、直辖市),工程跨区划的按主坝 0 +000 桩号位置确定

序号	大类	名称	列名	类型	单位	字段说明
011	索引信息	所在地市	CL011	c(40)		工程地理位置所在市(州、盟),工程跨区划的按主坝0+000桩号位置确定
012		所在县区	CL012	c(40)		工程地理位置所在县(市、区、旗),工程跨区划的按主坝0+000桩号位置确定
013		水库管理单位名称	CL013	c(80)		水库管理单位的标准全称,以行政批文为准
014		法人代表姓名	CL014	c(20)		
015		法人代表联系电话	CL015	c(20)		
016		上级主管单位名称	CL016	c(80)		上级主管单位的标准全称,以行政批文为准
017		水行政主管部门名称	CL017	c(80)		按照《水库大坝安全管理条例》规定,按照分级负责原则,负责水库监管的水行政主管部门名称
018		水行政主管部门级别	CL018	c(10)		枚举型,水行政主管部门级别分类。填写格式为:部、省、市、县、其他
019		归口管理	CL019	c(10)		枚举型,1.水利部门;2.电力部门;3.其他部门
020		省级主管部门	CL020	c(40)		填写部属、各省(自治区、直辖市、计划单列市)、新疆建设兵团、各大电网公司等
021		水库所属经济区域	CL021	c(10)		枚举型,水库所属经济区域划分。填写格式为:东部、中部(含参中)、西部(含参西)、直属、地方、其他
022		当前阶段	CL022	c(10)		枚举型,填写格式为:在建、正常运行、降等、报废、除险加固、其他
023		列入规划和历次加固情况	CL023	c(40)		历次列入规划进行加固的情况
101	工程基本信息	所在水系	CL101	c(40)		所在河流二级流域水系码,参见《中国河流名称代码》(SL 249—1999)
102		所在河流	CL102	c(40)		工程坝址所在的河流,标准编码中的河流名称
103		详细地点	CL103	c(40)		水库大坝所在的乡镇、行政村的全称。小(1)型要求到乡,小(2)型要求到村,或填写具体地点。如:距离某地30.2 km
104		水库工程开工年份	CL104	n(6)		开工建设的年份,4位年,或6位年月
105		水库工程建成(计划建成)年份	CL105	n(6)		完工或计划完工年份,4位年,或6位年月
106		水库主要功能	CL106	c(40)		枚举型,按实际主要功能多项枚举,填写批准建设的或改建后调整的水库主要功能。填写格式为:防洪、灌溉、供水、发电、养殖、航运、环境、旅游、调沙、防凌、其他

序号	大类	名称	列名	类型	单位	字段说明
107		水库其他功能	CL107	c(40)		枚举型,按实际其他功能多项枚举,填写批准建设的或改建后调整的水库其他功能。填写格式同上
108		坝址所在地经度	CL108	c(10)	度分秒	山丘水库填写主坝轴线中点处地理坐标的经度;平原水库填写主进水闸轴线中点处地理坐标的经度。精确到秒
109		坝址所在地纬度	CL109	c(10)	度分秒	山丘水库填写主坝轴线中点处地理坐标的纬度;平原水库填写主进水闸轴线中点处地理坐标的纬度。精确到秒
110		生产安置人口	CL110	n(8,4)	万人	批复水库初步设计报告中的生产安置人口。生产安置人口指水利水电工程土地征收线内(永久用地范围)因原有土地丧失,或其他原因造成土地征收线以外原有土地资源不能使用,需要重新配置土地资源或解决生存出路的农村移民安置人口
111		搬迁安置人口	CL111	n(8,4)	万人	批复水库初步设计报告中的搬迁安置人口。搬迁安置人口指水利水电工程居民迁移线以内原有居住房屋拆迁,或居民迁移线以外因生产安置或其他原因造成原有房屋不方便居住,需重新建房或解决居住条件的移民安置人口(区分农业人口、非农业人口)
112	工程基本信息	主要建筑物	CL112	text		简要描述枢纽布置的主要建筑物
113		主坝坝型	CL113	c(40)		枚举型,主坝结构形式,对有两座或两座以上主坝的水库,主坝的内容只填最大坝高主坝,其他主坝资料填入副坝内容;对主坝多坝型的,填写最大坝高段的坝型。包括混凝土重力坝、混凝土拱坝、混凝土支墩坝(连拱坝、平板坝、大头坝);浆砌石重力坝、浆砌石拱坝;碾压混凝土重力坝、碾压混凝土拱坝;均质土坝、心墙坝、斜墙坝、其他土坝;混凝土面板堆石坝、沥青面板堆石坝;混合型坝;其他坝型
114		主坝坝高	CL114	n(6,2)	m	主坝建基面(不包括局部深槽)的最低点至坝顶的高度
115		坝址控制流域面积	CL115	n(10,4)	km²	指流域周围分水线与坝址(或闸址)断面之间所包围的面积,即地表水的集水面积(集雨面积)。填写设计文件中的坝址(或闸址)控制流域面积;没有设计文件的,可参考有关资料和日常工作采用的参数填写,也可采用地形图量算成果。可参考"帮助"中的水系对应表
116		高程系统	CL116	c(10)		枚举型,黄海高程/吴淞高程/其他。选择工程设计文件中采用的高程系统。如果没有设计文件,则填写本工程现在运行使用的高程系统
117		水库水质	CL117	c(10)		枚举型,Ⅰ类/Ⅱ类/Ⅲ类/Ⅳ类/Ⅴ类/劣Ⅴ类/不详
118		地震动峰值加速度	CL118	c(10)	g	
119		坝址区域地震基本烈度	CL119	c(10)	度	
120		水库大坝设计地震烈度	CL120	c(10)	度	

序号	大类	名称	列名	类型	单位	字段说明
121	工程基本信息	建库时审批文件	CL121	c(40)		水库工程建库时开工的批复文件名称、文件号
122		建库审批文件扫描件	CL122	blob		
123		工程建设批复投资	CL123	n(12,4)	万元	上级部门批复投资
124		水库原设计单位	CL124	c(100)		多个设计单位选择最主要的前三个单位进行填写
125		水库原施工单位	CL125	c(100)		多个设计单位选择最主要的前三个单位进行填写
126		工程竣工决算总投资	CL126	n(12,4)	万元	工程竣工决算实际发生总投资
201	防洪技术参数	水库调节性能	CL201	c(20)		枚举型,多年调节/年调节/不完全年调节/季调节/月调节/周调节/日调节/无调节。指水库能够调节天然径流,以满足用水户对用水量分配的能力
202		正常蓄水位	CL202	n(6,2)	m	指水库在正常运用情况下,为满足兴利要求在开始供水时达到的高水位,又称正常高水位、兴利水位、设计蓄水位。填写设计文件中的正常蓄水位。单位:m
203		正常蓄水位对应库容	CL203	n(12,4)	万 m^3	
204		正常蓄水位相应水面面积	CL204	n(10,4)	km^2	填写设计文件中,水库正常蓄水位对应的水面面积;没有设计文件的,可按日常生产管理运行采用的面积填写,也可采用地形图量算成果
205		设计洪水标准	CL205	c(20)		枚举型,20%(5年一遇)/10%(10年一遇)/5%(20年一遇)/3.3%(30年一遇)/2%(50年一遇)/1%(100年一遇)/0.5%(200年一遇)/0.2%(500年一遇)/0.1%(1000年一遇)/0.05%(2000年一遇)/0.02%(5000年一遇)/0.01%(10000年一遇)/PMF/其他
206		设计洪水位	CL206	n(6,2)	m	指水库遇到大坝的设计洪水时,在坝前达到的最高水位。它是水库在正常运用情况下允许达到的最高水位。填写设计文件中的设计洪水位
207		设计洪水位相应库容	CL207	n(12,4)	万 m^3	
208		设计洪水洪峰流量	CL208	n(6)	m^3/s	
209		设计洪水历时	CL209	n(1)	天	
210		设计洪水总量	CL210	n(12,4)	万 m^3	

序号	大类	名称	列名	类型	单位	字段说明
211		设计洪水位时最大泄量	CL211	n(6)	m³/s	
212		设计洪水最大泄量相应下游水位	CL212	n(6,2)	m	
213		校核洪水标准	CL213	c(20)		枚举型,20%(5年一遇)/10%(10年一遇)/5%(20年一遇)/3.3%(30年一遇)/2%(50年一遇)/1%(100年一遇)/0.5%(200年一遇)/0.2%(500年一遇)/0.1%(1 000年一遇)/0.05%(2 000年一遇)/0.02%(5 000年一遇)/0.01%(10 000年一遇)/PMF/其他
214		校核洪水位	CL214	n(6,2)	m	指水库遇到大坝的校核洪水时,在坝前达到的最高水位。它是水库在非常运用情况下,短期内允许达到的最高水位。填写设计文件中的校核洪水位;没有设计文件的,可按日常生产管理运行采用的水位填写。单位:m
215		校核洪水洪峰流量	CL215	n(6)	m³/s	
216	防洪技术参数	校核洪水历时	CL216	n(1)	天	
217		校核洪水总量	CL217	n(12,4)	万m³	
218		校核洪水位时最大泄量	CL218	n(6)	m³/s	
229		校核洪水最大泄量相应下游水位	CL219	n(6,2)	m	
220		死水位	CL220	n(6,2)	m	指水库在正常运用情况下,允许消落到的最低水位。填写设计文件中的死水位
221		死库容	CL221	n(12,4)	万m³	指水库死水位以下的容积,填写设计文件中的死库容
222		防洪限制水位	CL222	n(6,2)	m	又称汛期限制水位,是水库在汛期允许兴利蓄水的上限水位,也是水库在汛期防洪运用时的起调水位。按照国家防汛抗旱总指挥部(政府有关部门)批准的防洪调度运行的防洪限制水位填写;如果没有,根据设计文件或日常生产管理运行采用的水位填写。当有多个汛期时,填写主汛期的防洪限制水位
223		防洪高水位	CL223	n(6,2)	m	指水库遇到下游防洪保护对象的设计洪水时,在坝前达到的最高水位。只有当水库承担下游防洪任务时,才需确定这一水位。按照国家防汛抗旱总指挥部(政府有关部门)批准的防洪调度运行的防洪高水位填写;如果没有,根据设计文件或日常生产管理运行采用的水位填写
224		防洪库容	CL224	n(12,4)	万m³	指防洪高水位至防洪限制水位之间的水库容积。填写设计文件中的防洪库容。单位:万m³
225		批复总库容	CL225	n(12,4)	万m³	指除险加固初设批复的总库容

序号	大类	名称	列名	类型	单位	字段说明
226		调洪库容	CL226	n(12,4)	万 m³	指校核洪水位至防洪限制水位之间的水库容积。填写设计文件中的调洪库容
227		兴利库容	CL227	n(12,4)	万 m³	指正常蓄水位至死水位之间的水库容积。填写设计文件中的兴利库容
228		重叠库容	CL228	n(12,4)	万 m³	指正常蓄水位至防洪限制水位之间的水库容积。这部分库容汛期腾空作为防洪库容或调洪库容的一部分;汛后充蓄作为兴利库容的一部分,兼有防洪兴利的双重作用
229		淤积库容	CL229	n(12,4)	万 m³	
230		下游防护标准	CL230	c(20)		
231	防洪技术参数	下游河道安全泄量	CL231	n(6)	m³/s	
232		多年平均降雨量	CL232	n(4)	mm	
233		多年平均径流量	CL233	n(12,4)	万 m³	年径流量的多年平均值
234		多年平均流量	CL234	n(6)	m³/s	入库流量的多年平均值
235		多年平均输沙量	CL235	n(6)	t	
236		历史最高库水位	CL236	n(6,2)	m	
237		历史最高库水位发生日期	CL237	c(10)		8 位表示日期的数字
238		历史最大下泄流量	CL238	n(6)	m³/s	
239		历史最大下泄流量发生日期	CL239	c(10)		8 位表示日期的数字
301		设计灌溉面积	CL301	n(12,4)	万亩	按水库灌溉功能设计的灌溉面积
302		有效灌溉面积	CL302	n(12,4)	万亩	按水库实际供水能力、灌区配套设施、农田土地状况等,水库可能达到的灌溉面积
303		实际最大灌溉面积	CL303	n(12,4)	万亩	
304		灌溉最大引用流量	CL304	n(6)	m³/s	
305	水库效益指标	灌溉灌区名称	CL305	c(40)		当灌溉对象为灌区时,填写灌区名称;灌溉对象为非灌区时,填"无"
306		供水对象的重要性	CL306	c(10)		枚举型,特别重要/重要/中等/一般/无供水功能。根据《水利水电工程等级划分及洪水标准》(SL 252—2000)填写
307		设计年供水量	CL307	n(12,4)	万 m³	按水库供水功能设计的每年供水量
308		实际最大年供水量	CL308	n(12,4)	万 m³	
309		设计供水能力	CL309	n(6)	m³/s	

序号	大类	名称	列名	类型	单位	字段说明
310		供水对象	CL310	c(40)		多选项:城市生活/工矿企业/农业灌溉/饮用水源
311		水电站开发方式	CL311	c(20)		枚举型:闸坝式、引水式、混合式、抽水蓄能电站①闸坝式:筑拦河(闸)坝,以集中天然河道的落差,在坝的上游形成水库,对天然径流进行再分配发电的方式②引水式:上游引水渠首建低堰,以集中水量,通过无压引水道引水至电站前池,以集中落差,通过压力管道至电站发电的方式③混合式:前两种方式结合,即修筑大坝形成有调节径流能力的水库,再通过有压输水道至下游建厂发电的方式④抽水蓄能电站:指用水泵将低水池或河流中的水抽至高水池蓄存起来,需要时用高水池存蓄的水通过水轮机发电,水回至低水池,循环运用的电站
312		总装机容量	CL312	n(12,4)	万 kW	指水电站全部机组额定出力(铭牌容量)的总和。填写电站包括备用机组在内的总装机容量。按机组铭牌填写
313		装机容量构成	CL313	c(40)		分别描述单机装机容量和对应台数;单位:万 kW × 台数
314	水库效益指标	电站保证出力	CL314	n(12,4)	万 kW	水电站相应于设计保证率的枯水期平均出力,单位:kW
315		电站额定水头	CL315	n(6,2)	m	指为满足水轮发电机组发足额定出力,设计水轮机各项参数(转轮直径、转速、流量等)所采用的水头(过去称设计水头)。填写设计文件中的额定水头;没有设计文件的,可按机组铭牌填写
316		设计年发电量	CL316	n(12,4)	万 kWh	
317		多年平均发电量	CL317	n(12,4)	万 kWh	水电站多年发电量的算术平均值
318		设计发电总引用流量	CL318	n(6)	m³/s	
319		改善航道	CL319	n(6)	km	
320		过船吨位	CL320	n(6)	t	
321		年运输量	CL321	n(12,4)	万 t	
322		养殖面积	CL322	n(10,4)	km²	
323		全年最大捕鱼量	CL323	n(6)	t	
324		下游保护人口	CL324	n(10,4)	万人	按水库防洪功能设计的防洪保护范围内的人口数量
325		下游保护耕地	CL325	n(10,4)	万亩	按水库防洪功能设计的防洪保护耕地面积
326		保护城镇及工矿企业的重要性	CL326	c(10)		枚举型,特别重要/重要/中等/一般/无防洪功能。根据《水利水电工程等级划分及洪水标准》(SL 252—2000)填写
327		保护重要县以上城镇	CL327	c(40)		按水库防洪功能设计的防洪保护的县以上城镇的距离和名称
328		保护重要乡镇	CL328	c(40)		按水库防洪功能设计的防洪保护的建制乡镇的距离和名称

序号	大类	名称	列名	类型	单位	字段说明
329	水库效益指标	保护工矿企业	CL329	c(40)		按水库防洪功能设计的防洪保护重要工矿企业
330		保护基础设施	CL330	c(40)		按水库防洪功能设计的防洪保护重要基础设施
331		保护铁路公路	CL331	c(40)		按水库防洪功能设计的防洪保护重要铁路、公路等交通设施,填距离和名称
332		现状总库容	CL332	n(12,4)	万 m³	
333		现状防洪标准	CL333	c(40)		
401	挡水建筑物	大坝名称	CL401	c(40)		
402		详细坝型	CL402	c(40)		填写对结构与材料描述尽可能详细的坝型
403		主坝建筑物级别	CL403	c(10)		枚举型,1级/2级/3级/4级/5级
404		现状坝顶高程	CL404	n(6,2)	m	
405		防浪墙顶高程	CL405	n(6,2)	m	
406		批复坝顶高程	CL406	n(6,2)	m	除险加固初设批复的坝顶高程
407		主坝坝顶长度	CL407	n(6,2)	m	
408		主坝坝顶宽度	CL408	n(6,2)	m	
409		坝身体积	CL409	n(12,4)	万 m³	
410		坝体防渗形式	CL410	c(20)		多选项,混凝土/黏土心墙/黏土斜墙/防渗墙/混凝土面板/均质土坝/其他
411		坝基防渗形式	CL411	c(20)		多选项,帷幕灌浆/截渗墙/截水槽/黏土铺盖/板桩/其他
412		上游坝坡坡度	CL412	c(20)		
413		下游坝坡坡度	CL413	c(20)		
414		坝区通航设计标准	CL414	c(10)		枚举型,Ⅰ/Ⅱ/Ⅲ/Ⅳ/Ⅴ/低于Ⅴ级/不能通航
415		过坝建筑物型式	CL415	c(20)		多选项,船闸/升船机/其他
416		副坝数量	CL416	n(2)		
417		副坝主要坝型	CL417	c(40)		枚举型,副坝中最大坝高副坝的坝型。选项同主坝坝型
418		副坝最大坝高	CL418	n(6,2)	m	副坝中最大坝高者的数值
419		副坝总长度	CL419	n(6,2)	m	
501	泄水、输水建筑物	正常溢洪道类型	CL501	c(20)		
502		溢洪道堰顶高程	CL502	n(6,2)	m	
503		溢流段前缘宽度	CL503	n(6,2)	m	
504		溢流段单宽流量	CL504	n(6)	m³/s	

序号	大类	名称	列名	类型	单位	字段说明
505		正常溢流道最大泄量	CL505	n(6)	m³/s	
506		消能形式	CL506	c(10)		枚举型,底流/面流/挑流/戽流/窄缝/其他
507		正常闸门形式	CL507	c(20)		
508		闸孔孔数	CL508	n(3)		
509		闸孔尺寸	CL509	c(20)	m	宽×高
510		闸门启闭设备	CL510	c(20)		
511		泄洪洞形式	CL511	c(20)		
512		泄洪洞数量	CL512	n(3)		
513		泄洪洞断面尺寸	CL513	c(20)	m	宽×高或内径描述
514		泄洪洞进口底高程	CL514	n(6,2)	m	
515		泄洪洞最大泄量	CL515	n(6)	m³/s	
516		泄洪洞闸门型式	CL516	c(20)		
517		泄洪洞启闭设备	CL517	c(20)		
518	泄水、输水建筑物	是否有放空洞(涵)	CL518	c(2)		
519		放空洞进口底高程	CL519	n(6,2)	m	
520		放空洞控制断面形式	CL520	c(20)		
521		放空洞控制断面尺寸	CL521	c(20)		
522		放空最大泄量	CL522	n(6)	m³/s	
523		是否有非常溢洪道	CL523	c(2)		
524		非常溢洪道型式	CL524	c(20)		
525		非常溢洪道溢流堰顶高程	CL525	n(6,2)	m	
526		非常溢洪道溢流前缘宽度	CL526	n(3)	m	
527		非常溢洪道最大泄量	CL527	n(6)	m³/s	
528		泄水建筑物启用标准	CL528	c(255)		
529		泄水建筑物启用方式	CL529	c(255)		

序号	大类	名称	列名	类型	单位	字段说明
530	泄水、输水建筑物	输水建筑物结构型式	CL530	c(20)		
531		输水建筑物进口高程	CL531	n(6,2)	m	
532		输水建筑物断面尺寸	CL532	c(20)	m	宽×高或内径描述
533		输水建筑物设计流量	CL533	n(6)	m³/s	
534		输水洞闸门型式	CL534	c(20)		
535		输水洞启闭设备	CL535	c(20)		
601	水库运行管理、防汛抢险	管理体制	CL601	c(20)		枚举型,全民/集体/事业单位/公益型
602		管理职工人数	CL602	n(5)	人	
603		工程技术人员	CL603	n(5)	人	
604		工程师以上	CL604	n(5)	人	
605		管理用房面积	CL605	n(8)	m²	
606		水库大坝管理或建设单位(业主)管理范围	CL606	text		
607		管理保护区面积	CL607	n(8)	亩	
608		确权土地面积	CL608	n(8)	亩	
609		水情测报情况	CL609	text		
610		工程监测情况	CL610	text		
611		主要监测项目	CL611	text		
612		主要监测仪器	CL612	text		
613		最大渗流量	CL613	n(6,2)	L/s	
614		总沉降量	CL614	n(5)	mm	
615		河道安全泄量	CL615	n(6)	m³/s	
616		水质污染情况	CL616	c(20)		
617		洪水预报方案类别	CL617	c(20)		枚举型,降雨径流/水文模型/经验法/相关法/气象预报/其他
618		防汛通信设备	CL618	c(20)		多选项,电台/有线电话/移动电话/微波/无
619		预报单位	CL619	c(40)		
620		调度计划编制单位	CL620	c(40)		

序号	大类	名称	列名	类型	单位	字段说明
621	水库运行管理、防汛抢险	调度计划编制时间	CL621	c(10)		精确到月或天。日期格式:yyyy - MM 或者 yyyy - MM - dd
622		调度计划审批单位	CL622	c(40)		枚举型,国家防总/流域防总/省级防总/地级防总/县级防总
623		调度计划审批时间	CL623	c(10)		精确到月或天。日期格式:yyyy - MM 或者 yyyy - MM - dd
624		防洪调度权限	CL624	c(40)		枚举型,国家防总/流域防总/省级防总/地级防总/县级防总
625		抢险预案编制单位	CL625	c(40)		
626		抢险预案编制时间	CL626	c(10)		精确到月或天。日期格式:yyyy - MM 或者 yyyy - MM - dd
627		抢险预案审批单位	CL627	c(40)		
628		抢险预案审批时间	CL628	c(10)		精确到月或天。日期格式:yyyy - MM 或者 yyyy - MM - dd
629		目前防汛存在的主要问题	CL629	text		
630		防御超标准洪水主要措施	CL630	text		
631		防汛抢险应急预案	CL631	blob		根据水库管理的实际情况,存储防汛抢险应急预案、水库应急抢险预案等的文档对象
701	安全鉴定及核查情况	安鉴组织单位	CL701	c(40)		按《水库大坝安全鉴定办法》规定,申请安全鉴定的单位一般为水库业主或业主代理人
702		安鉴承担单位	CL702	c(40)		按《水库大坝安全鉴定办法》规定,由组织单位委托从事大坝安全评价的水利设计单位或有关科研教学单位来承担
703		安鉴承担单位资质	CL703	c(10)		从事大坝安全评价的水利设计单位设计资质,或有关科研教学单位经水行政主管部门认定的相应资质,部里公布的大中型水库安全评价单位填甲级,省里公布的中型及重要小(1)型水库水库安全评价单位填乙级。填写格式为:甲级、乙级、其他
704		安鉴审定单位	CL704	c(40)		按《水库大坝安全鉴定办法》规定,组织专家鉴定会,审定鉴定意见和认定大坝安全类别的水行政主管部门
705		安鉴审定部门级别	CL705	c(10)		枚举型,大坝安金鉴定部门的级别分类。填写格式为:部级、省级、市级、县级、其他
706		安全鉴定时间	CL706	c(10)		
707		安全鉴定结论	CL707	text		指《大坝安全鉴定报告书》"安全鉴定结论"一栏

序号	大类	名称	列名	类型	单位	字段说明
708		安全鉴定大坝类别	CL708	c(10)		枚举型,经大坝安全鉴定认定的大坝安全类别。填写格式为:一类坝、二类坝、三类坝、其他
709		大坝安全鉴定报告书扫描件	CL709	blob		
710		水库是否存在病险	CL710	c(2)		
711		主要运行安全措施	CL711	c(40)		枚举型,限制水位运行/加强防汛措施/加强安全监测/加强巡视检查/基本正常运行加强管理/正常运行
712		当前除险加固阶段	CL712	c(20)		枚举型,尚未开展工作/安全鉴定/可研/初设/施工阶段/主体工程完工/竣工验收/全部结束
713		防洪标准复核结论	CL713	c(20)		枚举型,安全鉴定结论中的防洪标准复核结论。填写格式为:满足要求、基本满足要求、不满足要求、其他
714		结构安全复核结论	CL714	c(20)		枚举型,安全鉴定结论中的结构安全复核结论。填写格式为:满足要求、基本满足要求、不满足要求、其他
715	安全鉴定及核查情况	渗流安全复核结论	CL715	c(20)		枚举型,安全鉴定结论中的渗流安全复核结论。填写格式为:满足要求、基本满足要求、不满足要求、其他
716		抗震安全复核结论	CL716	c(20)		枚举型,安全鉴定结论中的抗震安全复核结论。填写格式为:满足要求、基本满足要求、不满足要求、按规范允许未复核、其他
717		金属结构复核结论	CL717	c(20)		枚举型,安全鉴定结论中的金属结构复核结论。填写格式为:满足要求、基本满足要求、不满足要求、其他
718		其他工程问题	CL718	text		上述主要结论之外的其他工程问题,如"进库交通道路、白蚁危害、办公用房、通信条件、安全监测设施,水情测报设施"等问题
719		安鉴核查承担单位	CL719	c(40)		枚举型,安全鉴定成果核查承担单位,填写格式为:大坝中心、建管总站、中国水科院、长委设计院、长江科学院、珠江委、水规总院、省厅、其他
720		书面核查意见	CL720	text		
721		现场核查意见	CL721	text		
722		安全鉴定复核意见扫描件	CL722	blob		
723		核查意见印发时间	CL723	c(10)		
724		核查意见印发文号	CL724	c(40)		

序号	大类	名称	列名	类型	单位	字段说明
801		初步设计承担单位	CL801	c(40)		除险加固工程初步设计单位名称
802		初步设计承担单位资质	CL802	c(10)		枚举型,工程设计单位在从事该工程设计时取得的"水库工程"、"水利枢纽"相关设计资质。填写格式为:甲级、乙级、丙级、其他
803		初设初审单位	CL803	c(40)		除险加固工程初步设计初步审查单位名称
804		初设复核单位	CL804	c(40)		除险加固工程初步设计复核单位名称
805		初设复核时间	CL805	c(10)		
806		初设复核文号	CL806	c(40)		
807		初设复核意见扫描件	CL807	blob		
808		初设批复单位	CL808	c(40)		除险加固工程初步设计审批单位名称
809		初设批复时间	CL809	c(10)		
810		初设批复文号	CL810	c(40)		
811		初设批复意见扫描件	CL811	blob		
812	除险加固初步设计	前期工作勘探钻孔数	CL812	n(5)	孔	前期工作阶段地质勘探钻孔数量,包括安全鉴定和初步设计的总和
813		前期工作勘探钻孔总进尺	CL813	n(6)	m	前期工作阶段地质勘探钻孔总进尺,包括安全鉴定和初步设计的总和
814		前期工作经费	CL814	n(10,4)	万元	前期工作阶段支出的工作经费数量,包括安全鉴定和初步设计的总和
815		批复主要建设项目	CL815	text		除险加固工程初步设计审批的工程主要建设项目
816		防渗加固措施	CL816	c(80)		枚举型,审批的大坝防渗主要加固措施。填写格式为:混凝土防渗墙、其他防渗墙、防渗灌浆、土工膜、其他、无处理措施。其中,无处理措施指"该单项工程未采取处理措施",否则,包括其他均属有加固处理措施
817		结构加固措施	CL817	c(80)		枚举型,审批的大坝结构主要加固措施。填写格式为:加高培厚、抗震加固、裂缝处理、坝面整修、其他、无处理措施
818		溢洪道加固措施	CL818	c(80)		枚举型,审批的溢洪道主要加固措施。填写格式为:废弃新建、拆除重建、护砌加固、闸室改建、闸门更换(含启闭)、其他、无处理措施
819		输水洞加固措施	CL819	c(80)		枚举型,审批的输水洞主要加固措施。填写格式为:废弃新建、拆除重建、灌浆加固、进水塔改建、闸门更换(含启闭)、其他、无处理措施

序号	大类	名称	列名	类型	单位	字段说明
820		管理设施改造内容	CL820	c(80)		枚举型,审批的工程管理设施主要改造指施。填写格式为:改善防汛道路、新建管理房、更新大坝监测设施、更新水情测报设施、其他、无处理措施
821		批复工程总投资	CL821	n(10,4)	万元	除险加固工程初步设计审批的工程总投资
822		大坝防渗加固投资	CL822	n(10,4)	万元	按审批结果的大坝防渗加固投资
823		大坝结构加固投资	CL823	n(10,4)	万元	按审批结果的大坝结构加固投资
824		溢洪道加固投资	CL824	n(10,4)	万元	按审批结果的溢洪道加固投资
825	除险加固初步设计	输水洞加固投资	CL825	n(10,4)	万元	按审批结果的输水洞加固投资
826		管理设施改造投资	CL826	n(10,4)	万元	按审批结果的管理设施改造投资
827		其他加固投资	CL827	n(10,4)	万元	按审批结果的其他加固投资
828		防渗加固工程量	CL828	c(80)	m,m²	处理长度、处理最大深度、处理面积
829		计划单位工程计划个数	CL829	n(5)	个	
830		土石方计划工程量	CL830	n(6)	万 m³	
831		混凝土计划工程量	CL831	n(6)	万 m³	
832		金属结构制安计划数量	CL832	n(6)	t	
901		主要病险原因	CL901	text		规划列出主要病险原因
902		主要加固措施	CL902	text		规划列出主要加固措施
903		防洪标准不足	CL903	c(2)		归纳整理的病险原因
904		坝体坝基裂缝	CL904	c(2)		归纳整理的病险原因
905		坝体变形沉降	CL905	c(2)		归纳整理的病险原因
906	规划列出主要病险情况	工程结构质量	CL906	c(2)		归纳整理的病险原因
907		坝坡边坡稳定	CL907	c(2)		归纳整理的病险原因
908		坝体坝基渗漏	CL908	c(2)		归纳整理的病险原因
909		渗流稳定安全	CL909	c(2)		归纳整理的病险原因
910		金属机电结构	CL910	c(2)		归纳整理的病险原因
911		抗震安全不足	CL911	c(2)		归纳整理的病险原因
912		地震液化破坏	CL912	c(2)		归纳整理的病险原因
913		输放水建筑物破坏	CL913	c(2)		归纳整理的病险原因

序号	大类	名称	列名	类型	单位	字段说明
914	规划列出主要病险情况	泄洪建筑物破坏	CL914	c(2)		归纳整理的病险原因
915		管理观测设施	CL915	c(2)		归纳整理的病险原因
916		白蚁危害问题	CL916	c(2)		归纳整理的病险原因
917		泥沙淤积问题	CL917	c(2)		归纳整理的病险原因
a01	主要资金信息	初设初审投资	CLa01	n(10,4)	万元	
a02		初设复核投资	CLa02	n(10,4)	万元	
a03		初设批复投资	CLa03	n(10,4)	万元	
a04		除险加固投资	CLa04	n(10,4)	万元	
a05		累计下达投资	CLa05	n(10,4)	万元	
a06		累计下达中央投资	CLa06	n(10,4)	万元	
a07		中央资金渠道	CLa07	n(10,4)	万元	
a08		应下地方配套	CLa08	n(10,4)	万元	
a09		实到地方配套	CLa09	n(10,4)	万元	
a10		省级配套下达	CLa10	n(10,4)	万元	
a11		市级配套下达	CLa11	n(10,4)	万元	
a12		县级配套下达	CLa12	n(10,4)	万元	
a13		其他配套下达	CLa13	n(10,4)	万元	
a14		累计到位投资	CLa14	n(10,4)	万元	
a15		中央资金到位	CLa15	n(10,4)	万元	
a16		地方投资到位	CLa16	n(10,4)	万元	
a17		省级配套到位	CLa17	n(10,4)	万元	
a18		市级配套到位	CLa18	n(10,4)	万元	
a19		县级配套到位	CLa19	n(10,4)	万元	
a20		其他配套到位	CLa20	n(10,4)	万元	
a21		累计完成投资	CLa21	n(10,4)	万元	
a22		中央投资完成	CLa22	n(10,4)	万元	
a23		地方投资完成	CLa23	n(10,4)	万元	
a24		资金管理情况及主要问题	CLa24	text		枚举型,资金使用情况。填写格式为:规范、一般、不合格、其他。其中,规范指资金使用管理规范,检查稽查中未发现资金违规使用的情况;一般指资金使用管理基本规范,无显著问题,但管理工作应当进一步加强;不合格指资金使用管理不符合有关规定,检查稽查中发现存在问题;其他指不能归入上述分类的其他情况

序号	大类	名称	列名	类型	单位	字段说明
b01		是否实行项目法人制	CLb01	c(2)		是/否
b02		项目法人组建方式	CLb02	c(40)		枚举型,填写格式为:集中管理、项目法人为水库管理单位、代建制、其他。集中管理指一个项目法人负责多个项目的建设;代建制指选择专业化的项目管理单位负责建设实施,严格控制项目投资、质量和工期,建成后移交给使用单位
b03		项目法人单位	CLb03	c(40)		除险加固建设项目法人单位名称
b04		批准成立日期	CLb04	c(10)		除险加固建设项目法人单位批准成立日期
b05		上级主管单位	CLb05	c(40)		除险加固建设项目法人单位的上级主管单位名称
b06		是否实行招标投标制	CLb06	c(2)		是/否
b07		施工招标主要方式	CLb07	c(10)		枚举型,除险加固建设项目施工的主要招标形式。填写格式为:公开招标、邀请招标、议标、其他
b08		施工招标评标单位	CLb08	c(40)		除险加固建设项目主要招标中的评标单位主要组成
b09	项目建设管理	施工招标占总项目比例	CLb09	n(4,1)		除险加固建设项目中以招标方式安排的工程项目占总工程项目的比例,按工程项目资金计算
b10		是否实行监理制	CLb10	c(2)		是/否
b11		监理是否招标	CLb11	c(2)		是/否
b12		监理招标方式	CLb12	c(10)		枚举型,除险加固建设项目监理的主要招标形式。填写格式为:公开招标、邀请招标、议标、其他
b13		监理单位	CLb13	c(40)		除险加固建设项目主要监理单位名称
b14		监理单位资质	CLb14	c(10)		枚举型,除险加固建设项目主要监理单位的监理资质。填写格式为:甲级、乙级、丙级、其他
b15		监理单位资质是否满足要求	CLb15	c(2)		是/否
b16		总监人数	CLb16	n(4)		总监人数是指各监理单位派驻现场的总监人员规模之和
b17		总监姓名	CLb17	c(20)		
b18		监理工程师应到人数	CLb18	n(4)		监理工程师人数是指各监理单位派驻现场的监理工程师规模之和
b19		监理工程师实到人数	CLb19	n(4)		
b20		监理员应到人数	CLb20	n(4)		监理员人数是指各监理单位派驻现场的监理员规模之和
b21		监理员实到人数	CLb21	n(4)		

序号	大类	名称	列名	类型	单位	字段说明
b22		现场监理工作是否满足要求	CLb22	c(2)		是/否
b23		是否开工	CLb23	c(2)		是/否
b24		开工日期	CLb24	c(10)		除险加固建设项目批准开工日期
b25		计划完工期	CLb25	c(10)		除险加固建设项目计划完工日期
b26		实际完工期	CLb26	c(10)		除险加固建设项目实际完工日期
b27		施工单位	CLb27	c(40)		除险加固建设项目主要施工单位名称
b28		施工单位资质	CLb28	c(10)		枚举型,除险加固建设项目主要施工单位施工资质。填写格式为:特级、一级、二级、三级,其他
b29		施工单位资质是否满足要求	CLb29	c(2)		是/否
b30		施工单位情况	CLb30	c(40)		"是否满足安全生产准入要求"、"是否有安全生产许可证"、"项目负责人是否持考核合格证书"、"专职安全生产管理人员是否持考核合格证书"
b31		重大设计变更次数	CLb31	n(4)		除险加固建设项目施工过程中的重大设计变更次数
b32		重大变更内容	CLb32	text		除险加固建设项目施工过程中的重大设计变更内容
b33	项目建设管理	重大设计变更审批部门	CLb33	c(40)		
b34		是否有现场质量与安全监督	CLb34	c(2)		是/否。现场质量与安全监督指政府质量监督机构在除险加固现场设立监督站或派驻监督员
b35		工程质量监督机构名称	CLb35	c(40)		除险加固建设项目工程质量监督机构名称
b36		一般质量事故数量	CLb36	n(4)		
b37		较大质量事故数量	CLb37	n(4)		质量事故指除险加固项目实施期间发生的质量事故。质量事故按《水利工程质量事故处理暂行规定》(1999年水利部第9号令)分类
b38		重大质量事故数量	CLb38	n(4)		
b39		特大质量事故数量	CLb39	n(4)		
b40		重特大事故处理情况	CLb40	text		记录指除险加固项目实施期间发生的重特大质量事故的处理情况
b41		一般安全事故数量	CLb41	n(4)		安全事故指除险加固期间涉及工程的人身伤害事故。安全事故按《生产安全事故报告和调查处理条例》(2007年国务院令第493号令)分级。一般事故,是指造成3人以下死亡,或者10人以下重伤(包括急性工业中毒,下同),或者1 000万元以下直接经济损失的事故

序号	大类	名称	列名	类型	单位	字段说明
b42	项目建设管理	较大安全事故数量	CLb42	n(4)		较大事故,是指造成 3 人以上 10 人以下死亡,或者 10 人以上 50 人以下重伤,或者 1 000 万元以上 5 000 万元以下直接经济损失的事故
b43		重大安全事故数量	CLb43	n(4)		重大事故,是指造成 10 人以上 30 人以下死亡,或者 50 人以上 100 人以下重伤,或者 5 000 万元以上 1 亿元以下直接经济损失的事故
b44		特大安全事故数量	CLb44	n(4)		特别重大事故,是指造成 30 人以上死亡,或者 100 人以上重伤,或者 1 亿元以上直接经济损失的事故
b45		安全事故累计死亡人数	CLb45	n(6)		
b46		完成主要加固内容	CLb46	text		
b47		剩余主要加固内容	CLb47	text		
c01	项目验收情况	已完成单位工程验收个数	CLc01	n(4)		
c02		是否经过蓄水安全鉴定	CLc02	c(2)		
c03		工程验收情况	CLc03	c(20)		枚举型,工程验收的情况。填写格式为:竣工验收、竣工预验收、主体工程验收、初步验收、其他。其中,竣工验收指按《水利工程建设项目验收管理规定》(2006 年水利部第 30 号令)已完成工程竣工验收;竣工预验收指完成竣工验收前的竣工技术预验收;主体工程验收为非规定验收环节,指完成了除险加固工程中中央补助部分的竣工验收;初步验收也为非规定验收环节,指完成除险加固工程中央补助部分的预验收;其他指不能归入上述分类的其他情况
c04		验收意见及主要结论	CLc04	text		
c05		竣工验收鉴定书扫描件	CLc05	blob		
c06		主持验收单位	CLc06	c(40)		主持工程验收的部门或单位名称
c07		工程验收日期	CLc07	c(10)		一般指工程竣工验收日期,若尚未完成竣工验收,填对应于工程验收情况的验收日期
c08		加固工程质量评定	CLc08	c(10)		枚举型,验收评定的除险加固工程质量。填写格式为:优良、良好、一般、不合格、其他
c09		遗留工程问题	CLc09	text		

序号	大类	名称	列名	类型	单位	字段说明
c10	项目验收情况	防渗加固实际工程量	CLc10	c(80)	m,m²	处理长度、处理最大深度、处理面积
c11		单位工程完成个数	CLc11	n(5)	个	
c12		土石方完成工程量	CLc12	n(6)	万 m³	
c13		混凝土完成工程量	CLc13	n(6)	万 m³	
c14		金属结构制安完成数量	CLc14	n(6)	t	
c15		除险加固目标完成情况	CLc15	text		对病险水库除险加固工程是否完成消险的目标进行描述，若未完成，请叙述内容和原因
d01	除险加固效益	防洪标准	CLd01	c(10)		枚举型，工程防洪安全的改善情况。填写格式为：原已达标、加固达标、仍未达标、其他
d02		抗震安全	CLd02	c(10)		枚举型，工程抗震安全的改善情况。填写格式为：原已达标、加固达标、仍未达标、其他
d03		结构安全	CLd03	c(10)		枚举型，工程结构稳定的改善情况。填写格式为：原已达标、加固达标、仍未达标、其他
d04		渗流安全	CLd04	c(10)		枚举型，工程渗流安全的改善情况。填写格式为：原已达标、加固达标、仍未达标、其他
d05		大坝安全	CLd05	c(10)		枚举型，大坝综合安全的改善情况。填写格式为：达标（一类坝）、脱险（二类坝）、遗留（三类坝）、其他
d06		增加调洪库容	CLd06	n(10,4)	万 m³	加固工程实施后恢复正常运用增加的防洪库容
d07		增加防洪效益	CLd07	n(10,4)	万元	加固工程实施后增加的防洪效益
d08		增加兴利库容	CLd08	n(10,4)	万 m³	加固工程实施后增加的兴利库容
d09		增加城镇年供水量	CLd09	n(10,4)	万 m³	加固工程实施后增加的城镇年供水能力
d10		增加供水人口	CLd10	n(10,4)	万人	加固工程实施后增加的供水人口
d11		增加供水效益	CLd11	n(10,4)	万元	加固工程实施后增加的供水效益
d12		增加灌溉面积	CLd12	n(10,4)	万亩	加固工程实施后恢复正常运用增加的灌溉面积
d13		增加灌溉效益	CLd13	n(10,4)	万元	加固工程实施后增加的灌溉效益
d14		增加其他效益	CLd14	n(10,4)	万元	加固工程实施后增加的航运、养殖、发电等其他效益
d15		增加综合经济效益	CLd15	n(10,4)	万元	加固工程实施后增加的总的综合经济效益

序号	大类	名称	列名	类型	单位	字段说明
e01		改革状况	CLe01	c(10)		枚举型,水利工程管理体制改革总体进展状况。填写格式为:完成改革、在改革中、尚未改革、其他
e02		方案制订	CLe02	c(10)		枚举型,水利工程管理体制改革方案制订情况。填写格式为:已制订、制订中、未制订、其他
e03		方案审批	CLe03	c(10)		枚举型,水利工程管理体制改革方案审批情况。填写格式为:已批准、报批中、未申报、其他
e04		分类定性	CLe04	c(10)		枚举型,根据《水利工程管理体制改革实施意见》划分的水管单位类别和性质。填写格式为:纯公益性、准公益性、经营性、其他
e05		两定测算	CLe05	c(10)		枚举型,根据《水利工程管理体制改革实施意见》和有关规定进行的定岗定编的测算情况。填写格式为:已核定、核定中、未核定、其他
e06	水管体制改革	两费落实	CLe06	c(20)		枚举型,根据《水利工程管理体制改革实施意见》和有关规定落实工程管理经费和工程维修养护经费情况。填写格式为:全部落实到位、大部分落实到位、小部分落实到位、未落实到位、其他
e07		管养分离	CLe07	c(10)		枚举型,根据《水利工程管理体制改革实施意见》和有关规定实行工程管养分离的情况。填写格式为:全面实行、部分实行、未实行、其他
e08		改革目标完成情况	CLe08	c(10)		枚举型,水利工程管理体制改革目标完成情况评价。填写格式为:优秀、良好、一般、较差、其他
e09		公益性人员基本支出经费应落实	CLe09	n(10,4)	万元	
e10		公益性人员基本支出经费已落实	CLe10	n(10,4)	万元	
e11		工程公益性部分维修养护经费应落实	CLe11	n(10,4)	万元	
e12		工程公益性部分维修养护经费已落实	CLe12	n(10,4)	万元	
f01		政府负责人姓名	CLf01	c(20)		
f02	除险加固建设责任人	政府负责人所在单位	CLf02	c(40)		
f03		政府负责人职务	CLf03	c(20)		
f04		水行政主管部门负责人姓名	CLf04	c(20)		

序号	大类	名称	列名	类型	单位	字段说明
f05	除险加固建设责任人	水行政主管部门负责人所在单位	CLf05	c(40)		
f06		水行政主管部门负责人职务	CLf06	c(20)		
f07		建设单位负责人姓名	CLf07	c(20)		
f08		建设单位负责人所在单位	CLf08	c(40)		
f09		建设单位负责人职务	CLf09	c(20)		
g01	水库大坝安全责任人	政府负责人姓名	CLg01	c(20)		
g02		政府负责人所在单位	CLg02	c(40)		
g03		政府负责人职务	CLg03	c(20)		
g04		水行政主管部门负责人姓名	CLg04	c(20)		
g05		水行政主管部门负责人所在单位	CLg05	c(40)		
g06		水行政主管部门负责人职务	CLg06	c(20)		
g07		建设单位负责人姓名	CLg07	c(20)		
g08		建设单位负责人所在单位	CLg08	c(40)		
g09		建设单位负责人职务	CLg09	c(20)		
g10		公布年份	CLg10	c(10)		
h01	系统管理信息	备注	CLh01	text		
h02		资料截止时间	CLh02	c(10)		
h03		数据维护人员	CLh03	c(20)		
h04		登录用户	CLh04	c(20)		
h05		登录IP	CLh05	c(20)		
h06		最后修改时间	CLh06	datetime		

（四）水库效益指标

该部分包括水库现状的防洪、供水、灌溉、发电、养殖、航运等方面的设计或实际效益指标，共 33 项内容，详见表 2-2。

（五）挡水建筑物主要信息

该部分描述水库挡水建筑物——大坝的主要参数，包括主坝的形式、尺寸，副坝数量、形式以及通航建筑物结构形式等，共 19 项内容，详见表 2-2。

（六）泄水、输水建筑物主要信息

该部分描述水库泄水建筑物、输水建筑物、放水建筑物的主要信息，包括建筑物类型、进口高程、流量、闸门形式、启闭设备等，共 35 项内容，详见表 2-2。

（七）水库运行管理、防汛抢险主要信息

该部分包括当前水库管理体制、管理人员数量、管理范围、水情测报、安全监测主要情况，洪水预报、调度、抢险预案的编制审批情况等，共 31 项内容，详见表 2-2。

（八）安全鉴定及核查情况

该部分描述病险水库进行安全鉴定和安全鉴定核查的情况，包括组织、承担、审批单位的情况，安全鉴定报告书内容，核查意见等，共 24 项内容，详见表 2-2。

（九）除险加固初步设计情况

该部分描述病险水库除险加固初步设计及审批情况，包括承担、复核、审批单位的情况，初步设计复核、批复意见，前期工作，批准的除险加固建设内容、投资、工程量等，共 32 项内容，详见表 2-2。

（十）规划列出主要病险情况

该部分根据国家发布的规划中列出病险水库的主要病险原因和加固措施，并通过分析总结归纳出 15 项主要病险原因，对各座病险水库进行判别是否存在该类病险，共 17 项内容，详见表 2-2。

（十一）主要资金信息

该部分描述病险水库除险加固设计、实施过程中的主要资金信息，包括初步设计的初审、复核、批复投资，中央投资和地方配套的下达、到位、完成等情况，共 24 项内容，详见表 2-2。

（十二）项目建设管理情况

该部分描述病险水库除险加固工程建设管理的情况，包括项目法人责任制、招标投标制、建设监理制的执行情况，开工完工情况，重大设计变更情况，质量事故情况，安全事故情况等，共 47 项内容，详见表 2-2。

（十三）项目验收情况

该部分描述病险水库除险加固工程项目验收情况，包括蓄水安全鉴定、竣工验收的情况，加固质量评定，工程量完成情况，遗留问题等，共 15 项内容，详见表 2-2。

（十四）除险加固效益统计

该部分描述病险水库除险加固工程的效益统计情况，包括水库安全是否达标，增加的防洪库容、供水量、灌溉面积，以及相应的经济效益等，共 15 项内容，详见表 2-2。

（十五）水管体制改革情况

该部分描述水库的水管体制改革情况，包括改革方案的制订和审批，分类定性、定岗定编，两费落实情况等，共 12 项内容，详见表 2-2。

（十六）除险加固建设责任人

该部分内容是管理部门正式公布的病险水库除险加固责任人名单，包括政府、主管单位、建设单位的责任人姓名、单位、职务等信息，共 9 项内容，详见表 2-2。

（十七）水库大坝安全责任人

该部分内容是各级管理部门正式公布的水库大坝安全责任人名单，包括政府、主管单位、管理单位的责任人姓名、单位、职务，以及公布年份等信息，共 10 项内容，详见表 2-2。

（十八）系统管理信息

该部分内容主要作为系统管理维护的信息。包括资料截止时间，数据维护人员签名，登录用户、登录 IP、最后修改时间等，共 6 项内容，详见表 2-2。

三、病险水库除险加固技术管理信息总表设计

根据数据库管理的 18 项主要内容，对病险水库除险加固技术管理信息总表进行了设计，将全部 423 列的列名、单位、数据类型以及字段说明列入表 2-2 中。其中数据类型说明如下：c 表示字符型，括号内数据表示数据长度；n 表示数值型，括号内表示数据长度与精度；datetime 表示日期时间型；text 表示大文本型；blob 表示大二进制对象型。该表在物理实现上，可设计成一张表，也可设计成以水库编号为主键和外键的多张表。

四、其他主要表设计

（一）安全鉴定成果信息表

水库大坝安全鉴定成果是评价大坝安全最主要的依据，本子系统建立专门表格对大坝安全鉴定成果进行管理。由水库编号和安全鉴定时间作为安全鉴定信息的唯一标识。主要信息包括基本信息、安全鉴定信息等 2 大类，共 18 项内容。数据字典见表 2-3。

表 2-3　安全鉴定成果信息表数据字典

序号	中文名称	数据类型	是否主键	是否可空	单位	字段说明
1	水库编号	Char(10)	Y	N		
2	安全鉴定时间	Char(6)	Y	N		
3	安全鉴定组织单位	Char(40)				
4	安全鉴定承担单位	Char(40)				
5	安全鉴定审定单位	Char(40)				

序号	中文名称	数据类型	是否主键	是否可空	单位	字段说明
6	工程概况	Text				应填明水库建设时间、规模及功能,续建、加固情况,现状工程规模、防洪标准及特征水位,枢纽主要建筑物组成及其特征参数,运行中的主要问题及水库大坝对下游的影响等情况
7	大坝现场安全检查	Text				填明现场安全检查的主要结果,指出严重的运行异常表现,反映工程存在的主要安全问题
8	工程质量评价	Text				填明施工质量是否达到设计要求,总体施工质量的评价,运行中暴露出的质量问题。反映施工及历年探查试验的质量结果,反映补充探查和试验的主要结果
9	运行管理评价	Text				反映主要运行及管理情况,历史最高蓄水时的大坝运行情况,历年出现的主要工程问题及处理情况,水情及工程监测、交通通信等管理条件
10	防洪标准复核	Text				应填明本次鉴定中采用的水文资料系列和洪水复核方法,主要调洪计算原则及坝顶超高复核结果,指出水库大坝现状实际抗御洪水能力,以及与标准的比较
11	结构安全评价	Text				根据本次对大坝等主要建筑物的结构安全评价结果,填明大坝是否存在危及安全的变形,大坝抗滑是否满足规范要求,近坝库岸是否稳定,混凝土建筑物及其他泄水、输水建筑物的强度安全是否满足规范要求等
12	渗流安全评价	Text				根据本次鉴定中对大坝进行渗流稳定性分析评价结果,填明大坝运行中有无渗流异常,各种岩土材料中的渗透稳定是否满足安全运行要求,坝基扬压力是否满足设计要求等
13	抗震安全复核	Text				根据《全国地震动参数区划图》或专门研究确定的基本地震参数及设计烈度,土石坝的抗滑稳定、坝体及地基的液化可能性;重力坝的应力、强度及整体抗滑稳定性;拱坝的应力、强度及拱座的抗滑稳定性,以及其他输水、泄水建筑物及压力水管等的抗震安全复核结果
14	金属结构安全评价	Text				是否做了检测,填明金属结构锈蚀程度,复核的强度、刚度及稳定性是否满足规范要求,闸门启闭能力是否满足要求,紧急情况下能否保证闸门开启

序号	中文名称	数据类型	是否主键	是否可空	单位	字段说明
15	工程存在的主要问题	Text				根据现场安全检查及大坝安全评价结果,归纳水库大坝存在的主要安全问题
16	安全类别评定	Char(20)				根据大坝安全鉴定结论,对照本办法的大坝安全分类原则及《水库大坝安全评价导则》中的大坝安全分类标准,评定大坝安全类别
17	加固建议	Text				根据安全鉴定结论,对大坝的除险加固措施提出建议
18	安全鉴定结论	Text				应根据现场安全检查和大坝安全分析评价结果,结合专家判断作出安全鉴定结论。包括防洪标准、结构安全、渗流安全、抗震安全、金属结构安全是否满足规范要求,指出水库大坝存在的主要安全问题,结论要明确

(二)病险水库投资台账表

该表为病险水库的投资台账信息,是病险水库投资计划管理的主要内容,数据字典见表 2-4。

表 2-4　病险水库投资台账表数据字典

序号	中文名称	数据类型	是否主键	是否可空	单位	字段说明
1	项目编号	Char(11)	Y	N		
2	投资年份	Char(4)	Y	N		
3	批次	Numeric(1)	Y	N		对于同年度中央多次下达投资的情况分批次注明
4	中央投资	Numeric(8)			万元	
5	地方配套	Numeric(8)			万元	
6	中央投资文号	Char(40)				发改委或财政部投资计划下达文号
7	地方转下达文号	Char(40)				地方转下达或省级分解下达文号
8	备注	Char(40)				
9	是否新开	Char(4)				本次下达投资的项目是否是新开工项目
10	是否销号	Char(4)				本次下达投资后该项目是否投资销号

(三)文档和多媒体信息表

与水库大坝管理相关的文档、图像及其他多媒体信息是系统管理的重要内容。本子系统根据文档类型来进行分类管理,主要包括设计报告、工程图纸、技术文档、行政文件、图像照片、音频视频、其他文件等7类。由水库编号、文档类型和文件序号作为文档和多媒体信息表的唯一标识。主要信息包括文档基本信息和系统管理信息两大类,共11项内容。数据字典见表2-5。

表2-5 文档和多媒体信息表数据字典

序号	中文名称	数据类型	是否主键	是否可空	单位	字段说明
1	水库编号	Char(10)	Y	N		
2	文档类型	Char(8)	Y	N		包括设计报告、工程图纸、技术文档、行政文件、图像照片、音频视频、其他文件等7类
3	文件序号	Int	Y	N		自动编号
4	文件名称	Char(60)				文件本身名称
5	文件说明	Char(80)				文件的有关说明
6	文件大小	Int				文件本身大小
7	上传时间	Datetime				
8	上传人员	Char(40)				
9	登录用户	Char(20)				
10	登录IP	Char(15)				
11	文档内容	Image				二进制方式存储文件内容

(四)地方用户信息表

按照我国行政区划体系结构建立的内置用户信息表。保存地方"省-市-县"等三级用户的基本信息、联系信息、管理信息等,共25项内容。数据字典见表2-6。

表2-6 地方用户信息表数据字典

序号	中文名称	数据类型	是否主键	是否可空	单位	字段说明
1	行政区划编码	Char(6)	Y	N		统一编码
2	行政区划名称	Char(20)				
3	行政区划全称	Char(40)				
4	上级区划	Char(6)				上级行政区划编码
5	用户级别	Char(1)				省级、市级、县级
6	用户名称	Char(20)				
7	用户口令	Char(20)				
8	单位名称	Char(80)				

序号	中文名称	数据类型	是否主键	是否可空	单位	字段说明
9	单位地址	Char(80)				
10	联系人员	Char(20)				
11	职务/职称	Char(40)				
12	办公电话	Char(40)				
13	手机号码	Char(40)				
14	传真号码	Char(40)				
15	电子邮箱	Char(40)				
16	通信地址	Char(40)				
17	邮政编码	Char(6)				
18	激活标志	Char(1)				激活、审核、授权、撤销、注销等
19	激活时间	Datetime				
20	审核时间	Datetime				
21	审核说明	Char(80)				审核通过或驳回需列举的理由
22	委托时间	Char(40)				
23	激活码	Char(32)				机器自动生成唯一32位激活码
24	填写人员	Char(20)				
25	填写时间	Datetime				

第三节　全国病险水库大坝管理子系统

一、系统任务与目标

为了加强病险水库除险加固项目的投资计划管理和前期工作管理,掌握各地项目建设总体进展和资金使用情况,及时发现和解决项目建设中存在的问题,根据水利部门的管理需求,利用交互式 Web、数据库技术、移动通信技术等现代化技术手段,研究建立全国病险水库大坝管理子系统,对列入全国病险水库除险加固各项规划内项目实施动态管理和精细化管理,切实掌握前期工作、投资计划、建设进度等重要信息,监督与促进全国病险水库除险加固工作,确保如期完成国务院制定的病险水库除险加固目标任务。目前,该目标已经完成,并取得了良好的效果。

子系统的主要工作内容是供各省级及其下级用户进行规划内病险水库基础数据核查、加固进度填报等管理性工作。子系统根据水利部对病险水库除险加固工程的管理要求开发,作者负责系统的技术开发和运行维护,主要由省级水行政主管部门负责和组织下级水行政主管部门进行相关信息的填报工作。

二、系统体系结构

子系统开发分为两期。一期子系统建于2008年，以《全国病险水库除险加固专项规划》项目为主，对专项规划及之前实施的项目进行管理。一期子系统分为两大分系统进行开发，分别是基本数据核查与前期工作填报分系统和投资计划信息管理分系统。前者的主要功能是提供基于互联网的平台，由省（流域）级管理单位对所辖的专项规划内病险水库基本数据进行核查，以及对病险水库除险加固前期工作的进度进行填报；后者的主要功能是提供基于局域网的平台，供主管部门以及其他有关用户对全部病险水库除险加固的投资计划信息进行查询管理和统计分析。

子系统一期的总体功能框图见图2-2。

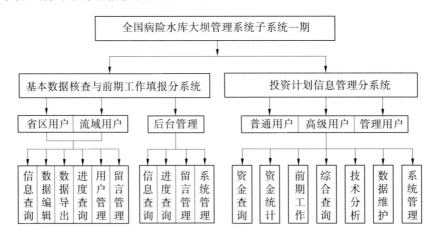

图2-2 全国病险水库大坝管理子系统（一期）功能框图

从2009年开始，随着《重点小型规划》、《重点小（2）型规划》、《东部小型规划》以及新增大中型水库项目的逐步实施，我国病险水库除险加固工作任务更加繁重。为了适应病险水库数量总量巨大，并且在地区间分布极不平衡的特点，子系统二期的前端用户体系在原有省区用户、流域用户的基础上，增加了市县级用户层次，对除险加固任务较重的市县开放数据管理权限，将繁重的基础数据核查、加固进度填报等任务分解给市县级用户。因此，二期系统包括三个分系统，即省级用户分系统、市县用户分系统、后台管理分系统。对于具体填报工作，主要由市县用户承担，省级用户具有完全数据权限和统计下载权限，并对数据真实性、准确性和完整性负有审核责任。后台管理用户对全部数据进行汇总分析，发布月报。子系统二期的总体功能框图见图2-3。

三、系统主要功能与界面设计

（一）系统登录

子系统一期、二期登陆界面分别见图2-4和图2-5。授权用户在登录框内输入用户名、密码、验证码便可登录系统。未授权用户则不能登录系统。

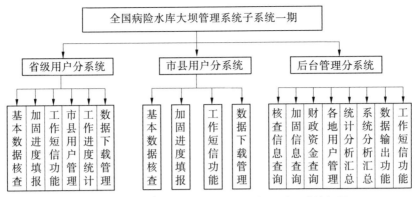

图 2-3　全国病险水库大坝管理子系统(二期)功能框图

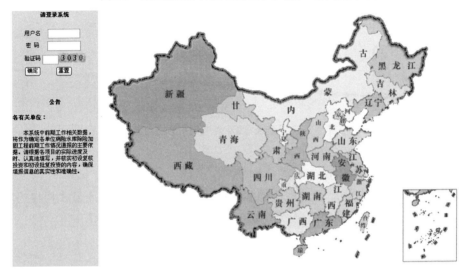

图 2-4　子系统一期登录界面(省区流域用户)

(二)用户管理工作

省级管理用户默认开通。省级用户的管理工作是子系统赖以运行的基础,下面以子系统二期为例说明省级用户的管理功能。

1.省级用户业务流程

系统按照我国行政区划结构已内置全部省级用户和下级用户,编码、名称及结构完全按照国家统计局公布的最新县及县以上全国行政区划代码进行设计。原则上要求根据行政区划管辖范围内的水库数量来选择激活、审核市县用户,并通过对用户授权将水库数据管理权限委托给市县级用户。有关规定如下:

(1)根据管辖水库的数量,省级用户应将所有的具有水库管理任务的市县级用户激活,并将该用户管辖水库的数据管理权限委托给该用户。

(2)默认状态下,市县级用户具有行政区划管辖范围内所有水库的信息管理权限,即县级用户具有县范围内所有水库的信息管理权限,市级用户具有市范围内(包括县)所有水库的信息管理权限,市级用户权限高于县级用户。

(3)省级用户有权调整市县级用户的权限。

图2-5　子系统二期登录界面(省级用户和市县级用户)

(4)授权管理主要工作流程如下:

用户管理→激活下级用户→审核下级用户→对用户进行授权或撤销操作。

(5)对于水库管理权限不在地理位置所在县市的,系统提供对水库显式授权的功能,可将水库管理权限委托给其他用户。流程如下:

水库管理→选择水库→进行显式授权或撤销。

2.省级用户管理功能模块

省级用户具有的用户管理功能,主要包括用户激活、用户审核、用户授权、用户撤销授权、密码重置等操作。

1)下级用户的状态

下级用户的状态包括未开、待审、已审、已委、已撤、销号等6种。所有下级用户最初都处于"未开"状态;用户激活并注册成功后状态变为"待审";用户通过审核后状态变为"已审";用户被授权对区域内水库进行管理后状态变为"已委";用户的授权被撤销后状态变为"已撤";用户不再继续使用时状态变为"销号"。

2)用户管理界面

用户管理的界面如图2-6所示。可按区划名称、上级区划名称、用户级别、用户状态对用户信息进行查询,可分别查询管辖水库座数、未委托座数、已委托座数和授权水库座数等。图2-6中为查询市级用户基本信息的界面。查询结果显示具有翻页、定位、排序等功能。可直接查询市县用户管辖水库的情况,以及进行分布统计,见图2-7、图2-8。

3)下级用户的激活

对具有水库管理需求但尚未开通的用户,系统提供"激活"的功能,见图2-9。点击"激活"键,系统自动生成激活码,提示用户拷贝此激活码并发送给对应的下级用户,要求

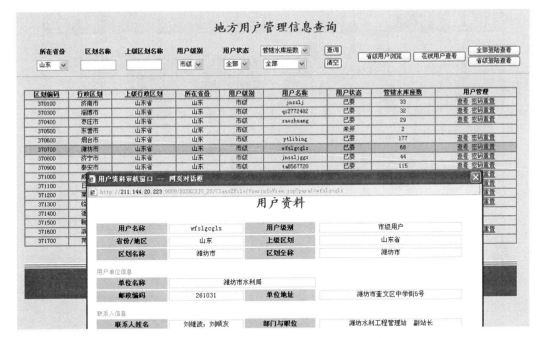

图 2-6 查询用户基本信息的界面

其尽快登陆到指定网站进行注册。

4）下级用户的审核

当下级用户获得激活码、登录网站进行注册并填写相应资料后,其状态变为"待审",省级用户可对该用户进行审核。根据用户填写资料的真实性、可靠性,可选择"审核通过"或"驳回"操作。如审核通过,下级用户状态变为"已审",可继续对其进行授权工作;如驳回,须填写驳回理由,等用户修改资料重新上报后再进行审核。

5）下级用户的授权/撤销

省级用户可根据需要授予或撤销下级用户对所在行政区域内水库的数据管理权限。图 2-10 为县级用户的授权/撤销窗口,表格中列出管辖范围内所有水库的主要信息,省级用户可一次性将所有可委托水库全部委托(或撤销委托)给该县级用户。

6）水库显式授权

由于个别水库存在管理权限在异地或上级水行政单位的情况,系统提供对水库显式授权的功能。选择水库进行显式授权,操作页面如图 2-11 所示。窗口列出水库的基本情况,以及可供显式授权的用户(必须是已经激活的用户),同时需要给出显式授权的理由。显式授权后水库数据管理权限就不受所在行政区划的限制。对已给予显式授权的水库可撤销显式授权。

7）用户登录状态查询

为掌握下级用户登录使用系统的情况,系统提供用户登录状态查询的功能。可根据 IP 地址、用户名称、状态标记等来对用户登录状态进行查询,见图 2-12。

8）密码重置

对因用户不慎丢失密码的情况,经用户申请确认后可进行密码重置操作(将重置为

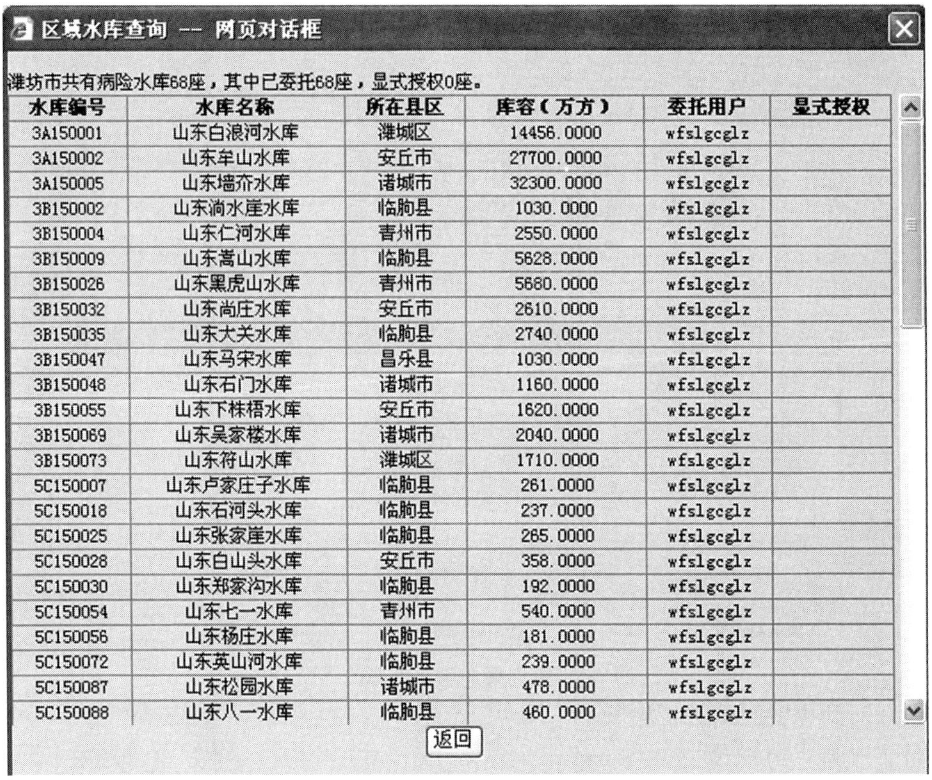
区域水库查询 -- 网页对话框

潍坊市共有病险水库68座，其中已委托68座，显式授权0座。

水库编号	水库名称	所在县区	库容（万方）	委托用户	显式授权
3A150001	山东白浪河水库	潍城区	14456.0000	wfslgcglz	
3A150002	山东牟山水库	安丘市	27700.0000	wfslgcglz	
3A150005	山东墙夼水库	诸城市	32300.0000	wfslgcglz	
3B150002	山东淌水崖水库	临朐县	1030.0000	wfslgcglz	
3B150004	山东仁河水库	青州市	2550.0000	wfslgcglz	
3B150009	山东嵩山水库	临朐县	5628.0000	wfslgcglz	
3B150026	山东黑虎山水库	青州市	5680.0000	wfslgcglz	
3B150032	山东尚庄水库	安丘市	2610.0000	wfslgcglz	
3B150035	山东大关水库	临朐县	2740.0000	wfslgcglz	
3B150047	山东马宋水库	昌乐县	1030.0000	wfslgcglz	
3B150048	山东石门水库	诸城市	1160.0000	wfslgcglz	
3B150055	山东下株梧水库	安丘市	1620.0000	wfslgcglz	
3B150069	山东吴家楼水库	诸城市	2040.0000	wfslgcglz	
3B150073	山东符山水库	潍城区	1710.0000	wfslgcglz	
5C150007	山东卢家庄子水库	临朐县	261.0000	wfslgcglz	
5C150018	山东石河头水库	临朐县	237.0000	wfslgcglz	
5C150025	山东张家崖水库	临朐县	265.0000	wfslgcglz	
5C150028	山东白山头水库	安丘市	358.0000	wfslgcglz	
5C150030	山东郑家沟水库	临朐县	192.0000	wfslgcglz	
5C150054	山东七一水库	青州市	540.0000	wfslgcglz	
5C150056	山东杨庄水库	临朐县	181.0000	wfslgcglz	
5C150072	山东英山河水库	临朐县	239.0000	wfslgcglz	
5C150087	山东松园水库	诸城市	478.0000	wfslgcglz	
5C150088	山东八一水库	临朐县	460.0000	wfslgcglz	

返回

图 2-7　查询用户管辖水库的情况

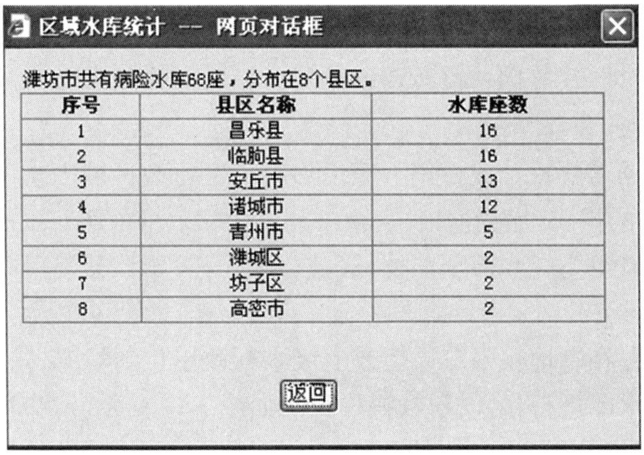
区域水库统计 -- 网页对话框

潍坊市共有病险水库68座，分布在8个县区。

序号	县区名称	水库座数
1	昌乐县	16
2	临朐县	16
3	安丘市	13
4	诸城市	12
5	青州市	5
6	潍城区	2
7	坊子区	2
8	高密市	2

返回

图 2-8　用户管辖区域内水库的分布统计查询

缺省密码），见图 2-13。下级用户密码重置后应立即登陆系统修改密码，以防止泄密。

3. 后台管理用户的工作

后台管理用户具有管理和查看省级用户、市县级用户基本资料、登录情况、在线状态等信息的功能。各类信息查询的界面与省级用户类似。后台用户不直接管理市县级用户。

为掌握系统应用和资源占用状况，后台管理用户具有在线用户状态查询功能，见图 2-14。

区划编码	行政区划	上级行政区划	用户级别	用户名称	用户状态	管辖水库座数	用户管理
370100	济南市	山东省	市级	jnsslj	已委	33 (查看 统计)	查看 授权/撤销 密码重置
370300	淄博市	山东省	市级	qi2772482	已委	32 (查看 统计)	查看 授权/撤销 密码重置
370400	枣庄市	山东省		zaozhuang	已委	29 (查看 统计)	查看 授权/撤销 密码重置
370500	东营市	山东省					
370600	烟台市	山东省					查看 授权/撤销 密码重置
370700	潍坊市	山东省					查看 授权/撤销 密码重置
370800	济宁市	山东省					查看 授权/撤销 密码重置
370900	泰安市	山东省					查看 授权/撤销 密码重置
371000	威海市	山东省					查看 授权/撤销 密码重置
371100	日照市	山东省					查看 授权/撤销 密码重置
371200	莱芜市	山东省					查看 授权/撤销 密码重置
371300	临沂市	山东省	市级	linyishuiliju	已委	112 (查看 统计)	查看 授权/撤销 密码重置
371400	德州市	山东省	市级		未开	1 (查看 统计)	
371500	聊城市	山东省	市级		未开	1 (查看 统计)	
371600	滨州市	山东省	市级	bzslggr	已委	11 (查看 统计)	查看 授权/撤销 密码重置
371700	菏泽市	山东省	市级		未开	3 (查看 统计)	激活

第1页，共1页；每页20条，共16条；

图 2-9　为尚未开通的用户生成激活码

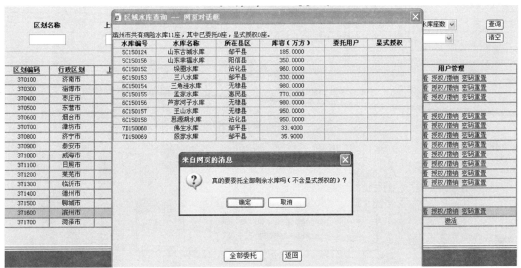

图 2-10　省级用户向下级用户进行委托(或撤销委托)操作

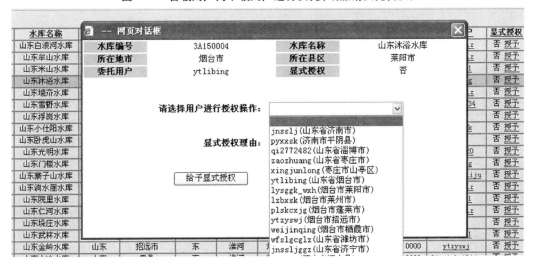

图 2-11　向水库进行显式授权操作

图2-12　用户登录情况查询页面

图2-13　密码重置功能演示

地方用户管理信息查询

所在省份	区划名称	上级区划名称	用户级别	用户状态	管辖水库座数	查询		省级用户浏览	在线用户查看
湖南			县级	全部	全部	清空			

当前共有登陆用户2位。

序号	会话	用户名	所属省份
0	D5586F60E05D38450CA7D2577F5FBCB	zhaochun	系统管理
1	AOB1EDFB7D60F6C0D1502EB0B96AD797	hunan_7441	湖南

图2-14　当前在线用户状态查询页面

(三)水库信息管理工作

省级用户、市县级用户都需要对管辖范围内的水库进行数据管理的工作。以子系统二期省级用户为例,系统主要功能包括基本信息查询、基本数据核查、加固进度信息填报、财政资金详情填报等。主要功能选单见图2-15。

图 2-15 省级用户系统主要功能选单

1. 基本信息查询

基本信息查询提供按照"规划批次"、"水库型别"、"所在流域"、"水库库容"、"水库名称"、"水库地点"、"投资渠道"等条件进行各种组合查询的功能。图 2-16 为查询位于某市的重点小（1）型水库的基本信息，查询结果具有翻页、定位、点击标题行排序等功能。

湖南病险水库基本信息查询

水库编号	水库名称	所在省区	所在地点	补助类型	所属流域	所在地市	所在县区	详细地点	水库库容	委托用户	呈式授权	投资渠道	操作
TD180001	黄金冲水库	湖南	长沙市长沙县跳马跳马	直		长沙市	长沙县	跳马跳马	44.0000		否 授予	财政部	核查 进度 资金
TD180002	洞塘水库	湖南	长沙市长沙县跳马白世	直		长沙市	长沙县	跳马白世	50.0000		否 授予	财政部	核查 进度 资金
TD180003	蛇腰塘水库	湖南	长沙市长沙县跳马复兴	直		长沙市	长沙县	跳马复兴	25.0000		否 授予	财政部	核查 进度 资金
TD180004	东湖冲水库	湖南	长沙市长沙县跳马山塘	直		长沙市	长沙县	跳马山塘	35.0000		否 授予	财政部	核查 进度 资金
TD180005	朴塘水库	湖南	长沙市长沙县跳马三仙岭	直		长沙市	长沙县	跳马三仙岭	25.0000		否 授予	财政部	核查 进度 资金
TD180006	铢塘冲水库	湖南	长沙市长沙县干杉斗塘新村	直		长沙市	长沙县	干杉斗塘新村	71.0000		否 授予	财政部	核查 进度 资金
TD180007	峡江水库	湖南	长沙市长沙县江背南木	直		长沙市	长沙县	江背南木	34.0000		否 授予	财政部	核查 进度 资金
TD180008	曾补塘水库	湖南	长沙市长沙县果园大河	直		长沙市	长沙县	果园大河	67.0000		否 授予	财政部	核查 进度 资金
TD180010	上积塘水库	湖南	长沙市长沙县高桥学仕桥	直		长沙市	长沙县	高桥学仕桥	30.0000		否 授予	财政部	核查 进度 资金
TD180010	日头岭水库	湖南	长沙市长沙县高桥凤山	直		长沙市	长沙县	高桥凤山	20.0000		否 授予	财政部	核查 进度 资金
TD180011	土河水库	湖南	长沙市长沙县金井拔毛	直		长沙市	长沙县	金井拔毛	21.0000		否 授予	财政部	核查 进度 资金
TD180012	王板冲水库	湖南	长沙市长沙县金井新沙	直		长沙市	长沙县	金井新沙	55.0000		否 授予	财政部	核查 进度 资金
TD180013	杨门淹水库	湖南	长沙市长沙县金井东山	直		长沙市	长沙县	金井东山	44.0000		否 授予	财政部	核查 进度 资金
TD180014	风车湾水库	湖南	长沙市长沙县金井东山	直		长沙市	长沙县	金井东山	32.0000		否 授予	财政部	核查 进度 资金
TD180015	剪刀被水库	湖南	长沙市长沙县金井东山	直		长沙市	长沙县	金井东山	21.0000		否 授予	财政部	核查 进度 资金
TD180016	南岳水库	湖南	长沙市长沙县金井脱甲	直		长沙市	长沙县	金井脱甲	41.0000		否 授予	财政部	核查 进度 资金
TD180017	芦润源水库	湖南	长沙市长沙县金井九溪源	直		长沙市	长沙县	金井九溪源	32.0000		否 授予	财政部	核查 进度 资金
TD180018	友谊水库	湖南	长沙市长沙县金井合农	直		长沙市	长沙县	金井合农	25.0000		否 授予	财政部	核查 进度 资金
TD180019	桃花水库	湖南	长沙市长沙县双江团山	直		长沙市	长沙县	双江团山	26.0000		否 授予	财政部	核查 进度 资金
TD180020	青山水库	湖南	长沙市长沙县双江青山	直		长沙市	长沙县	双江青山	56.0000		否 授予	财政部	核查 进度 资金

图 2-16 病险水库基本信息查询页面

2. 基本数据核查

规划数据的核查有助于修正规划报告中的错误或疏漏。病险水库基本数据核查界面如图 2-17 所示，包括核实内容和填写内容两部分。系统数据库内已有信息均来源于规划报告，在此主要对水库名称、水库型别、水库库容、所属流域、所在地市、所在县区、详细地点等进行核实，并需对主坝坝高、主坝坝型、详细坝型、所在河流、始建年份、竣工年份、主要病险、管理单位等内容进行填写与完善。在填写核实所在地市、所在县区时，可打开行政区划树形图进行选择。

3. 加固进度信息填写

及时、准确地获取单座水库除险加固进度，是掌握和督促各地病险水库除险加固总体进度的先决条件。病险水库除险加固进度填写界面如图 2-18 所示，包括前期工作进度、建设实施进度、水库管理体制改革进度、工程投资情况、工程量完成情况等五项内容。前期工作进度主要填写安全鉴定时间、安鉴组织单位、初设初审时间、初设编制单位、初设上

病险水库（团结水库）基本信息核查

水库编号	6C180007	水库名称	团结水库	规划批次	全国小一
所在省份	湖南	水库库容(万方)	616.0000	水库地点	长沙市长沙县白沙乡

以下内容请核实

水库名称	团结水库	核实水库名称			
水库型别	小一	核实水库型别		型	
水库库容(万方)	616.0000	核实水库库容			
补助类型	直	核实补助类型		类	
所属流域		核实所在流域		流	
所在地市	长沙市	核实所在地市	长沙市		
所在县县	长沙县	核实所在县县	长沙县		
详细地点	白沙乡	核实详细地点			

以下内容请填写

主坝坝高(m)		主坝坝型	
主要病险	坝基渗漏及两端绕坝渗漏，外坡坝面无排水系统，坡脚排水棱体失效，溢洪道底板、侧墙开裂，两岸边坡陡，涵洞砼老化、剥蚀、开裂。	详细坝型	
		所在河流	
		始建年份	
		管理单位	
重要说明			
核查标记	标记 选择	核查人员	提交时间

数据检查　　提交修改　　恢复原值　　返回

图 2-17　病险水库基本数据核查界面

湖南桐仁桥水库除险加固进度

基本情况						
水库编号	水库名称	所在省份	所在地市	所在县区	所属流域	水库库容
3B180017	湖南桐仁桥水库	湖南	长沙市	长沙县	长江	1834.0000

前期工作进度					
类别	安全鉴定	安鉴核查	初设初审	初设复核	初设批复
完成时间					
单位或文号	组织	文号	编制	文号	文号
投资(万元)	-	-			

建设实施进度					
项目开工时间	招投标完成时间	主体完工时间	全面完工时间	投入使用时间	竣工验收时间

水管体制改革进度					
水库管理单位	完成改革时间	"两费"落实时间	工程维修经费应落实(万元)	工程维修经费已落实(万元)	公益性人员经费应落实(万元)	公益性人员经费已落实(万元)

工程投资情况(万元)						
类别	小计	中央补助资金	地方配套资金			
			小计	省级	市级	县级
计划下达	0.0000					
资金到位	0.0000					
投资完成	0.0000			-	-	-

工程量完成情况					
土石方应完成(万方)	土石方已完成(万方)	混凝土应完成(万方)	混凝土已完成(万方)	钢筋金结应完成(吨)	钢筋金结已完成(吨)

需要说明情况		填写人员姓名		最后修改时间	

数据检查　　提交修改　　恢复原值　　返回

图 2-18　病险水库除险加固进度填写界面

报投资,初设批复时间、初设批复文号、初设批复投资等内容;建设实施进度主要填写项目开工时间、招投标完成时间、主体完工时间、全面完工时间、投入使用时间、竣工验收时间等内容;水库管理体制改革进度主要填写水库管理单位、完成改革时间、"两费"落实时间、工程维修经费应落实、工程维修经费已落实、公益性人员经费应落实、公益性人员经费已落实等内容；工程投资情况填写下达、到位、完成的中央补助资金、地方配套资金情况；工程量完成情况主要填写土石方、混凝土和钢筋金结的应完成数和已完成数。

4. 财政资金详情填报

中央投资渠道为财政专项补助资金的水库需进行财政资金填写，以掌握切块下达到省的中央财政资金分解到具体项目的情况，见图2-19。页面列出该座水库除险加固计划下达中央投资和地方配套实际下达的资金详情，包括年份、批次、中央财政资金文号、省级分解文号等。对下达资金详情可进行增加、修改、删除和查看等操作。

 全国病险水库除险加固项目投资计划管理系统（二期）

中央投资和地方配套情况（单位：万元）

类别	中央补助资金	地方配套资金	省级配套资金	市级配套资金	县级配套资金
计划下达		9.0000	3.0000	3.0000	3.0000
实际下达	12.0000	12.0000	0.0000	0.0000	0.0000

下达资金详表（单位：万元）

序号	年份	批次	中央资金文号	省级分解文号	中央资金	地方配套	操作
1	2011	1	财政2011年提前通知	11	11.0000	11.0000	详情 删除 修改
2	2011	9	财建[2011]40号	1	1.0000	1.0000	详情 删除 修改

增加   返回

图 2-19 病险水库财政资金详情界面

5. 表格方式查询功能

可对基本信息核查数据、加固进度数据（包括前期工作、建设实施、水管体改、工程投资、实物工程量等五张表）、财政资金数据进行表格方式查询。见图2-20～图2-22。

（四）工程基本信息编辑

系统除进行病险水库管理外，还具有对水库工程技术信息进行编辑的功能。按照数据库的设计，水库工程信息以水库为主要管理对象，大坝、溢洪道、输泄水洞等作为水库的下属建筑物进行管理。

1. 水库信息编辑

数据编辑采用标签页的形式，便于信息的组织和查看。水库信息编辑包括"位置信息"、"管理单位"、"基本信息"、"水文参数"、"效益参数"、"建设信息"、"监测与管理"、"系统管理"8个标签页，提供字段名称与填写说明，提示用户填写相关内容和格式。"位置信息"标签页内容见图2-23。

信息填写完毕后，可对数据进行有效性检查，也可恢复原值重新填写。如果数据检查无误，便可以提交数据库进行保存。填写的数据主要格式有：

（1）文字型。不能超过指定文字长度，如水库名称等。

（2）整数型。必须填写合法的正整数，如人员数量等。

（3）小数型。小数位数等必须符合要求，如坝高、库容等。

湖南病险水库核查信息查询

规划批次	水库型别	水库名称	水库地点	委托用户	修改标记	查询
全国小一	全部			全部	全部	清空

水库编号	水库名称	所在地点	水库库容(万方)	核实名称	核实型别	核实库容(万方)	核实地市	核实县区	委托用户	核查标记	修改时间	操作
6C180001	石冲水库	长沙市岳麓区雷锋镇	230.0000									编辑
6C180002	石枧水库	长沙市岳麓区莲花镇	104.0000									编辑
6C180003	玉华水库	长沙市岳麓区含浦镇	105.0000									编辑
6C180004	牌楼坝水库	长沙市岳麓区雷锋镇	345.0000									编辑
6C180005	新华水库	长沙市岳麓区莲花镇	137.0000									编辑
6C180006	石塘水库	长沙市岳麓区梅溪湖街道	137.0000									编辑
6C180007	团结水库	长沙市长沙县白沙乡	616.0000									编辑
6C180008	响水水库	长沙市长沙县青山铺镇	126.0000									编辑
6C180009	白溪冲水库	长沙市长沙县北山镇	350.0000									编辑
6C180010	战备水库	长沙市长沙县春华镇	436.0000									编辑
6C180011	元冲水库	长沙市长沙县福临镇	110.0000									编辑
6C180012	青山水库	长沙市长沙县金井镇	315.0000									编辑
6C180013	白石源水库	长沙市长沙县高桥镇	287.0000									编辑
6C180014	北山水库	长沙市长沙县北山镇	189.0000									编辑
6C180015	西冲水库	长沙市长沙县福临镇	141.0000									编辑
6C180016	朱庄水库	长沙市长沙县江背镇	594.0000									编辑
6C180017	丰梅岭水库	长沙市长沙县北山镇	217.0000									编辑
6C180018	关山水库	长沙市长沙县安沙镇	322.0000									编辑
6C180019	岳龙水库	长沙市长沙县高桥镇	156.0000									编辑
6C180020	茶亭水库	长沙市望城县茶亭镇	528.0000									编辑

下一页 尾页 第1页，共54页；每页20条，共1070条；直接转到 第1页 刷新

图 2-20 病险水库数据核查信息查询页面

（4）枚举型。需从下拉列表框中进行选择，如选择水库型别，包括大（1）、大（2）、中型、小（1）、小（2）等。

（5）时间型。根据情况一般输入年月，如安全鉴定时间、初步设计批复时间等；有些精确到时刻，如文档上传时间等。

（6）文本型。输入大量的文字，不能有非法字符。

如果数据未按照规定格式填写，系统会给出提示，返回出现错误的单元格，要求修改。如图 2-24 兴利库容要求是保留不超过 4 位小数的数据格式，如填写 2-234 56，系统会报错，提示修改。必须修改到符合要求后数据才能保存成功。

2. 大坝信息编辑

因一座水库可能会有主坝、副坝多座大坝，故需分别进行数据编辑。如图 2-25 所示，表中列出水库编号、大坝编号、主副坝、基本坝型、详细坝型、坝顶长度、坝顶高程、最大坝高等基本信息。数据编辑包括增加索引、编辑和删除 3 项内容。

首先应该增加大坝索引，根据水库主坝、副坝的数量分别添加，见图 2-26。页面中大坝编号是自动生成的序号，指定大坝主副坝的属性，给出主要的描述，并填上录入人员姓名，然后点击"增加"按钮，便将大坝索引保存到数据库中。

大坝信息编辑仍采用标签页的形式，包括"基本信息"、"尺寸信息"、"结构信息"、"地震信息"、"管理参数"等 5 个标签页，提示用户填写相关内容和格式。"基本信息"标签页内容见图 2-27。系统还提供删除功能，可将错误的或不再需要的大坝信息删除。

3. 溢洪道信息编辑

因一座水库可能会有多座溢洪道，故需分别进行数据编辑，见图 2-28。表中列出水库编号、溢洪道编号、溢洪道形式、溢流堰顶高程、溢流堰宽度、下泄流量等基本信息。数据编辑包括增加索引、编辑和删除 3 项内容。

病险水库除险加固前期工作(财政部渠道)情况

水库编号	水库名称	所在地点	水库库容(万方)	安鉴完成时间	安鉴组织单位	初设初审时间	初设编制单位	初设批复时间	初设批复文号	批复投资(万元)	最后修改时间	委托用户	操作
3C180001	湖南立新水库	长沙市开福区	120.0000										编辑
3C180002	湖南英波冲水库	长沙市长沙县	370.0000										编辑
3C180003	湖南郭公渡水库	长沙市长沙县	480.0000										编辑
3C180004	湖南飘峰水库	长沙市长沙县	160.0000										编辑
3C180005	湖南茅栗冲水库	长沙市望城县	190.0000										编辑
3C180006	湖南寺冲水库	长沙市望城县	150.0000										编辑
3C180007	湖南楠竹山水库	长沙市望城县	140.0000										编辑
3C180008	湖南老龙潭水库	长沙市宁乡县	220.0000										编辑
3C180009	湖南铁冲水库	长沙市宁乡县	450.0000										编辑
3C180010	湖南文佳冲水库	长沙市宁乡县	250.0000										编辑

病险水库除险加固建设实施情况

水库编号	水库名称	所在地点	水库库容(万方)	项目开工时间	招投标完成时间	主体完工时间	全面完工时间	投入使用时间	竣工验收时间	最后修改时间	委托用户	操作
6C180001	石冲水库	长沙市岳麓区雷锋镇	230.0000									编辑
6C180002	石视冲水库	长沙市岳麓区莲花镇	104.0000									编辑
6C180003	玉华水库	长沙市岳麓区含浦镇	105.0000									编辑
6C180004	牌楼坝水库	长沙市岳麓区雷锋镇	345.0000									编辑
6C180005	新华水库	长沙市岳麓区莲花镇	137.0000									编辑
6C180006	石塘水库	长沙市岳麓区梅溪湖街道	137.0000									编辑
6C180007	团结水库	长沙市长沙县白沙乡	616.0000									编辑
6C180008	响水坝水库	长沙市长沙县青山铺镇	126.0000									编辑
6C180009	白溪冲水库	长沙市长沙县北山镇	350.0000									编辑
6C180010	战备水库	长沙市长沙县春华镇	436.0000									编辑

病险水库除险加固水管体制改革情况

水库编号	水库名称	所在地点	水库库容(万方)	水库管理单位	完成改革时间	两费落实时间	工程经费应落实(万元)	工程经费已落实(万元)	人员经费应落实(万元)	人员经费已落实(万元)	最后修改时间	委托用户	操作
6C180001	石冲水库	长沙市岳麓区雷锋镇	230.0000										编辑
6C180002	石视冲水库	长沙市岳麓区莲花镇	104.0000										编辑
6C180003	玉华水库	长沙市岳麓区含浦镇	105.0000										编辑
6C180004	牌楼坝水库	长沙市岳麓区雷锋镇	345.0000										编辑
6C180005	新华水库	长沙市岳麓区莲花镇	137.0000										编辑
6C180006	石塘水库	长沙市岳麓区梅溪湖街道	137.0000										编辑
6C180007	团结水库	长沙市长沙县白沙乡	616.0000										编辑
6C180008	响水坝水库	长沙市长沙县青山铺镇	126.0000										编辑
6C180009	白溪冲水库	长沙市长沙县北山镇	350.0000										编辑
6C180010	战备水库	长沙市长沙县春华镇	436.0000										编辑

病险水库除险加固工程投资情况

水库编号	水库名称	所在地点	水库库容(万方)	批复投资(万元)	中央投资库下达(万元)	地方配套库下达(万元)	中央投资到位(万元)	地方配套到位(万元)	中央投资完成(万元)	地方配套完成(万元)	最后修改时间	委托用户	操作
6C180001	石冲水库	长沙市岳麓区雷锋镇	230.0000										编辑
6C180002	石视冲水库	长沙市岳麓区莲花镇	104.0000										编辑
6C180003	玉华水库	长沙市岳麓区含浦镇	105.0000										编辑
6C180004	牌楼坝水库	长沙市岳麓区雷锋镇	345.0000										编辑
6C180005	新华水库	长沙市岳麓区莲花镇	137.0000										编辑
6C180006	石塘水库	长沙市岳麓区梅溪湖街道	137.0000										编辑
6C180007	团结水库	长沙市长沙县白沙乡	616.0000										编辑
6C180008	响水坝水库	长沙市长沙县青山铺镇	126.0000										编辑
6C180009	白溪冲水库	长沙市长沙县北山镇	350.0000										编辑
6C180010	战备水库	长沙市长沙县春华镇	436.0000										编辑

病险水库除险加固工程量完成情况

水库编号	水库名称	所在地点	水库库容(万方)	土石方应完成(万方)	土石方已完成(万方)	混凝土应完成(万方)	混凝土已完成(万方)	钢筋金结应完成(万吨)	钢筋金结已完成(万吨)	最后修改时间	委托用户	操作
6C180001	石冲水库	长沙市岳麓区雷锋镇	230.0000									编辑
6C180002	石视冲水库	长沙市岳麓区莲花镇	104.0000									编辑
6C180003	玉华水库	长沙市岳麓区含浦镇	105.0000									编辑
6C180004	牌楼坝水库	长沙市岳麓区雷锋镇	345.0000									编辑
6C180005	新华水库	长沙市岳麓区莲花镇	137.0000									编辑
6C180006	石塘水库	长沙市岳麓区梅溪湖街道	137.0000									编辑
6C180007	团结水库	长沙市长沙县白沙乡	616.0000									编辑
6C180008	响水坝水库	长沙市长沙县青山铺镇	126.0000									编辑
6C180009	白溪冲水库	长沙市长沙县北山镇	350.0000									编辑
6C180010	战备水库	长沙市长沙县春华镇	436.0000									编辑

图 2-21　病险水库加固进度信息查询页面

湖南病险水库加固财政资金查询

规划批次	水库型别	水库名称	水库地点	投资情况	委托用户	查询
全国小一 ∨	全部 ∨			全部 ∨	全部 ∨	清空

投资情况下拉选项：全部 / 批复已完成 / 批复未完成 / 中央投资已分解 / 中央投资未分解 / 投资已落实 / 投资未落实

水库编号	水库名称	所在地点	水库库容（万方）	批复投资（万元）	中央投资下达（万元）				地方配套落实（万元）	委托用户	操作
6C180001	石冲水库	长沙市岳麓区雷锋镇	230.0000								编辑
6C180002	石枧冲水库	长沙市岳麓区莲花镇	104.0000								编辑
6C180003	玉华水库	长沙市岳麓区含浦镇	105.0000								编辑
6C180004	牌磴坝水库	长沙市岳麓区雷锋镇	345.0000								编辑
6C180005	新华水库	长沙市岳麓区莲花镇	137.0000								编辑
6C180006	石塘水库	长沙市岳麓区梅溪湖街道	137.0000								编辑
6C180007	团结水库	长沙市长沙县白沙乡	616.0000								编辑
6C180008	响水坝水库	长沙市长沙县青山铺镇	128.0000								编辑
6C180009	白溪冲水库	长沙市长沙县北山镇	350.0000								编辑
6C180010	战备水库	长沙市长沙县春华镇	436.0000								编辑
6C180011	元冲水库	长沙市长沙县福临镇	110.0000								编辑
6C180012	香山水库	长沙市长沙县金井镇	315.0000								编辑
6C180013	白石源水库	长沙市长沙县高桥镇	287.0000								编辑
6C180014	北山水库	长沙市长沙县北山镇	189.0000								编辑
6C180015	西冲水库	长沙市长沙县福临镇	141.0000								编辑
6C180016	东庄水库	长沙市长沙县江背镇	594.0000								编辑
6C180017	丰梅岭水库	长沙市长沙县北山镇	217.0000								编辑
6C180018	关山水库	长沙市长沙县安沙镇	322.0000								编辑
6C180019	岳龙水库	长沙市长沙县高桥镇	156.0000								编辑
6C180020	茶亭水库	长沙市望城县茶亭镇	528.0000								编辑

下一页 尾页 第1页，共54页；每页20条，共1070条；直接转到 第1页 ∨ 刷新

图2-22 病险水库加固财政资金查询页面

标签页：位置信息 | 管理单位 | 基本信息 | 水文参数 | 效益参数 | 建设信息 | 监测与管理 | 系统管理

序号	名称（单位）	内容	填写说明
1	水库编号	SK3A150004	水库编号
2	水库名称	水库	水库名称的标准全称
3	水库型别	大二 ∨	根据库容划分的水库型别
4	所在省	山东省	主坝位置
5	所在市	烟台市	主坝位置
6	所在县	莱阳市	主坝位置
7	所在乡镇	沐浴店镇	主坝位置
8	所在村庄	沐浴村	主坝位置
9	详细地点	山东省烟台市莱阳市沐浴店镇沐浴村北600米	工程地理位置所在的县（市、区）、乡（镇、街道），工程跨区域的按主坝位置确定
10	跨区域说明		工程地理位置所在的县（市、区）
11	所在经度		山丘水库填写主坝轴线中点处地理坐标的经度；平原水库填写主进水闸轴线中点处地理坐标的经度。单位：° ′ ″。
12	所在纬度		山丘水库填写主坝轴线中点处地理坐标的纬度；平原水库填写主进水闸轴线中点处地理坐标的纬度。单位：° ′ ″。
13	流域机构	淮委 ∨	填水库所在管辖范围的流域机构名称
14	所在流域		填水库所在流域
15	所在水系		填水库所在水系
16	所在河流	五龙河	填写水库工程坝址（或闸址）所在具体河流名称
17	所在支流	蚬（xiǎn）河	填写水库工程坝址（或闸址）所在支流名称
18	水系详细说明	五龙河支流蚬（xiǎn）河的中下游	水库工程坝址（或闸址）所在的详细水系

数据检查　　　提交修改　　　恢复原值　　　导到Excel　　　返回

图2-23 某水库信息编辑页面

溢流堰信息编辑仍采用标签页的形式，包括"基本信息"、"管理参数"等2个标签页，如图2-29所示。

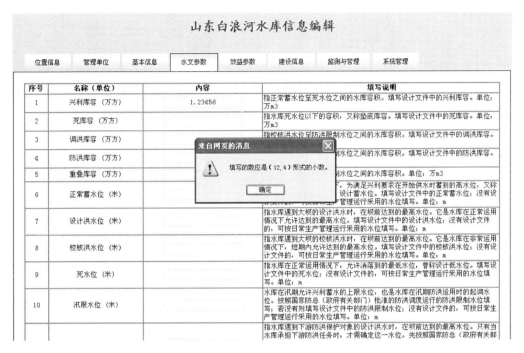

图 2-24 数据有效性检验报错提示界面

图 2-25 某水库大坝信息列表

图 2-26 某水库增加大坝索引的页面

4. 输泄水洞信息编辑

因一座水库可能会有多座输泄水洞,故需分别进行数据编辑,见图 2-30。表中列出水库编号、输泄水洞编号、主要类别、输水道长度、输水道尺寸、进口底板高程、设计流量等基本信息。

增加输泄水洞索引页面,见图 2-31。页面中输泄水洞编号是自动生成的序号,需要选

图 2-27 某水库大坝信息编辑页面

山东沐浴水库溢洪道信息列表

水库编号	溢洪道编号	溢洪道型式	溢流堰顶高程	溢流堰宽度	下泄流量	操作
SK3A150004	1					编辑 删除

图 2-28 某水库溢洪道信息列表

序号	名称（单位）	内容	填写说明
1	水库编号	SK3A150004	
2	溢洪道编号	1	
3	主要描述	主溢洪道	
4	溢洪道型式	开敞式明渠	
5	溢流堰顶高程（米）	75.00	
6	溢流堰宽度（米）	18.00	
7	下泄流量（立方米/秒）		
8	闸门数量	2	
9	闸门形式		
10	闸门尺寸		
11	启闭机		
12	消能形式		

图 2-29 某水库溢洪道信息编辑页面

择输泄水建筑物的类型,如输水洞、泄洪洞、表孔、中孔、低孔等,给出主要的描述,并填上录入人员的名字,然后点击"增加"按钮,便将输泄水洞索引保存到数据库中。

输泄水洞信息编辑仍采用标签页的形式,包括"基本信息"、"管理参数"等 2 个标签页,如图 2-32 所示。

水库编号	输泄水洞编号	主要类别	输水道长度	输水道尺寸	进口底板高程	设计流量	操作
SK3A150004	1	输水洞					编辑 删除

第1页,共1页;每页20条;共1条;

增加　　　　　　　　　　　　返回

图 2-30　某水库输泄水洞信息列表

图 2-31　某水库增加输泄水洞索引的页面

序号	名称(单位)	内容	填写说明
1	水库编号	SK3A150004	
2	输泄水洞编号	1	
3	主要类别	输水洞	
4	主要描述	东(左)放水洞是有压隧洞	
5	输水道长度(米)		
6	输水道尺寸		
7	进口底板高程(米)		
8	设计流量(立方米/秒)		
9	闸门形式		
10	闸门尺寸		
11	启闭机		
12	消能形式		

数据检查　　　提交修改　　　恢复原值　　　导到Excel　　　返回

图 2-32　某水库输泄水洞信息编辑页面

(五)统计分析

统计分析功能是系统的核心功能,对各地填报信息进行统计分析,快速地形成报表,为编制《全国病险水库除险加固工程进展月报》提供基础数据,有效地促进我国病险水库除险加固工程的进度管理和资金管理。

1. 省级用户进度统计

省级用户可对本省专项规划、重点小型、重点小(2)型病险水库的加固进度等进行统计。包括"规划总体情况"、"前期工作进度"、"建设实施进度"、"水管体制改革进度"、"工程投资情况"、"工程量完成情况"等内容。分别根据系统实时填报情况汇总得出,有助于省级用户掌握全省的重点小型病险水库除险加固进度情况。图 2-33 为某省的重点小型病险水库除险加固进度统计汇总表。

重点小型病险水库除险加固进度统计表

规划总体情况							
项目座数	中央资金承担项目座数	地方资金承担项目座数	规划总投资(万元)	规划中央投资(万元)	规划地方投资(万元)	已下达中央补助资金(万元)	已下达中央资金占比
1070	713	357	481500.0000	320940.0000	160560.0000	320940.0000	100.0%

前期工作进度							
安全鉴定完成座数	占比	前期工作经费安排座数	占比	前期工作总经费(万元)	省级前期工作经费	省级经费占比	市县前期工作经费(万元)
1070	100.0%	588	55.0%	19418.3200	4484.4600	23.1%	14933.8600
初设批复完成座数	占比	初设批复总投资(万元)	单座平均批投资(万元)	安排资金项目座数	占比	中央资金安排座数	地方资金安排座数
1070	100.0%	555021.9600	518.7121	1070	100.0%	1070	1061

建设实施进度							
开工建设座数	占比	招投标完成座数	占比	主体或全面完工座数	占比	投运或竣工验收座数	占比
1070	100.0%	1070	100.0%	1061	99.2%	911	85.1%
主体完工座数	占比	全面完工座数	占比	投入使用座数	占比	竣工验收座数	占比
1061	99.2%	932	87.1%	851	79.5%	493	46.1%

水管体制改革进度							
完成改革座数	占比	"两费落实"座数	占比	工程维修经费应落实(万元)	工程维修经费已落实(万元)	占比	公益性人员经费应落实(万元)	公益性人员经费已落实(万元)	占比
540	50.5%	462	43.2%	419863.2400	53780.8500	12.8%	441792.6500	36155.9491	8.2%

工程投资情况								
下达总资金(万元)	中央资金下达(万元)	地方资金下达(万元)	省级资金下达(万元)	市级资金下达(万元)	县级资金下达(万元)	中央资金占总资金比例	省级资金占地方资金比例	中央资金实际分配下达比例
548077.3837	288344.1000	259733.2837	131125.2890	3372.7200	125235.2747	52.6%	50.5%	89.8%
到位资金(万元)	中央资金到位(万元)	地方资金到位(万元)	省级资金到位(万元)	市级资金到位(万元)	县级资金到位(万元)	完成总投资(万元)	完成中央投资(万元)	完成地方投资(万元)
409795.7203	286207.0000	123588.7203	47286.5700	2848.7300	73453.4203	469932.5664	284921.6000	185010.9664
总资金到位比例	中央资金到位比例	地方资金到位比例	省级资金到位比例	市级资金到位比例	县级资金到位比例	总投资完成比例	中央投资完成比例	地方投资完成比例
74.8%	99.3%	47.6%	36.1%	84.5%	58.7%	85.7%	98.8%	71.2%

工程量完成情况								
土石方计划完成(万方)	土石方实际完成(万方)	完成比例	混凝土计划完成(万方)	混凝土实际完成(万方)	完成比例	钢筋金结计划完成(吨)	钢筋金结实际完成(吨)	完成比例
1703.6271	7422.2735	435.7%	11888.5900	11836.2872	99.6%	29298.7607	27999.1413	95.6%

中央资金承担项目情况											
项目总数	初设批复座数	占比	安排投资座数	占比	项目开工座数	占比	招投标完成座数	占比	项目完工座数	占比	项目验收座数	占比
713	713	100.0%	713	100.0%	713	100.0%	713	100.0%	709	99.4%	607	85.1%

图 2-33 重点小型病险水库除险加固进度统计汇总表

2. 后台管理用户进度统计

后台管理用户可对各省数据核查、加固进度、财政资金等进行统计,并可生成固定格式的病险水库进度统计表 Excel 文件。表中以省为单位对前期工作情况、建设进展情况、投资安排及完成情况的详细信息进行实时统计(见图 2-34、图 2-35),以及用直方图的形式展示初设批复情况等(见图 2-36)。

3. 单座水库的资金统计

单座病险水库除险加固资金统计情况见图 2-37,页面显示项目基本信息、中央投资和地方配套的分批次情况表、分年情况表,并绘制投资分年统计的直方图。

4. 多座水库统计图表

系统提供分批次按地区进行数量统计、资金统计的功能。图 2-38 为专项规划病险水库逐年投资分省统计表,图 2-39 为专项规划病险水库分省投资进度图。

附表：

《全国重点小型病险水库除险加固规划》内项目前期工作、投资安排进展情况表

单位：座、万元

序号	地区	规划项目座数			规划投资			2010-11中央财政专项资金 应安排项目数			安排		前期工作情况 初步设计批复完成						中央项目完成座数	地方项目完成座数	比例(%)	批复投资	前期工作经费安排 座数	安排经费	建设进展情况 项目开工 座数	比例(%)	报批标准完成 座数	比例(%)	全面或主体完工 座数	比例(%)	竣工或投运验收 座数	比例(%)
		小计	中央	地方	小计	中央	地方	小计	中央	地方	资金	地方	总座数(1)	批复投资	地方	比例(%)	批复投资(5)	批复投资(6)	(7)	(8)		(9)	(10)	(11)	(12)	(13)	(14)	(15)	(16)	(17)	(18)	(19)
合计		5400	3645	1755	2443350	1649535	790815	5400	3645	1755	1649777	790815	5400	2543392	1755	100	100	1785879	1755	100		717413	2787	85375	5400	100	5400	100	5400	100	501.5	92.9
1	北京																															
2	天津																															
3	河北	45	27	18	20250	12150	8100	45	27	18	12150	8100	45	17526	18	100	100	11188	18	100		6418			45	100	45	100	45	100	41	91.1
4	山西	144	101	43	64800	45450	19350	144	101	43	45450	19350	144	63836	43	100	100	45962	43	100		17874	135	1350	144	100	144	100	144	100	144	100
5	内蒙古	51	41	10	22950	18360	4590	51	41	10	18360	4590	51	29314	10	100	100	23940	10	100		5374	10	285	51	100	51	100	51	100	51	100
6	辽宁	45	15	30	20250	6750	13500	45	15	30	6750	13500	45	14377	30	100	100	14377	30	100		9302			45	100	45	100	45	100	33	73.3
7	吉林	97	59	38	43650	26370	17280	97	59	38	26370	17280	97	37377	59	100	100	19092	59	100		8186	92	1044	97	100	97	100	97	100	76	78.4
8	黑龙江	270	162	108	121500	72900	48600	270	162	108	72900	48600	270	124338	108	100	100	19520	108	100		44818	270	1072	270	100	270	100	270	100	270	100
9	上海																															
10	江苏	36	12	24	16200	5400	10800	36	12	24	5400	10800	36	14148	24	100	100	4093	12	100		10055	36	1204	36	100	36	100	36	100	36	100
11	浙江	9	3	6	4050	1350	2700	9	3	6	1350	2700	9	11875	3	100	100	11875	6	100		9205	35	2837	9	100	9	100	9	100	9	100
12	安徽	304	204	100	136800	91980	44820	304	204	100	91980	44820	304	130108	204	100	100	99622	204	100		35486	19	82	304	100	304	100	304	100	304	100
13	福建	139	96	63	71550	43410	28140	139	96	63	43410	28140	139	80039	96	100	100	49961	63	100		33068	3		159	100	159	100	159	100	38	23.9
14	江西	666	446	220	299700	200880	98820	666	446	220	200880	98820	666	265947	446	100	100	188217	220	100		77130	297	8441	666	100	666	100	666	100	658	98.8
15	山东	163	109	54	73350	48900	24450	163	109	54	48900	24450	163	68037	109	100	100	21520	109	100		38787	81	1487	163	100	163	100	163	100	163	100
16	河南	254	172	82	114300	77220	37080	254	172	82	77220	37080	254	114426	172	100	100	19241	82	100		35385	74	1926	254	100	254	100	254	100	180	70.9
17	湖北	587	393	194	264150	176940	87210	587	393	194	176940	87210	587	254841	393	100	100	174272	194	100		80569	130	8846	587	100	587	100	587	100	593	85.7
18	湖南	1070	713	357	481500	320940	160560	1070	713	357	320940	160560	1070	555089	713	100	100	382201	713	100		174887	588	19418	1070	100	1070	100	1070	100	1050	98.1
19	广东	117	39	78	52650	17550	35100	117	39	78	17550	35100	117	47686	39	100	100	14637	39	100		33849	21		117	100	117	100	117	100	117	100
20	广西	559	447	112	251550	201240	50310	559	447	112	201240	50310	559	253626	447	100	100	284334	447	100		42292	559	11653	559	100	559	100	559	100	559	97.5
21	海南	130	104	26	46800	46200		130	104	26	46800		130	23828	104	100	100	58915	26	100		4913	130	11181	130	100	130	100	130	100	130	100
22	重庆	44	35	9	19800	15840	3960	44	35	9	13840	3960	44	20206	35	100	100	16107	15	100		4599	56	589	44	100	44	100	44	100	44	100
23	四川	149	119	30	67050	53640	13410	149	119	30	53640	13410	149	45463	119	100	100	45145	30	100		9618	56	1128	149	100	149	100	149	100	149	100
24	贵州	66	53	13	29700	23760	5940	66	53	13	23760	5940	66	29001	53	100	100	33663	13	100		5238	66		66	100	66	100	66	100	66	100
25	云南	250	200	50	112500	90000	22500	250	200	50	90000	22500	250	169453	200	100	100	121135	200	100		28318	147	9942	250	100	250	100	250	100	235	94
26	西藏	1	1		450	450		1	1		450		1	669	1	100	100	669	1	100					1	100	1	100	1	100	1	100
27	陕西	52	42	10	23400	18720	4680	52	42	10	18720	4680	52	23553	42	100	100	19287	10	100		4266	369		52	100	52	100	50	96.2	
28	甘肃	20	16	4	9900	7290	1710	20	16	4	7532		20	9129	16	100	100	7373	4	100		1756	165		20	100	20	100	20	100	
29	青海	4	3	1	1800	1530	270	4	3	1	1530	270	4	2600	3	100	100	1847	1	100		753			4	100	4	100	4	100	
30	宁夏	61	49	12	27450	21960	5490	61	49	12	21960	5499	61	23851	49	100	100	22993	12	100		5158	61	1663	61	100	61	100	61	100	56	91.8
31	新疆	46	39	7	37950	26055	4995	46	39	7	26055		46	50197	39	100	100	43779	59	100		6418	46	3493	46	100	46	100	46	100	46	100
32	兵团																															
33	大连																															
34	青岛	1	1		450	150	309	1	1		130	309	1	391	1	100	100			100		391			1	100	1	100	1	100	
35	宁波																															
36	厦门																															
37	深圳																															

注：1. 初步设计批复完成比例是指已完成初设批复的项目座数占总座数的比例；中央项目完成座数占中央项目总座数的比例。
2. 前期工作经费安排座数比例是指已安排中央或地方资金的座数占总座数的比例；中央项目是指安排中央资金的项目座数占中央项目总座数的比例。
3. 中央资金分解下达比例是指已实际下达中央资金占已分解下达中央资金的比例；中央资金到位比例是指已实际到位中央资金占已分解到位中央资金的比例。

图2-34 重点小型病险水库除险加固工程进展情况表（1）

《全国重点小型病险水库除险加固规划》内项目前期工作、投资安排进展情况表

单位：座、万元

	项目实施座数						资金计划下达情况							投资支持及完成情况				资金到位情况								投资完成情况					
	总座数	比例(%)	中央项目实施座数	比例(%)	地方项目实施座数	比例(%)	项目下达总资金	中央资金分解下达	比例(%)	地方资金配套实下达	省级资金配套实下达	甲镇资金配套实下达	县级资金配套实下达	项目到位总资金	比例(%)	中央资金到位	比例(%)	地方资金到位	比例(%)	省级资金到位	比例(%)	甲镇资金到位	比例(%)	县级资金到位	比例(%)	完成总投资	比例(%)	中央投资完成	比例(%)	地方投资完成	比例(%)
	20	21	22	23	24	25	26	27	28	29	30	31	32	33	34	35	36	37	38	39	40	41	42	43	44	45	46	47	48	49	50
	5400	100	3645	100	1755	100	2442760	1583376	96	859384	488204	66562	304618	2252596	92.2	1573341	99.4	679355	79.1	392302	80.4	58894	88.5	228159	74.9	2321923	95.1	1568969	99.1	753954	87.7
	45	100	27	100	18	100	16641	15711	129.3	930	150	317	463	16288	97.9	15358	97.8	930	100	150	100	317	100	463	100	17396	104.5	16430	104.6	966	103.8
	144	100	101	100	43	100	63636	44188	97.2	19648	17402	2246		63336	100	44188	100	19648	100	17402	100	2246	100	463	100	63266	99.1	43908	99.4	19358	98.5
	51	100	41	100	10	100	29141	18450	100.5	10691	8271	2370		27889	94.7	18450	85.5	9139	85.5	8330	100.7	759	32	50	100	27400	99.9	18434	99.9	8966	83.9
	45	100	15	100	30	100	14376	6400	94.8	7976	5348	1198	1430	11884	82.7	6400	68.8	5484	82.7	5348	100.7	92	7.7	44	3.1	11751	81.7	6334	99	5417	67.9
	97	100	59	100	38	100	42066	2816	106.8	1.9996	13403	25	478	42080	100.1	2816	100.2	13929	100	13403	100	25	100	501	104.8	40058	95.2	27296	96.9	12761	91.8
	270	100	162	100	108	100	124083	70889	97.2	53193	16586	1961	34646	124083	100	70889	100	53193	100	16586	100	1961	100	34646	100	12.3964	99.9	70884	100	50884	99.8
	36	100	12	100	24	100	14148	4320	80	9828	5729	1286	2813	14148	100	4320	100	9828	100	5729	100	1286	100	2813	100	14148	100	4320	100	9828	100
	9	100	3	100	6	100	11875	1350	100	10525	4912	1994	5613	11875	100	1350	100	10525	100	4912	100	1994	100	5613	100	10235	86.2	1350	100	8885	84.4
	304	100	204	100	63	100	128168	91801	99.8	36367	28666		5708	127638	99.6	91801	98.5	35837	98.5	28666	100			5177	90.7	138832	99.9	91826	99.6	36086	99.6
	159	100	96	100		100	66560	43290	99.7	23270	22140		1130	66560	100	43290	100	23270	100	22140	100			1130		66561	100	43299	100	2.2671	100
	666	100	446	100	220	100	238820	171058	85.2	67762	38134	8195	21433	233266	97.7	166450	98	66416	98	37435	98.2	8113	99	20068	97.4	236236	98.9	171689	100.4	64546	95.3
	163	100	54	100	109	100	59623	24301	99.4	35322	12336	8570	14416	59623	100	24301	100	35322	100	12336	100	8570	100	14416	100	59650	100.4	24301	100	35349	100.6
	254	100	172	100	82	100	114362	78968	102.3	35394	21015	1609	12778	114392	100	78978	100.1	35414	100.1	21015	100	1609	100	12320	96.5	114386	99.9	78968	100	35418	100.1
	587	100	393	100	194	100	255631	176850	99.9	78781	33371	2057	43353	238666	93.4	176850	100	61816	78.5	23628	70.8	1667	81	36522	84.2	236377	92.5	166697	94.3	69830	88.7
	1070	100	713	100	357	100	547246	288572	89.9	258674	129924	4399	124351	407649	74.5	286567	99.2	121382	46.9	46938	36.1	2849	64.8	71195	57.6	471202	86.1	285947	99.1	185261	71.6
	117	100	39	100	78	100	45595	14040	80	31555	21104		10451	45093	98.9	14040	74.5	31059	98.4	21104	100			9955	95.3	45003	98.7	14053	100.1	30910	98.1
	559	100	447	100	112	100	229443	198469	99.7	30974	30974			229443	100	198469	98.9	30974	100	30974	100					228152	99.4	197303	99.4	30846	99.8
	130	100	104	100	26	100	73805	46800	98.6	27005	23276	3729		73223	99.2	46800	97.8	26423	97.8	22223	95.5	4200	112.6			46799	99.9	46799	100	2642	99.8
	44	100	35	100	9	100	20123	15840	100	4283	4016		267	19449	94.9	15840	84.3	3699	84.3	3431	85.4	420	95.5	178	66.7	19526	97	15332	96.8	4194	97.9
	149	100	119	100	30	100	53753	9779	82	9779	3168	108	6503	53688	99.9	43699	99.2	10079	100.3	3432	100.3	108	100	6539	100.6	54541	101.5	43695	96.8	10846	110.9
	66	100	53	100	13	100	28901	2366.3	99.6	5238	5238		6193	28901	100	2366.3	100	2363.3	100	5238	100					28554	98.8	23628	99.9	4926	94
	250	100	200	100	200	100	152772	90679	100.8	62093	21991	14348	23754	131536	86.1	87886	96.9	43650	70.3	20833	94.7	11398	79.4	11419	44.3	139248	91.1	88977	98.1	50272	81
		100		100		100	450	450	100					450	100	360	100	360	100							659	148.7	659	148.7		
	52	100	42	100		100	21167	21167	97.1	2997	2850	147		21167	100	18170	100	2997	100	2850	100	147	100			23650	111.7	20651	113.7	2999	100.1
	20	100	16	100	4	100	9129	7428	98.6	1701	1701			9129	100	18170	100	7438	100	1701	100					9129	100	7428	100	1701	100
	4	100	3	100	1	100	2600	1530	100.5	1070	1070			2600	100	1530	100	1530	100	1070	100					2600	100	1530	100	1070	100
	61	100	49	100	12	100	27861	22069	100.5	5792	5100	692		27861	100	22069	100	5792	100	5100	100	692	100			27715	99.5	21769	98.6	5946	102.7
	46	100	39	100		100	50195	33805	137.4	14390	10330		4060	50195	92.3	33805	100	14390	100	10330	100			4060	100	48942	97.5	35320	98.6	13632	94.7
	1	100	1	100		100	391		100	241		150		361	92.3	120	80	241	100		100	150	100	91	100	391	100	150	100	241	100

图2-35　重点小型病险水库除险加固工程进展情况表（2）

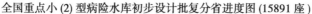

全国重点小(2)型病险水库初步设计批复分省进度图 (15891 座)

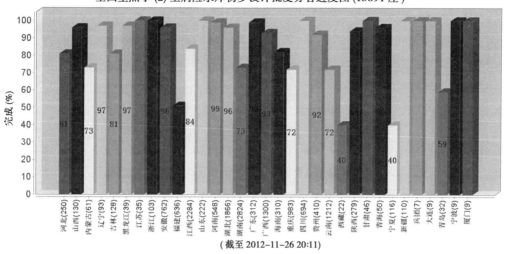

(截至 2012-11-26 20:11)

图 2-36　重点小(2)型病险水库初设批复分省进度图

牛头山水库项目资金信息详表

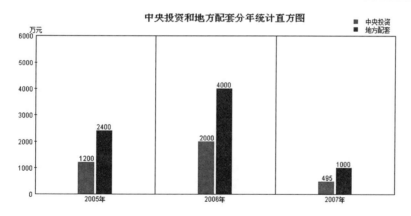

图 2-37　病险水库资金信息详表(查询用户)

(六)定制查询

定制查询功能充分利用数据字典技术动态生成查询语句,实现自由选择查询字段、自由构造查询条件、自由设定排序方式来生成定制查询结果集的功能。

图 2-40 为定制查询主界面,左侧列表为可供查询的表格名单;右侧定制条件区包括 3 项内容:分别是选择定制结果集中需显示的列、选择定制条件中需要进行过滤的列、选择

全国专项规划病险水库逐年投资分地区统计表

单位：万元

地区	累计投资			2003年		2004年		2005年		2006年		2007年		2008年		2009年	
	总投资	中央投资	地方配套	中央	地方	中央	地方	中央	地方	中央	地方	中央	地方	中央	地方	中央	地方
部直属	15108	15108	0	–	–	–	–	–	–	–	–	–	–	4888	0	–	–
天津市	16459	5394	11065	600	1200	1700	3320	–	–	–	–	434	883	2000	4000	660	1682
河北省	73084	48450	24634	–	–	–	–	900	900	12243	6594	27374	16210	7933	930		
山西省	88777	53663	35114	–	–	–	–	1600	1600	12761	8495	18772	14254	20530	10765		
内蒙古自治区	102883	67139	35744	–	–	–	–	500	250	2300	1150	15084	3191	21174	15310	28081	15843
辽宁省	147638	81209	66429	–	–	–	–	600	600	4100	4100	12364	12381	23395	22173	40730	27175
吉林省	117101	81011	36090	–	–	–	–	2700	2500	18798	9783	31490	14814	28023	9193		
黑龙江省	146763	88712	58051	–	–	–	–	6300	6110	20677	13680	25450	14471	36285	23790		
江苏省	107560	35793	71767	–	–	–	–	2200	4400	1960	3940	12895	25452	18938	37975		
浙江省	176104	58078	118026	–	–	1200	2400	3100	6200	4618	9247	35700	71493	13460	28686		
安徽省	228360	158889	69471	–	–	–	–	1400	1400	17427	8478	61244	26201	78818	33392		
福建省	68054	22630	45424	–	–	–	–	300	600	1555	3161	15760	31604	5015	10059		
江西省	518294	347339	170955	–	–	900	900	8600	8600	57687	28992	124645	64504	155507	67959		
山东省	322399	107552	214847	–	–	600	1200	3600	7200	9675	18459	43155	86406	50522	101582		
河南省	370998	205829	165169	–	–	600	600	6460	6460	36750	29945	87359	76692	74660	51472		
湖北省	591823	402601	189222	–	–	600	600	9100	9100	57618	29892	169103	85446	166180	64184		
湖南省	308326	209926	99400	–	–	740	740	800	800	4800	4550	47927	24508	67679	37268	66980	31534
广东省	124357	37439	86918	–	–	–	–	–	–	900	1800	1025	2052	18485	37060	17049	46006
广西自治区	493535	345526	148009	–	–	–	–	500	250	2920	1466	45558	24505	146480	68823	150068	52965
海南省	99078	71764	27314	–	–	–	–	1800	1550	15018	5725	31086	12051	23860	7988		
重庆市	141181	100628	40553	–	–	–	–	3670	1837	36937	9247	35305	19600	24718	623		
四川省	144391	120374	24017	–	–	–	–	2400	1200	44004	19574	49930	2407	24040	636		
贵州省	46011	42450	3561	–	–	–	–	–	–	–	–	20396	3275	21909	250	145	35
云南省	234333	174878	59455	–	–	–	–	3850	1925	45610	17906	79958	25492	45460	14132		
西藏自治区	6518	6518	0	–	–	–	–	–	–	–	–	1357	0	5161	0	–	–
陕西省	78161	49907	28254	–	–	–	–	–	–	17869	11105	16971	10470	15067	6879		
甘肃省	38036	28068	9968	–	–	–	–	–	–	8659	1901	7613	4120	11796	3947		
青海省	7188	5693	1495	–	–	–	–	–	–	2707	745	1823	0	1163	750		
宁夏自治区	29802	18546	11256	–	–	–	–	1400	700	7411	6382	5400	3081	4335	1093		
新疆自治区	104315	73424	30891	–	–	–	–	1800	900	34370	19973	11034	3739	26220	6279		

图 2-38 专项规划病险水库逐年投资分省统计表

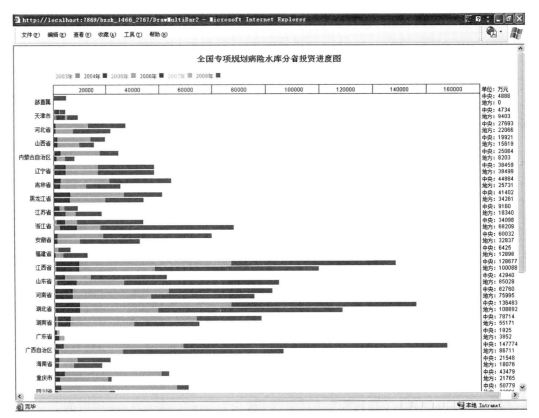

图 2-39 专项规划病险水库分省投资进度图

结果集的排序方式;定制的查询条件设置完毕,发送查询请求,便可获得定制的结果集。在选择列进行过滤条件设置时,对三种不同类型的列需分别进行条件设置。图2-41为字符型列过滤条件设置窗口,图2-42为数值型列过滤条件设置窗口,图2-43为时间型列过滤条件设置窗口。通过指定比较操作符、选择或输入比较值,可以逐条设置过滤条件。定制的查询结果集见图2-44,表示专项规划内完成初设批复的大型病险水库项目。

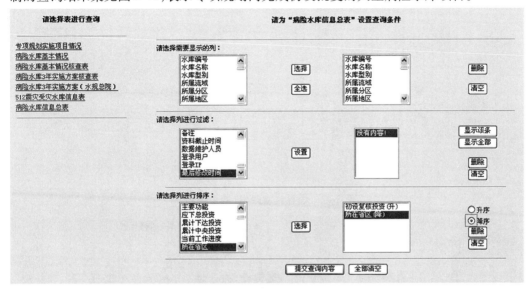

图2-40 综合查询设置查询条件页面

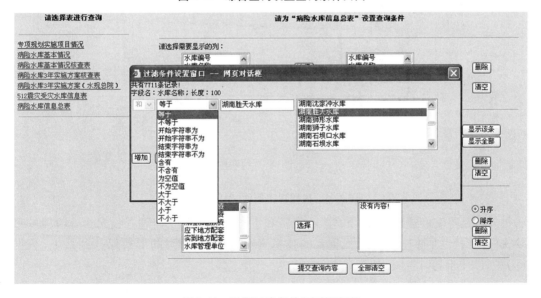

图2-41 设置过滤条件(字符型列)

（七）文档查询与管理

病险水库除险加固项目实施过程中,存在大量的技术文档、图像等数据,如大坝安全鉴定报告书、安全鉴定核查意见、初步设计报告复核意见(可行性研究报告)、初步设计报

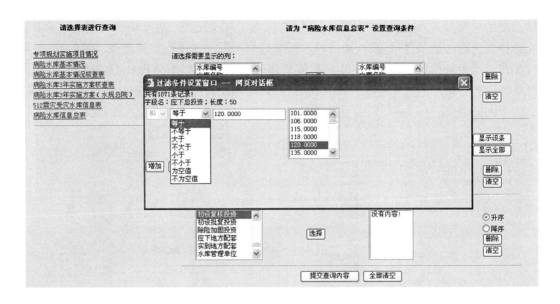

图 2-42　设置过滤条件（数值型列）

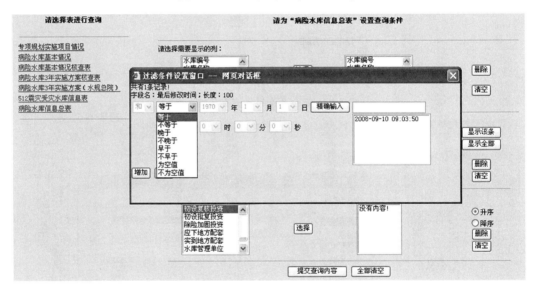

图 2-43　设置过滤条件（时间型列）

告批复意见等文件资料,既是下达工程投资和工程设计、施工、监理等技术实施阶段的重要文件依据,也是除险加固工程重要的技术资料,以电子档案的形式保存到系统(数据库)中,以便于随时查阅。

1. 文档列表管理

文档信息分水库进行管理。见图2-45,表中列出水库编号、文档分类、序号、文件名称、文档说明、文件大小、文件日期、上传日期、上传人员等基本信息。操作方式包括增加文档、查看、下载、删除和修改说明等内容。

查询条件为：'水库编号'含有'3A'和'初设批复投资'不为空值

下一页　尾页　第1页，共6页；每页10条，共59条；直接转到 第1页 ▽ 返回

水库编号	水库名称	水库型别	所属流域	所属地区	总库容	应下总投资	累计下达投资	累计中央投资	初设复核文号	初设批复文号	初设复核投资	初设批复投资
3A2C120031X 资技 编	安徽梅山水库	大型	淮河	安徽省	233800.0000	18414.0000	14000.0000	7000.0000		水总（2007）482号		18414.0000
3A1C320011X 资技 编	新疆兵团跃进水库	大型	黄河	新疆兵团	10330.0000	19600.0000	7740.0000	5160.0000	黄规计函[2007]42号	兵水建管[2008]33号	17288.0000	17288.0000
3A1A150021X 资技 编	牟山水库	大型	淮河	山东省	27700.0000	15602.0000	14602.0000	5200.0000	淮委规计[2004]467号	鲁计重点[2004]1080号	15602.0000	17254.0000
3A1D000011X 资技 编	陆水水利枢纽	大型	长江	部直属	70600.0000	15108.0000	15108.0000	15108.0000				15108.0000
3A1A150031X 资技 编	山东米山水库	大型	淮河	山东省	28000.0000	6300.0000	6300.0000	2100.0000	淮委规计[2006]447	鲁发改重点[2005]1178	6300.0000	14002.0000
3A1A340011X 资技 编	产芝水库	大型	淮河	青岛市	40200.0000	13712.0000	13712.0000	4570.0000	淮委规计[2004]666号	淮委规计[2005]149号	13712.0000	13712.0000
3A4B060051X 资技 编	辽宁龙屯水库	大型	松辽	辽宁省	11940.0000	13701.0000	13701.0000	6850.0000	松辽规计[2007]27号	辽发改农经[2007]124号	13701.0000	13701.0000
3A1C200071X 资技 编	广西达开水库	大型	珠江	广西自治区	42600.0000				珠水技审函[2008]150号	桂发改农经[2008]414号	13350.0000	13350.0000
3A2C160061X 资技 编	河南窄口水库	大型	黄河	河南省	18500.0000	13251.0000	13251.0000	6625.0000	黄规计函[2007]32号	豫发改【2007】148号	13251.0000	13251.0000
3A1A100011X 资技 编	江苏沙河水库	大型	太湖	江苏省	10900.0000				太局规计【2008】14号	苏发改农经发【2008】219号	13228.0000	13228.0000

图2-44　定制查询结果集

山东沐浴水库文档信息列表

水库编号	文档分类	序号	文件名称	文件说明	文件大小	文件日期	上传日期	上传人员	操作
SK3A150004	设计报告	1	沐浴水库初设报告.pdf	沐浴水库初设报告电子版	2886362	2012-07-17 15:18:34.0	2013-11-15 20:35:23.0	zc	查看 下载 删除 修改说明
SK3A150004	技术文档	2	莱阳沐浴.pdf	初步设计批复文件	306014	2010-09-29 13:34:10.0	2013-11-20 20:08:32.0	zc	查看 下载 删除 修改说明
SK3A150004	图像照片	3	沐浴水库卫星图.jpg	沐浴水库2009年卫星影像	274441	2013-11-23 15:30:59.0	2013-11-23 15:37:29.0	wy	查看 下载 删除 修改说明
SK3A150004	技术文档	4	安全鉴定成果报告.pdf	安全鉴定成果报告	2280702	2012-07-17 18:57:56.0	2013-11-23 18:01:30.0	wy	查看 下载 删除 修改说明
SK3A150004	技术文档	5	沐浴水库运行维护简况(CH).doc	沐浴水库运行维护简况	72192	2013-03-11 10:31:04.0	2013-11-23 18:02:32.0	wy	下载 删除 修改说明
SK3A150004	行政文件	6	安全鉴定请示.pdf	沐浴水库安全鉴定请示	1204340	2012-07-17 18:55:24.0	2013-11-23 18:04:23.0	wy	查看 下载 删除 修改说明
SK3A150004	行政文件	7	安全鉴定成果认定请示.pdf	安全鉴定成果认定请示	386085	2012-07-17 18:56:57.0	2013-11-23 18:04:58.0	wy	查看 下载 删除 修改说明
SK3A150004	其他文件	8	安全鉴定工作计划.pdf	安全鉴定工作计划	909559	2012-07-17 18:58:28.0	2013-11-23 18:05:21.0	wy	查看 下载 删除 修改说明
SK3A150004	行政文件	9	沐浴水库防洪抢险预案.pdf	沐浴水库防洪抢险预案	11452832	2012-07-17 18:48:59.0	2013-11-23 18:10:03.0	wy	查看 下载 删除 修改说明
SK3A150004	行政文件	10	沐浴水库管理局内部管理规范.pdf	沐浴水库管理局内部管理规范	18888281	2012-07-17 19:00:36.0	2013-11-23 18:14:42.0	wy	查看 下载 删除 修改说明
SK3A150004	行政文件	11	沐浴水库汛期控制运用方案.pdf	沐浴水库汛期控制运用方案	4568530	2012-07-17 18:53:40.0	2013-11-23 18:15:18.0	wy	查看 下载 删除 修改说明
SK3A150004	技术文档	12	沐浴水库汛期控制运用方案计算书.pdf	沐浴水库汛期控制运用方案计算书	5034851	2012-07-17 18:50:38.0	2013-11-23 18:15:40.0	wy	查看 下载 删除 修改说明

图2-45　某水库文档信息列表

2. 增加文档

对于每座水库,可供增加的文档类型有设计报告、工程图纸、技术文档、行政文件、图像照片、音频视频、其他文件等。文件序号自动生成。点击"浏览"按钮,可选择本机硬盘上的文档,并给出文件大小和文件最后修改时间。输入对文件的描述文字,并填写上传人员的名字,即可将文档上传至系统数据库中进行管理。见图2-46。

3. 文档查看、下载和删除

对于 PDF 文档以及图片文件,可以直接打开查看;对于有权限的用户,提供文件下载功能。可根据用户需要删除或替换文档。

图 2-46　文档增加、上传、查看等功能

4.文档浏览

在子系统开发过程中,大量的文件资料已经通过扫描和分类整理制作成 PDF 文件导入到系统中。对于主要技术文档,还可采用页面浏览的方式,见图 2-47:左侧窗口显示查询水库的主要技术文档(包括安全鉴定报告、安鉴核查意见、初设复核意见、初设批复意见等)及其文档页数;右侧窗口显示文档内容。查询结果可进行保存和打印。

(八)技术信息查询与分析

病险水库技术分析程序页面见图 2-48。用户可根据分析需要,对省份、流域、坝型、坝高、存在病险、病害特征、加固措施等条件进行设置。坝型按结构分为拱坝、重力坝、土石坝、面板堆石坝 4 大类,按材料分为混凝土坝、土坝、堆石坝、浆砌石坝等 4 大类,用来分析病险水库的坝型分布特征;坝高按 15 m 以下、15～30 m、30～60 m、60～100 m、100 m 以上分类;库容按照 10 亿 m³ 以上、1 亿～10 亿 m³、1 000 万～1 亿 m³、100 万～1 000 万 m³、100 万 m³ 以下分类,坝高、库容用来分析水库大坝的规模特征分布。

系统还可结合坝型对存在病险、病害特征、加固措施等进行检索,如图 2-48 为查询数据库中存在“白蚁危害”的“均质土坝”的案例。系统支持模糊查询的方式,查询结果可高亮显示,方便用户使用。图 2-49 为查询数据库中全部水库“病害特征”包含“渗”、“加固措施”包含“灌浆”的案例。

(九)其他功能

系统还具有用户留言、数据下载、工作短信、用户资料管理、用户密码维护、用户注销等基本功能,限于篇幅,在此不再赘述。

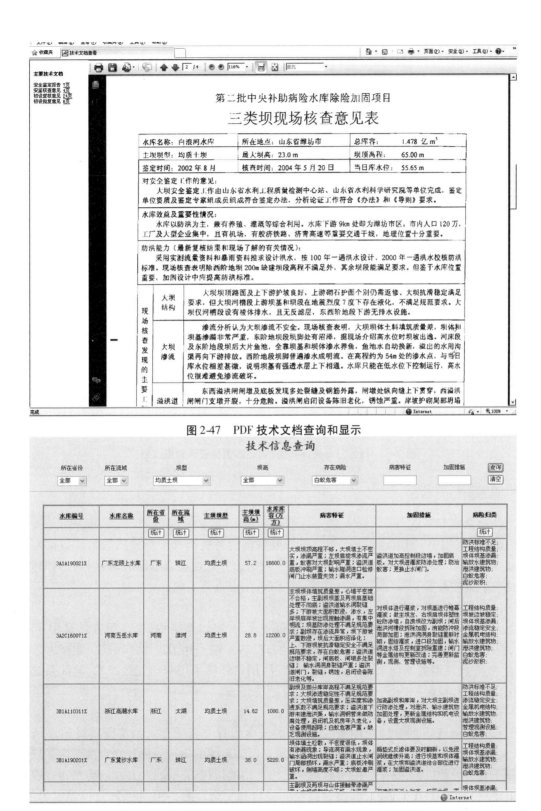

图 2-47 PDF 技术文档查询和显示

图 2-48 技术信息查询界面(具有白蚁危害的均质土坝查询)

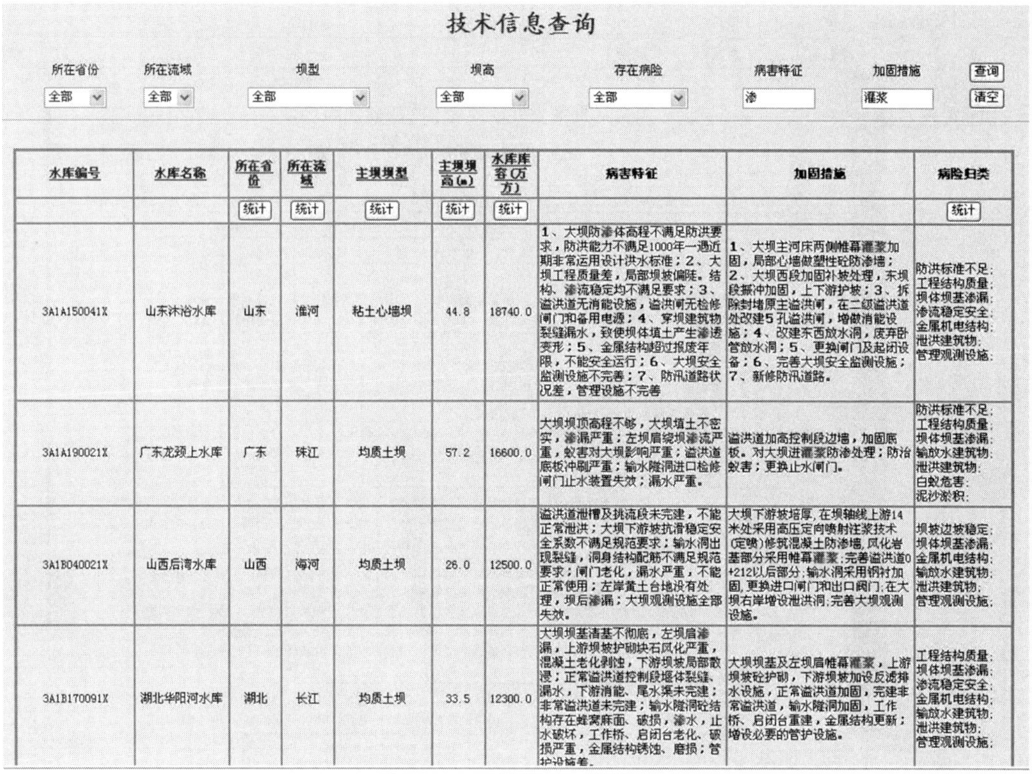

水库编号	水库名称	所在省份	所在流域	主坝坝型	主坝坝高(m)	水库库容(万方)	病害特征	加固措施	病险归类
		统计	统计	统计	统计	统计			统计
3A1A150041X	山东沐浴水库	山东	淮河	粘土心墙坝	44.8	18740.0	1、大坝防渗体高程不满足防洪要求，防洪能力不满足1000年一遇近期非常运用设计洪水标准；2、大坝工程质量差，局部坝坡偏陡。结构、渗流稳定均不满足要求；3、溢洪道无消能设施，溢洪闸无检修闸门和备用电源；4、穿坝建筑物裂缝漏水，致使坝体填土产生渗透变形；5、金属结构超过报废年限，不能安全运行；6、大坝安全监测设施不完善；7、防汛道路状况差，管理设施不完善	1、大坝主河床两侧帷幕灌浆加固，局部心墙做塑性砼防渗墙；2、大坝西段加固补坡处理，东坝段振冲加固，上下游护坡；3、拆除封堵原主溢洪闸，在二级溢洪道处改建5孔溢洪闸，增做消能设施；4、改建东西放水洞，废弃卧管放水洞；5、更换闸门及起闭设备；6、完善大坝安全监测设施；7、新修防汛道路。	防洪标准不足;工程结构质量;坝体坝基渗漏;渗流稳定安全;金属机电结构;泄洪建筑物;管理观测设施;
3A1A190021X	广东龙颈上水库	广东	珠江	均质土坝	57.2	16600.0	大坝坝顶高程不够，大坝填土不密实，渗漏严重；左坝肩绕坝渗流严重，蚁害对大坝影响严重；溢洪道底板冲刷严重；输水隧洞进口检修闸门止水装置失效；漏水严重。	溢洪道加高控制段边墙，加固底板。对大坝进灌浆防渗处理；防治蚁害；更换止水闸门。	防洪标准不足;工程结构质量;坝体坝基渗漏;输放水建筑物;泄洪建筑物;白蚁危害;泥沙淤积;
3A1B040021X	山西后湾水库	山西	海河	均质土坝	26.0	12500.0	溢洪道泄槽及挑流段未完建，不能正常泄洪；大坝下游坡抗滑稳定安全系数不满足规范要求；输水洞出现裂缝，洞身结构配筋不满足规范要求；闸门老化，漏水严重，不能正常使用；左岸黄土台地没有处理，坝后渗漏；大坝观测设施全部失效。	大坝下游坡培厚,在坝轴线上游14米处采用高压定向喷射注浆技术(定喷)修筑混凝土防渗墙,风化岩基部分采用帷幕灌浆;完善溢洪道0+212以后部分;输水洞采用钢衬加固,更换进口闸门和出口阀门;在大坝右岸增设泄洪洞;完善大坝观测设施。	坝坡边坡稳定;坝体坝基渗漏;金属机电结构;输放水建筑物;泄洪建筑物;管理观测设施;
3A1B170091X	湖北华阳河水库	湖北	长江	均质土坝	33.5	12300.0	大坝坝基清基不彻底，左坝肩渗漏，上游坝坡护砌块石风化严重，混凝土老化剥蚀，下游坝坡局部散浸；正常溢洪道控制段堰体裂缝、漏水，下游消能、尾水渠未完建；非常溢洪道未完建；输水隧洞砼结构存在蜂窝麻面、破损，渗水，止水破坏，工作桥、启闭台老化、破损严重，金属结构锈蚀、磨损；管护设施差。	大坝坝基及左坝肩帷幕灌浆，上游坝坡砼护砌，下游坝坡加设反滤排水设施，正常溢洪道加固，完建非常溢洪道，输水隧洞加固，工作桥、启闭台重建，金属结构更新；增设必要的管护设施。	工程结构质量;坝体坝基渗漏;渗流稳定安全;金属机电结构;输放水建筑物;泄洪建筑物;管理观测设施;

图 2-49　技术信息查询界面(指定病害特征和加固措施)

四、系统技术路线

(一)数据库系统

DBMS 采用 MS SQL Server 开发。基于互联网的系统和基于局域网的系统数据库分别建立与运行。采用数据同步的技术来保证数据的一致性。数据库表、索引等的创建采用动态生成技术实现。数据装载采用程序实现,均能重复实现。

(二)系统体系结构

采用“浏览器 - Web 服务器 - 数据库服务器”3 层体系结构,Web 服务器采用 Tomcat,程序开发采用 JSP + Javascript + Servlet 实现,客户端采用 IE。操作系统、数据库管理系统、Web 应用服务器均采用成熟稳定的产品,网络环境采用双路冗余技术,确保系统性能优良和运行稳定。

(三)系统安全机制

作为基于 Web 的管理应用系统,系统的安全设计非常重要。系统既要杜绝非法访问,又要防止授权用户间的越权使用,同时还要保证系统的运行效率和稳定性。本系统完全基于会话管理机制,每个页面都对用户采用严格的授权访问检查,并在后台严密监视和记录用户的访问和操作等行为,确保系统的稳定和安全。图 2-50 为系统日志显示界面,可显示远程用户访问连接、登录、注销的时间、IP 地址等情况。

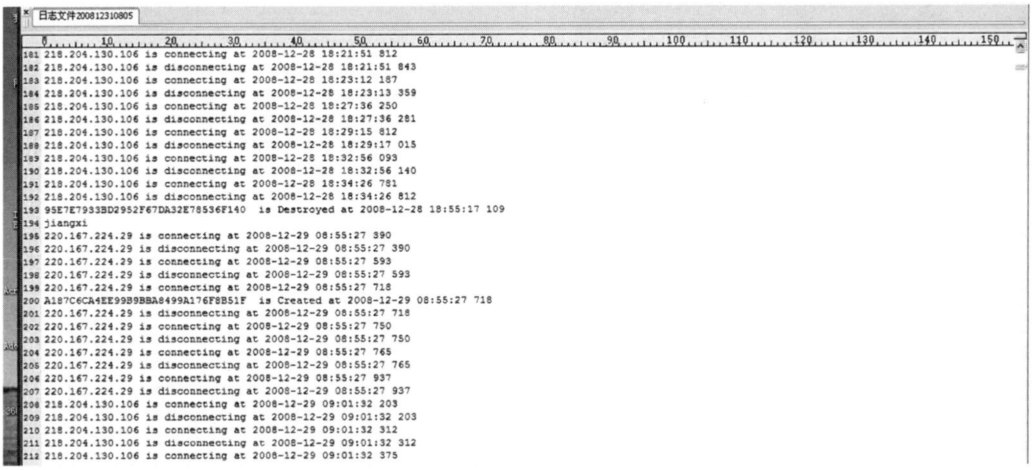

图 2-50　系统日志显示界面

第四节　基于中文分词技术的病害特征抽取分析方法

一、概述

病险水库管理子系统目前已纳入了全部病险水库除险加固项目共 5.61 万座,由于病险水库的病险原因、病害特征、加固措施等技术信息都是以大量的自然语言文字材料存在的,文字描述字数经常达到千字以上,此类非结构化的信息目前主要采用人工处理的方式进行组织、加工、归纳、提炼,效率低下,不利于大规模、程序化地处理。尤其是随着大坝安全鉴定、除险加固工程地质勘察、设计、施工等工作的深入和推进,所有技术信息都可能需要动态修改并依靠人工进行核实,工作量大、出错率高,为深入开展病险水库病害特征分析、加固措施研究、加固效益分析、加固效果评价等带来了很大的难度。因此,急需研究一种新的技术手段,能够对自然语言的信息进行程序化、自动化的处理。

在人工智能领域,自然语言理解特指计算机对自然语言的内容和意图的深层把握。我们采用基于自然语言理解的人工智能技术,对病险水库的病害特征等用自然语言表达的技术信息进行抽取和提炼,形成结构化信息源,以便进行深度信息加工处理。主要包括以下内容:

(1)通过对数据库中病险水库病害的典型文字材料进行统计分析,归纳总结和提炼了病险水库的主要病害特征,在此基础上初步建立了病险水库病害专业核心词库。

(2)研究开发基于病害专业核心词库的中文分词技术,对各病险水库的病险原因、病害特征进行重新抽取、提炼、组织、归纳,形成结构化信息源,重新输入数据库,以利于检索查询、统计分析和进行深度信息加工处理。

二、中文分词技术及其 Java 实现

在自然语言处理中，词是最小的能够独立运用的有意义的语言单位。在英文文本中，单词之间是以空格作为自然分界符的。与英文相比，中文是以字为基本书写单位，词语之间无形式上的分界符。因此，进行中文的自然语言处理通常都是先将中文文本中的字序列切分为合理的词序列，然后在此基础上进行分析处理。将中文连续的字序列按照一定的规则重新组合成词序列的过程就叫作中文分词。

中文分词技术作为中文自然语言处理的基础，已经被广泛应用于中文信息领域的信息检索、自动摘要、中文校对、汉字的智能输入、汉字简繁体转换、机器翻译、语音合成等技术中。

自 20 世纪 80 年代以来，中文自动分词技术取得了重要的进展和成果，出现了多种中文分词方法，代表性的方法主要有三种：

（1）基于字符串匹配的分词。

（2）基于理解的分词。

（3）基于统计的分词。

基于理解的分词研究还不够成熟，而随着计算机处理能力的提高和语言数据量的不断增加，基于统计的分词方法应用效果获得了一致认可，成为了中文分词方法的主流。

目前，国内外对于中文分词的主要研究成果有：正向最大匹配法、反向最大匹配方法、分词与词性标注一体化方法、最佳匹配法、专家系统方法、最少分词词频选择方法、神经网络方法等。总的来看，当前中文分词还存在"歧义识别"、"新词识别"两大难题需要解决。

基于中文分词技术的病害特征抽取分析研究目标为：基于中文分词技术对病险水库的病害特征描述语句进行切分、抽取，以获得有关病害特征的结构化数据。

Lucene 是一套用于全文检索和搜索的开源程序库，由 Apache 软件基金会支持和提供。Lucene 提供了一个简单却强大的应用程序接口，能够做全文索引和搜索，在 Java 开发环境里，Lucene 是一个成熟的免费开放源代码工具。

IK Analyzer 是一个开源的，基于 Java 语言开发的轻量级的中文分词工具包。最初，它是以开源项目 Lucene 为应用主体的，结合词典分词和文法分析算法的中文分词组件。新版本的 IK Analyzer 3.X 则发展为面向 Java 的公用分词组件，独立于 Lucene 项目，同时提供了对 Lucene 的默认优化实现。IK Analyzer 3.X 的框架结构设计见图 2-51。

IK Analyzer 3.X 采用了特有的"正吐迭代最细粒度切分算法"，具有 80 万字/s 的高速处理能力；采用了多子处理器分析模式，支持：英文字母（IP 地址、E-mail、URL），数字（日期，常用中文数量词，罗马数字，科学计数法）中文词汇（姓名、地名）等分词处理；采用优化的词典存储，更小的内存占用；支持用户词典扩展定义，为本项目利用中文分词技术来进行病害特征抽取提供了条件。

本系统利用 IK Analyzer 3.X 中文分词组件，在建立病害特征专业词库的基础上，进行了专业的中文切分，便于病害特征的自动抽取。

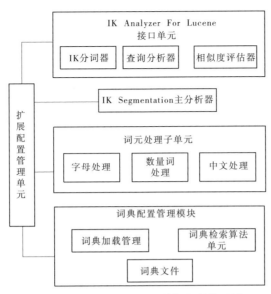

图 2-51　IK Analyzer 3.X 的框架结构设计

三、病险水库病害特征专业词库

通过对典型病险水库病害特征的深入分析,将病害特征的核心词汇进行归纳、提炼,初步建立了病险水库病害特征的专业词库,可应用于中文分词程序对病害描述文本进行归类。

(1)防洪能力。

坝顶高程不足、防浪墙高程不足、心墙顶高程不足、防洪标准低、防洪标准不够、防洪标准不足、防洪能力不足、行洪能力不足、防洪不满足要求、水库淤积、库区淤积、泄洪能力不足。

(2)工程质量。

施工质量差、填筑质量差、碾压质量差、护坡质量差、坝体质量差、填土不密实、土料压实不均匀、土料压实度低、土料含水量高、密实度不合格、坝体压实度低、坝体为分散土、土质混杂、混凝土质量问题、混凝土破损、混凝土剥蚀、混凝土老化、混凝土碳化、蜂窝、麻面。

(3)结构安全。

坝坡不稳定、坝体沉降大、大坝不稳定、坝体不稳定、坝体断面尺寸不足、坝顶宽度不够、不均匀沉降、坝肩失稳、坝坡偏陡、抗滑稳定安全系数不足、坝体破坏、大坝破损、大坝损坏、护坡损坏、护坡破坏、护坡风化、护坡坍塌、迎水坡风化、迎水坡损坏、坝坡损坏、溢洪道冲毁、溢洪道破损、溢洪道破坏、溢洪道毁坏、溢洪道风化、溢洪道损毁、溢洪道损坏、溢洪道淤堵、溢洪道堵塞、溢洪道边墙垮塌、泄洪洞坍塌、泄洪洞破损、泄洪洞损毁、泄洪洞剥蚀、泄洪洞出口破坏、放水洞损坏、放水洞破损、放水洞塌陷、放水洞毁坏、放水洞水毁、输水洞破损、输水洞损毁、输水洞水毁、输水洞剥落、输水洞底板破坏、输水洞竖井坍塌、输水隧洞老化、输水涵洞损坏、输水渠道坍塌、进水渠破坏、涵洞堵塞、泄洪洞闸门破损、溢流面破损、灌溉洞剥蚀、防浪墙破损、卧管破坏、卧管损坏、纵向裂缝、横向裂缝、冻胀裂缝、面板裂缝、趾板裂缝、堤防坍塌、坝顶塌陷、挑流鼻坎损坏、消力池破损、消力池损坏、止水失效、冲刷破坏、坝坡浪蚀、坝坡淘蚀。

（4）渗流安全。

坝基渗漏、坝基漏水、坝基渗水、坝基存在渗漏、坝体漏水、坝体渗水、坝体渗漏、大坝渗漏、大坝漏水、坝肩漏水、坝肩渗漏、库岸渗漏、坝肩渗水、坝坡渗漏、坝脚渗漏、绕渗、放水洞渗漏、放水洞漏水、涵洞漏水、库区渗漏、坝基及绕坝渗漏、绕坝渗漏、层面渗流、输水洞渗漏、输水隧洞渗漏、坝后渗漏、坝后渗水、引水洞漏水、接触渗漏、输水管漏水、涵管渗漏、卧管渗漏、渗透稳定性、坝基渗透稳定、渗流安全、排水棱体损坏、排水设施损坏、管涌、滑坡、淘刷、渗透坡降大、渗透系数偏大、散浸、扬压力高、坝基扬压力高、坝体扬压力高。

（5）抗震安全。

抗震安全不满足、抗震稳定性不足、抗震不满足规范要求、地震液化、土层液化。

（6）金属结构。

闸门锈蚀、闸门老化、溢洪道闸门锈蚀、输水洞闸门锈蚀、启闭机失灵、启闭机锈蚀、金属结构损坏、金属结构锈蚀、启闭设备陈旧、启闭设备老化、启闭设备锈蚀、金属结构老化。

（7）管理设施及其他。

无监测设施、无排水设施、无护坡、无防浪墙、无消能工、无消能设施、无防汛道路、无检修闸门、白蚁危害、缺乏管理设施。

四、应用实例

系统中对基于中文分词技术进行了应用。选择某水库大坝安全鉴定中结构安全评价的一段专业文字描述，利用系统的中文分词测试功能，可以对整段内容进行分词演示，见图2-52，可见，系统识别出"清基"、"渗漏严重"、"渗透变形"、"岩溶现象"、"出逸坡降"、"反滤层"等专业词汇，反映出该水库在渗漏方面存在一定问题，初步实现了对包含专业内容的自然语言文本进行切分的功能。

五、小结

病险水库病害特征等技术信息都是以自然语言形式存在的，数量巨大，人工处理效率低下，很多时候难以重复利用。采用基于自然语言理解的人工智能技术，对病险水库的病害特征等用自然语言表达的信息进行抽取和提炼，形成结构化信息源，进行深度信息加工处理，是对水库大坝安全进行统计分析的基础。

通过归纳总结和提炼病险水库的主要病害特征，建立病险水库病害专业核心词库，研究开发了全国病险水库病险原因、病害特征结构化信息源数据库，可以检索查询、统计分析和进行深度信息加工处理。

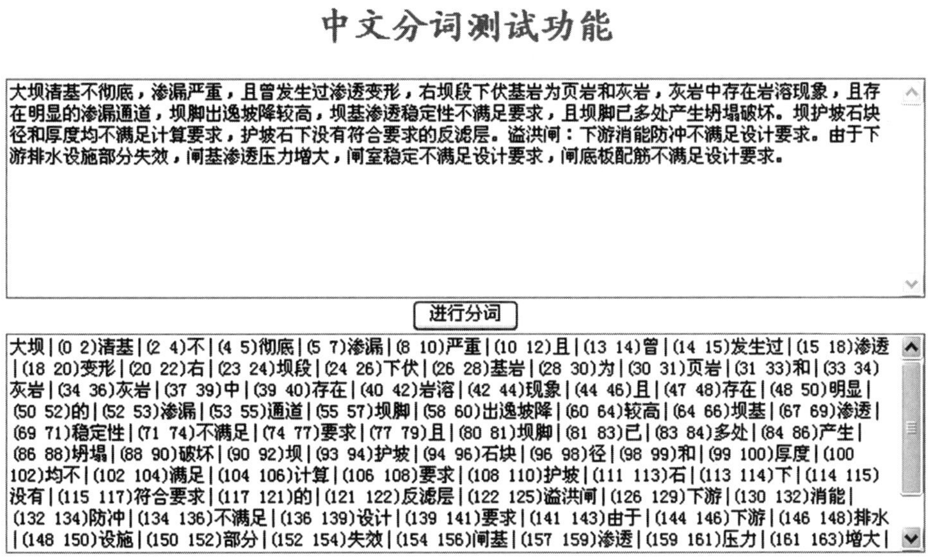

中文分词测试功能

大坝清基不彻底，渗漏严重，且曾发生过渗透变形，右坝段下伏基岩为页岩和灰岩，灰岩中存在岩溶现象，且存在明显的渗漏通道，坝脚出逸坡降较高，坝基渗透稳定性不满足要求，且坝脚已多处产生坍塌破坏。坝护坡石块径和厚度均不满足计算要求，护坡石下没有符合要求的反滤层。溢洪闸：下游消能防冲不满足设计要求。由于下游排水设施部分失效，闸基渗透压力增大，闸室稳定不满足设计要求，闸底板配筋不满足设计要求。

进行分词

大坝|(0 2)清基|(2 4)不|(4 5)彻底|(5 7)渗漏|(8 10)严重|(10 12)且|(13 14)曾|(14 15)发生过|(15 18)渗透|(18 20)变形|(20 22)右|(23 24)坝段|(24 26)下伏|(26 28)基岩|(28 30)为|(30 31)页岩|(31 33)和|(33 34)灰岩|(34 36)灰岩|(37 39)中|(39 40)存在|(40 42)岩溶|(42 44)现象|(44 46)且|(47 48)存在|(48 50)明显|(50 52)的|(52 53)渗漏|(53 55)通道|(55 57)坝脚|(58 60)出逸坡降|(60 64)较高|(64 66)坝基|(67 69)渗透|(69 71)稳定性|(71 74)不满足|(74 77)要求|(77 79)且|(80 81)坝脚|(81 83)已|(83 84)多处|(84 86)产生|(86 88)坍塌|(88 90)破坏|(90 92)坝|(93 94)护坡|(94 96)石块|(96 98)径|(98 99)和|(99 100)厚度|(100 102)均不|(102 104)满足|(104 106)计算|(106 108)要求|(108 110)护坡|(111 113)石|(113 114)下|(114 115)没有|(115 117)符合要求|(117 121)的|(121 122)反滤层|(122 125)溢洪闸|(126 129)下游|(130 132)消能|(132 134)防冲|(134 136)不满足|(136 139)设计|(139 141)要求|(141 143)由于|(144 146)下游|(146 148)排水|(148 150)设施|(150 152)部分|(152 154)失效|(154 156)闸基|(157 159)渗透|(159 161)压力|(161 163)增大|

图 2-52　中文分词测试功能

参 考 文 献

[1] 国务院. 水库大坝安全管理条例(中华人民共和国国务院令第 77 号). 1991.

[2] 水利部,国家发展和改革委员会,财政部. 全国病险水库除险加固专项规划(一期)[R]. 2001.

[3] 水利部,国家发展和改革委员会,财政部. 全国病险水库除险加固专项规划(二期)[R]. 2004.

[4] 水利部,国家发展和改革委员会,财政部. 全国病险水库除险加固专项规划[R]. 2008.

[5] 水利部,财政部. 东部地区重点小型病险水库除险加固规划[R]. 2009.

[6] 水利部,财政部. 全国重点小型病险水库除险加固规划[R]. 2010.

[7] 水利部,财政部. 全国重点小(2)型病险水库除险加固规划[R]. 2011.

[8] 国家发展和改革委员会,等. 全国中小河流治理和病险水库除险加固、山洪地质灾害防御和综合治理总体规划[R]. 2012.

第三章　基于贝叶斯网络的
大坝病害诊断研究

　　水库大坝病险分析与评价是水库大坝安全管理的关键任务,但由于问题的复杂性,传统的大坝安全风险分析方法如失效模式与效果分析、事件树、故障树等方法[1~3]都有各自的局限性,如不能有效地进行病害机理的推理,不能考虑不确定因素对诊断结果的影响,需要研究新的大坝病害诊断与评价方法。由于大坝安全涉及的因素较多,病害机理复杂,且引起大坝病害的各种因素之间存在一定的相关性,贝叶斯网络方法可用于此项分析。本章研究的核心,一是基于全国水库大坝管理系统中的病险水库大坝案例库,对各种病害进行了归类分析与评价,利用贝叶斯网络方法实现建模;二是结合具体工程,建立了从病害诊断、溃坝概率计算、除险加固效果评价等一整套应用体系。

　　近年来,贝叶斯网络(Bayesian Networks)[4~6]逐渐在土木水利工程的可靠性和风险分析中得到广泛的应用。如华斌等[7]采用贝叶斯网络方法分析了水电机组状态检修中的维修与试验的优化策略。Bayraktarli 等[8]采用贝叶斯网络方法分析了地震中结构可靠性和风险管理问题。Straub[9] 提出了自然灾害风险评估的贝叶斯网络模型。Smith[10] 利用贝叶斯网络方法进行了大坝风险分析。Li 和 Chang[11] 探讨贝叶斯网络在大坝风险评估中的应用。然而,贝叶斯网络在大坝病害诊断中还未见相关研究。为此,本章首先介绍了贝叶斯网络的基本原理和建模方法,然后,基于 993 个病险土石坝案例,利用贝叶斯网络方法分析了土石坝病害特征与原因,建立了对应的贝叶斯网络模型,并比较了各种病害因素的重要性,计算了漫坝与内侵蚀/管涌两种主要溃决模式的溃坝概率。在此基础上,以澄碧河土石坝为例,演示了贝叶斯网络模型在工程个案病害诊断中的应用,不仅可以诊断关键病害原因、推断主要病害发展机理,而且可以对除险加固措施的效果进行定量分析,并根据大坝运行性状与监测信息不断对溃坝概率进行更新评估,从而实现对水库大坝进行动态评价。

第一节　贝叶斯网络

　　贝叶斯网络是概率分析和图论相结合的产物,它是一种有向图模型,用于不确定性知识的表达和推理[5]。简单来说,贝叶斯网络表现为一个赋值的因果关系网络图。在贝叶斯网络中,原因和结果变量都用节点表示,每个节点都有自己的概率分布,节点可以是任何问题的抽象,如结构构件的状况、测试值等。有向弧表示了节点间的因果关系,故贝叶斯网络有时也称为因果网络。该网络中蕴含了非常重要的条件独立性假设。图 3-1

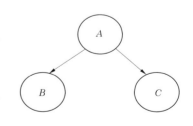

图 3-1　贝叶斯网络

是一个简单的贝叶斯网络,图中 $A{\rightarrow}B$ 表明 A 与 B 直接关联,A 称为 B 的父节点,B 称为 A 的子节点。A 没有父节点,称为根节点。子节点 B 和其父节点 A 之间的数量关系可用条件概率表示,见表 3-1。

表 3-1　变量 A 与 B 之间的条件概率

条件	A 发生	A 不发生
B 发生	$P(B=发生\|A=发生)$	$P(B=发生\|A=不发生)$
B 不发生	$P(B=不发生\|A=发生)$	$P(B=不发生\|A=不发生)$

常见的贝叶斯网络结构包括串联连接、发散连接和聚合连接三种结构,见图 3-2。在串连连接结构的贝叶斯网络中(见图 3-2(a)),节点 x_1 影响节点 x_2,节点 x_2 影响节点 x_3,即节点 x_1 通过中间节点 x_2 影响节点 x_3。反之,如果节点 x_2 的状态确定,则节点 x_1 和节点 x_3 就相互独立。图 3-2(a)所示的贝叶斯网络的联合概率分布函数为

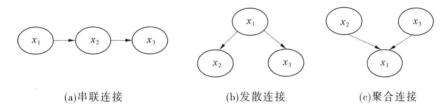

(a)串联连接　　　　(b)发散连接　　　　(c)聚合连接

图 3-2　常见的贝叶斯网络结构

$$P(x_1,x_2,x_3) = P(x_3\mid x_2)P(x_2\mid x_1)P(x_1) \tag{3-1}$$

在发散连接结构的贝叶斯网络中(见图 3-2(b)),x_2、x_3 两个子节点中的任意一个可以通过父节点 x_1 来影响另一个。反之,如果节点 x_1 的状态确定,则节点 x_2 和节点 x_3 就相互独立。图 3-2(b)所示的贝叶斯网络的联合概率分布函数为

$$P(x_1,x_2,x_3) = P(x_1)P(x_2\mid x_1)P(x_3\mid x_1) \tag{3-2}$$

在聚合连接结构的贝叶斯网络中,如图 3-2(c)所示,父节点 x_2、x_3 都可能引起子节点 x_1 发生,所以在节点 x_1 发生的条件下,节点 x_2 和节点 x_3 之间是存在联系的。反之,如果节点 x_1 不发生,节点 x_2、x_3 就相互独立。图 3-2(c)所示的贝叶斯网络的联合概率分布函数为

$$P(x_1,x_2,x_3) = P(x_1\mid x_2,x_3)P(x_2)P(x_3) \tag{3-3}$$

根据贝叶斯网络的条件独立性假设和分隔定理,贝叶斯网络的联合概率 $P(x_1,x_2,\cdots,x_n)$ 可以表示为各节点边缘概率的乘积:

$$P(x_1,x_2,\cdots,x_n) = \prod_{i=1}^{n}P(x_i\mid \text{parent}(x_i)) \tag{3-4}$$

式中,$\text{parent}(x_i)$ 是 x_i 的父节点变量集合。如果 x_i 没有任何父节点变量,$P(x_i\mid \text{parent}(x_i))$ 则简化成 $P(x_i)$。

贝叶斯网络的推理实际上是进行概率计算,具体而言,在给定一个贝叶斯网络模型的

情况下,根据已知条件,利用贝叶斯网络中的条件概率的计算方法,计算出所感兴趣的节点发生的概率。贝叶斯网络的特点在于根据观测的结果,可以很方便地对问题做出推断。一旦某个变量得到观测结果,则其他变量的概率分布可以通过网络的更新获得。

对于一个具体的问题来说,贝叶斯网络建模一般包括以下两方面:

(1)确定要解决问题中涉及的各种变量及存在的关系,变量用节点来表示,变量之间关系用有向弧表示,建立贝叶斯网络。

(2)确定贝叶斯网络中变量之间各个关系对应的条件概率。一般来说,构建一个合理的贝叶斯网络模型需要详细分析问题中所涉及的物理力学机理,只有这样,贝叶斯网络才能有效解决实际问题,而不是单纯的概率计算。

与传统的失效模式和效果分析、事件树、故障树等方法相比,贝叶斯网络作为一种图形化的建模工具,具有如下优点[5,6]:

(1)贝叶斯网络将有向图与概率论结合,不但具有概率基础,也具有直观的表达形式。

(2)同一模型中既可包含定性变量,又可包含定量变量;事件的状态描述不仅限于正常和失效两种状态,它可以描述事件的各种可能存在的状态以及变量独立及相关状态,可以解决共因失效问题。

(3)贝叶斯网络节点之间是相互影响的,任何节点状态的改变都会对其他节点造成影响,并可利用贝叶斯网络推理功能来进行更新。

(4)贝叶斯网络能有效地表达和融合多源信息,按节点的方式进行统一处理。

(5)贝叶斯网络处理不确定性问题的能力强大,能在有限的、不确定的及不完整的信息条件下进行推理。

第二节　用于分析的病险水库大坝案例库

从建立的病险水库管理系统中选取了993座大中型水库病险土石坝的工程信息与病害资料,建立案例库,目的在于对土石坝进行病害诊断研究。根据结构不同,病险土石坝又分为 A 和 B 两组,见表3-2。A 组均质/混合土石坝共610个案例,包括591个均质土石坝案例与19个混合土石坝案例;B 组心墙坝共383个案例,包括317个黏土心墙土坝、59个黏土斜心墙土坝、3个黏土心墙堆石坝,以及4个黏土斜心墙堆石坝。本章将基于这些病险土石坝案例分别对均质/混合土石坝与心墙坝进行病害诊断研究。

表3-2　病险水库土石坝坝型统计

组别	坝型	案例数目	合计
A 组	均质土石坝	591	610
	混合土石坝	19	
B 组	黏土心墙土坝	317	383
	黏土斜心墙土坝	59	
	黏土心墙堆石坝	3	
	黏土斜心墙堆石坝	4	
合计		993	993

表 3-3 比较了大型和中型水库的占比,其中超过 90% 案例为中型水库。表 3-4 比较了不同坝高的病险大坝的占比,其中 15 ~ 30 m 高的大坝最多,接近总数的一半。

表 3-3　病险水库土石坝库容统计

库容（m³）	均质/混合土石坝		心墙坝	
	案例数目	占比（%）	案例数目	占比（%）
大型水库（≥1×10⁸）	36	5.9	38	9.9
中型水库（1×10⁷ ~ 1×10⁸）	574	94.1	345	90.1
合计	610	100	383	100

表 3-4　病险水库土石坝坝高统计

坝高（m）	均质/混合土石坝		心墙坝	
	案例数目	占比（%）	案例数目	占比（%）
≥ 60	4	0.7	8	2.1
60 ~ 45	18	3.0	53	13.8
45 ~ 30	122	20.0	130	33.9
30 ~ 15	303	49.7	176	46.0
≤15	163	26.6	16	4.2
合计	610	100	383	100

由于土石坝溃坝主要是由漫坝与内侵蚀/管涌导致[12],所以本章主要对可能导致漫坝或内侵蚀/管涌的病害机理进行诊断分析。基于建立的病险水库大坝数据库,对常见土石坝病害的模式与原因进行了分析与归纳,并以离散变量表达,见表 3-5。每个离散变量有两到四个不同状态,反应病害的不同严重程度。

导致漫坝的常见病害包括五种:防洪设计标准(FDC)不足、泄洪能力(FRC)不足、库区岸坡稳定($RBSS$)不满足要求、库区泥沙淤积(RSS)严重,以及挡水能力(WRC)不足。此处的挡水能力反映大坝坝顶高程以及防浪墙是否满足规范要求的情况。水库泄洪设施与挡水结构共同发挥作用,保证大坝系统的防洪安全。因此,无论是泄洪设施还是挡水结构出现病害,都可能导致漫坝。在上述五种病害中,防洪标准不足与泄洪能力不足影响了水库整体泄洪能力;而防洪标准不足、库区岸坡稳定不满足要求、库区泥沙淤积严重,以及挡水能力不足影响了水库整体蓄水能力。这两组病害紧密联系,可能对大坝系统结构安全产生放大的组合负面影响。

导致内侵蚀/管涌的常见病害包括四种:坝肩渗流(ASS)异常、坝体渗流(ESS)异常、坝基(FSS)渗流异常、涵管周围渗流(SSC)异常。水力梯度是决定渗流性态的关键因素。土石坝渗流安全评价可以将渗流的实际水力梯度与允许值相比较,判断大坝渗流的安全状况。而土石坝渗流的实际水力梯度取决于工程防渗以及反滤排水设施措施。所以,上述四种渗流病害经常是防渗措施或者反滤排水设施不满足要求所导致。同样,这两种原因紧密联系,可能对大坝渗流安全产生放大的组合负面影响。

根据位置不同,病害又分大坝病害与辅助结构病害。大坝的各种病害不仅自身紧密联系,而且常与辅助结构的病害相互影响。这就要求建立一个能够将大坝－辅助结构视为整体系统考虑的病害诊断模型,既能考虑各种不同病害因素,又能考虑各种因素之间的相关性。贝叶斯网络方法可以满足这种要求,所以用来建立土石坝病害诊断模型。

表 3-5　常见土石坝病害模式与原因

代码	离散变量	状态	
		数目	描述
ARS	坝肩岩体(土体)	2	正常/异常
ASS	坝肩渗流	4	正常/不稳定/渗漏/严重渗漏
CF	坝基截渗	2	满足/不满足
CMG	黏土心墙材料与几何尺寸	2	满足/不满足
DEH	设计坝高	2	满足/不满足
DEW	设计坝宽	2	满足/不满足
EBI	坝肩接触面	2	正常/异常
EC	坝体裂缝	2	发生/不发生
ECE	坝顶高程	2	满足/不满足
EM	坝体材料	2	正常/异常
ES	坝体沉降	2	正常/过大
ESP	非常溢洪道	3	满足/不满足/严重不满足
ESS	坝体渗流	4	正常/不稳定/渗漏/严重渗漏
FD	反滤排水	2	正常/异常
FDC	防洪设计标准	2	满足/不满足
FRC	泄洪能力	2	满足/不满足
FRT	泄洪洞	3	满足/不满足/严重不满足
FSS	坝基渗流	4	正常/不稳定/渗漏/严重渗漏
GLD	闸门及启闭设备	3	满足/不满足/严重不满足
OT	漫坝	2	发生/不发生
PS	主溢洪道	4	满足/不满足/严重不满足/无
PW	防浪墙	2	满足/不满足
RBSS	库区岸坡稳定	2	满足/不满足
RSS	库区泥沙淤积	2	满足/不满足
SCF	大坝清基	2	满足/不满足
SEP	内侵蚀/管涌	2	发生/不发生
SSC	涵管周围渗流	4	正常/不稳定/渗漏/严重渗漏
TB	蚁害	2	发生/不发生
WRC	挡水能力	2	满足/不满足

第三节　大坝病害诊断贝叶斯网络模型

考虑到两组病险土石坝(均质/混合土坝与心墙坝)以及两种溃坝模式(漫坝与内侵蚀/管涌),本章将建立对应的四个贝叶斯网络模型:导致均质/混合土坝漫坝的病害诊断模型、导致均质/混合土坝内侵蚀/管涌的病害诊断模型、导致心墙坝漫坝的病害诊断模型、导致心墙坝内侵蚀/管涌的病害诊断模型。如第一节所述,贝叶斯网络建模第一步是要建立涵盖所有可能的病害机理的网络图。在网络图里,每一种病害机理都表示成含有若干变量的因果链,清楚地展现了从根源到最终可能导致溃坝的病害发展过程。第二步是确定网络图中变量之间各个关系对应的条件概率。条件概率数值的确定通常有两种方法[1]:①基于已有历史数据的统计分析;②基于物理模型的计算分析。本研究采取第一种办法,基于建立的病险水库大坝数据库,利用有关历史数据进行统计分析。

一、大坝病害机理网络图

基于病险水库大坝数据库,对各种大坝病害及其原因进行分析,并以因果链的形式描述每一种病害发展过程。因果链含有若干个节点,每个节点代表一个离散变量,不同状态反应是否能满足设计功能的要求。有些变量本身既是一种病害,也是其他病害的原因。例如,大坝清基(SCF)不彻底导致坝体发生不均匀沉降,从而产生坝体裂缝(EC),最终造成坝体渗漏(ESS)。坝体裂缝是病害,也是造成坝体渗漏的原因之一。本研究将各种变量分成不同层次,首先从最终变量(漫坝或内侵蚀/管涌)开始,倒推可能的直接原因,将这些原因对应的变量归为第一层次;然后对这些归为第一层次的变量再次倒推它们可能的直接原因,将这些原因对应的变量归为第二层次;依次类推,直至推到根源原因。图3-3为导致均质/混合土坝或心墙坝发生漫坝的变量层次图。图3-4和图3-5分别为导致均质/混合土坝和心墙坝发生内侵蚀/管涌的变量层次图。

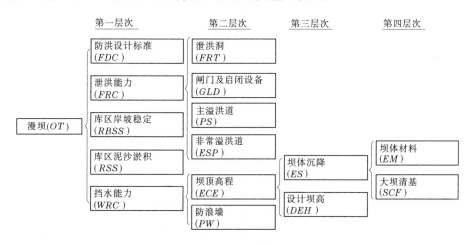

图 3-3　导致均质/混合土坝或心墙坝发生漫坝的变量层次

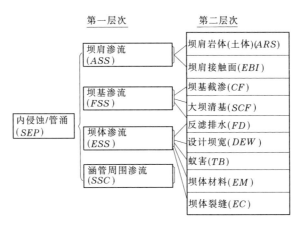

图 3-4 导致均质/混合土坝发生内侵蚀/管涌的变量层次

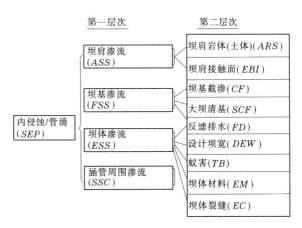

图 3-5 导致心墙坝发生内侵蚀/管涌的变量层次

基于不同层次的原因分析结果,可以建立导致土石坝发生漫坝和内侵蚀/管涌的病害机理网络图,见图 3-6。图 3-6(a)为导致均质/混合土坝或心墙坝发生漫坝的病害机理网络图。图 3-6(b)和(c)分别为导致均质/混合土坝和心墙坝发生内侵蚀/管涌的病害机理网络图。图 3-6(b)和(c)的区别在于分析心墙坝时考虑了黏土心墙材料与几何尺寸(CMG)变量。从图 3-6 中可以看出,一个变量既可以是另外一个变量的直接原因,又可以是间接原因。例如,坝体材料(EM)不满足要求既可以直接造成坝体渗漏(ESS),又可以引起坝体裂缝(EC)而后间接造成坝体渗漏(ESS)。基于贝叶斯网络的病害机理关系图能够全面展示不同病害机理发展过程以及相互之间的联系。

二、大坝病害机理网络图对应的概率分布表

建好大坝病害机理网络图之后,接下来就是确定网络图中变量之间各个关系对应的条件概率。基于病险水库大坝数据库,分析各变量出现的频率,可以获得根节点的先验概率分布以及父节点和子节点之间关系的条件概率分布。所建立的概率分布表能够反映目前可获得的数据的统计规律。

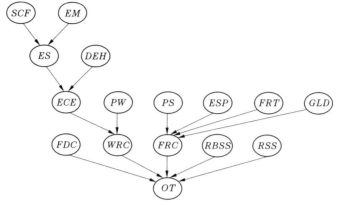

(a)导致均质/混合土坝或心墙坝发生漫坝

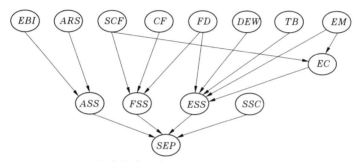

(b)导致均质/混合土坝发生内侵蚀/管涌

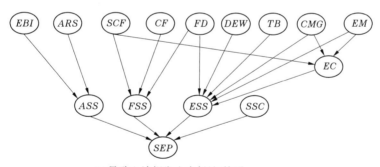

(c)导致心墙坝发生内侵蚀/管涌

图 3-6 土石坝病害机理网络

(一)导致土石坝发生漫坝的病害机理网络图对应的概率分布表

以均质/混合土坝为例。图 3-6(a)导致漫坝的病害机理网络图涉及的各个节点都是离散变量,有数个不同状态。例如,根节点变量大坝清基(SCF)有两个状态:一个是满足要求,另一个是不满足要求。因此,$P(SCF=满足)$代表大坝清基满足要求的先验概率,$P(SCF=不满足)$代表大坝清基不满足要求的先验概率。基于 A 组数据库,大坝清基不满足要求的案例有 90 个,因此 $P(SCF=不满足)=90/610=0.148$,$P(SCF=满足)=1-0.148=0.852$。换句话说,一座均质/混合土坝发生大坝清基不满足要求的概率值为

0.148。同样,其他根节点变量的概率值也可以计算得到,见表3-6。表3-6也列出了导致心墙坝发生漫坝的病害机理网络图涉及的根节点变量的概率值。

表 3-6 导致均质/混合土坝与心墙坝发生漫坝的病害机理网络图涉及的根节点变量概率

代码	状态	均质/混合土坝		心墙坝	
		案例数目	概率	案例数目	概率
DEH	满足	505	0.828	344	0.898
	不满足	105	0.172	39	0.102
EM	正常	329	0.539	292	0.762
	异常	281	0.461	91	0.238
ESP	满足	595	0.975	379	0.989
	不满足	4	0.007	1	0.003
	严重不满足	11	0.018	3	0.008
FDC	满足	484	0.793	291	0.760
	不满足	126	0.207	92	0.240
FRT	满足	548	0.898	366	0.955
	不满足	58	0.095	16	0.042
	严重不满足	4	0.007	1	0.003
GLD	满足	512	0.839	321	0.838
	不满足	79	0.130	55	0.144
	严重不满足	19	0.031	7	0.018
PS	满足	191	0.314	75	0.196
	不满足	301	0.493	224	0.585
	严重不满足	104	0.170	82	0.214
	无溢洪道	14	0.023	2	0.005
PW	满足	575	0.943	358	0.935
	不满足	35	0.057	25	0.065
RBSS	满足	602	0.987	372	0.971
	不满足	8	0.013	11	0.029
RSS	满足	606	0.993	380	0.992
	不满足	4	0.007	3	0.008
SCF	满足	520	0.852	314	0.820
	不满足	90	0.148	69	0.180

如图 3-6(a)所示,大坝清基(SCF)是坝体沉降(ES)的父节点变量,除此之外,坝体材料(EM)也是坝体沉降(ES)的父节点变量。所以,坝体沉降(ES)的条件概率与大坝清基(SCF)和坝体材料(EM)的状态组合有关,见表 3-7。在 A 组数据库中,90 个案例大坝清基(SCF)不满足要求,其中 75 个案例坝体材料(EM)满足要求,15 个案例坝体材料(EM)不满足要求;281 个案例坝体材料(EM)不满足要求,其中 266 个案例大坝清基(SCF)满足要求,15 个案例大坝清基(SCF)不满足要求。在只有大坝清基(SCF)不满足要求的 75 个案例中,4 个案例发生了过大坝体沉降(ES),对应的条件概率 P(ES = 过大|SCF = 不满足) = 4/75 = 0.053;在只有坝体材料(EM)不满足要求的 266 个案例中,6 个案例发生了过大坝体沉降(ES),对应的条件概率 P(ES = 过大|EM = 不满足) = 6/266 = 0.023;在大坝清基(SCF)与坝体材料(EM)都不满足的 15 个案例中,2 个案例发生了过大坝体沉降(ES),对应的条件概率 P(ES = 过大|SCF = 不满足 & EM = 不满足) = 2/15 = 0.133。因此,可以得到上述三个变量之间的条件概率表,见表 3-7。

表 3-7　大坝清基(SCF)、坝体材料(EM)、坝体沉降(ES)三变量之间关系对应的条件概率

对应关系	SCF = 满足		SCF = 不满足	
	EM = 满足	EM = 不满足	EM = 满足	EM = 不满足
ES = 正常	1.000	0.977	0.947	0.867
ES = 过大	0.000	0.023	0.053	0.133

在上述条件概率计算中,若假设大坝清基(SCF)与坝体材料(EM)两个变量独立,那么在大坝清基(SCF)与坝体材料(EM)都不满足的条件下,发生了过大坝体沉降(ES)的概率,P(ES = 过大|SCF = 不满足 & EM = 不满足) = 1 − P(ES = 正常|SCF = 不满足 & EM = 不满足) = 1 − P(ES = 正常|SCF = 不满足) × P(ES = 正常|EM = 不满足) = 1 − (1 − 0.053) × (1 − 0.023) = 0.075,小于上述基于数据库计算的概率值 P(ES = 过大|SCF = 不满足 & EM = 不满足) = 0.133。说明这两种相互不独立的病害联合作用产生了放大的负面效果。但是,对于某些变量之间因果关系对应的条件概率值,由于受限于数据库案例数目,可能会出现基于数据库计算的概率值小于基于变量独立计算的概率值,在这种情况下将取基于变量独立计算的概率值。

使用上述方法,除漫坝(OT)与防洪设计标准(FDC)、泄洪能力(FRC)、库区岸坡稳定状况(RBSS)、库区泥沙淤积状况(RSS),以及挡水能力(WRC)之间的因果关系外,图 3-5(a)中涉及的其他所有变量之间的因果关系都可以基于数据库计算得到。这是由于虽然数据库中病险水库大坝很可能发生漫坝,但是事实上没有一个案例发生溃坝,所以没有漫坝(OT)与这五个变量之间对应的实际统计数据。在本研究中,将基于历史数据与经验来评估漫坝(OT)与这五个变量之间对应的条件概率值。

在评估漫坝(OT)与这五个变量之间对应的条件概率值之前,首先按照历史上实际发生的频率对这五个变量进行排序。在我国 1 737 个溃坝案例中,有 1 302 个案例是由于泄洪能力不足造成的,有 435 个案例是由于洪水超防洪设计标准而造成的[14]。所以,泄洪

能力(FRC)是最重要的因素,其次是防洪设计标准(FDC)。表 3-8 为我国大坝破坏事件发生的定性描述和概率对应表[14]。在实际中,事件肯定发生与事件不会发生这两种极端情况非常少见,所以在本研究中没有考虑。当泄洪能力不足时,认为漫坝很可能发生,所以 $P(OT = 发生|FRC = 不满足)$ 对应概率范围为 $0.1 \sim 0.5$,本研究取平均值 0.3。如前所述,由于泄洪能力不足造成的溃坝案例数目(1 302 个)大概是由于洪水超防洪设计标准而造成的溃坝案例数目(435 个)的 3 倍,所以 $P(OT = 发生|FDC = 不满足)$ 取值为 0.1。由于我国历史上几乎没有由于库区岸坡稳定($RBSS$)不满足要求或者库区泥沙淤积(RSS)严重造成漫坝溃决,所以被认为是基本不会发生事件,$P(OT = 发生|RBSS = 不满足)$ 与 $P(OT = 发生|RSS = 不满足)$ 对应概率范围为 $0.000\,1 \sim 0.01$,本研究取对数平均值为 0.001。相比于泄洪能力(FRC)与防洪设计标准(FDC)以及库区岸坡稳定($RBSS$)与库区泥沙淤积(RSS),由挡水能力(WRC)不足造成漫坝的可能性居于中间,被认为是可能发生事件,$P(OT = 发生|WRC = 不满足)$ 对应概率范围为 $0.01 \sim 0.1$,本研究取对数平均值为 0.032。在计算漫坝溃决概率时,假设这五个变量相互独立。

表 3-8　我国大坝破坏事件发生的定性描述和概率对应表[14]

定性描述	相应概率
事件不会发生	$0.000\,001 \sim 0.000\,1$
事件基本不会发生	$0.000\,1 \sim 0.01$
事件可能发生	$0.01 \sim 0.1$
事件很可能发生	$0.1 \sim 0.5$
事件肯定发生	$0.5 \sim 1.0$

对于导致均质/混合土坝发生漫坝的病害机理网络图(见图 3-6(a)),所有根节点变量对应的概率表以及所有变量之间因果关系对应的条件概率表都已确定。采用同样的办法,可以确定导致心墙坝发生漫坝的病害机理网络图(见图 3-6(a))所对应的概率表与条件概率表。

(二)导致土石坝发生内侵蚀/管涌的病害机理网络图对应的概率分布表

以均质/混合土坝为例,见图 3-6(b)。例如,根节点变量,坝肩接触面(EBI)有两个状态,$P(EBI = 正常)$ 代表坝基接触面满足要求,$P(EBI = 异常)$ 代表坝基接触面不满足要求。在 A 组数据库中,坝肩接触面(EBI)异常的案例有 53 个,因此 $P(EBI = 异常) = 53/610 = 0.087$,$P(EBI = 正常) = 1 - 0.087 = 0.913$。换句话说,一座均质/混合土坝发生坝基接触面异常的概率值为 0.087。同样,其他根节点变量的概率值也可以计算得到,见表 3-9。表 3-9 也列出了导致心墙坝发生内侵蚀/管涌的病害机理网络图涉及的根节点变量的概率值。

表 3-9　导致均质/混合土坝与心墙坝发生内侵蚀/管涌的病害机理网络图涉及的根节点变量概率

代码	状态	均质/混合土坝		心墙坝	
		案例数目	概率	案例数目	概率
ARS	正常	557	0.913	360	0.940
	异常	53	0.087	23	0.060
CF	满足	490	0.803	291	0.760
	不满足	120	0.197	92	0.240
CMG	满足	—	—	281	0.734
	不满足	—	—	102	0.266
DEW	满足	567	0.930	374	0.977
	不满足	43	0.070	9	0.023
EBI	正常	557	0.913	354	0.924
	异常	53	0.087	29	0.076
EM	正常	329	0.539	292	0.762
	异常	281	0.461	91	0.238
FD	正常	490	0.803	315	0.822
	异常	120	0.197	68	0.178
SCF	满足	520	0.852	314	0.820
	不满足	90	0.148	69	0.180
SSC	正常	332	0.545	222	0.580
	不稳定	88	0.144	31	0.080
	渗漏	113	0.185	62	0.162
	严重渗漏	77	0.126	68	0.178
TB	发生	86	0.141	44	0.115
	不发生	524	0.859	339	0.885

　　如图 3-6(b)所示,坝肩接触面(EBI)是坝肩渗流(ASS)的父节点变量,此外,坝肩岩土体(ARS)也是坝肩渗流(ASS)的父节点变量。所以,坝肩渗流(ASS)的条件概率与坝肩接触面(EBI)和坝肩岩土体(ARS)的状态组合有关,见表 3-10。在 A 组数据库中,53 个案例坝肩接触面(EBI)异常,53 个案例坝肩岩土体(ARS)异常,见表 3-9。在坝肩接触面(EBI)异常的 53 个案例中,35 个案例发生了渗漏,18 个案例发生了严重渗漏,对应的条件概率分别为 $P(ASS = 渗漏 | EBI = 异常) = 35/53 = 0.660$ 和 $P(ASS = 严重渗漏 | EBI = 异常) = 18/53 = 0.340$。使用同样的方法可以得到在坝肩岩土体(ARS)异常条件下坝肩渗流(ASS)的条件概率,见表 3-10。在 A 组数据库中,没有既发生坝肩接触面(EBI)异常又

发生坝肩岩土体(ARS)异常的案例,本研究假定这两个变量独立,计算得到 $P(ASS|EBI =$ 异常 & $ARS =$ 异常)概率值。上述三个变量之间的条件概率见表 3-10。

表 3-10 坝肩接触面(EBI)、坝肩岩土体(ARS)、坝肩渗流(ASS)三变量之间关系对应的条件概率

对应关系	EBI = 正常		EBI = 异常	
	ARS = 正常	ARS = 异常	ARS = 正常	ARS = 异常
ASS = 正常	1.000	0.000	0.000	0.000
ASS = 不稳定	0.000	0.000	0.000	0.000
ASS = 渗漏	0.000	0.717	0.660	0.473
ASS = 严重渗漏	0.000	0.283	0.340	0.527

使用相同的方法,可以计算得到图 3-6(b)中涉及的其他所有变量之间因果关系对应的条件概率表,包括内侵蚀/管涌(SEP)与坝肩渗流(ASS)、坝体渗流(ESS)、坝基渗流(FSS)、涵管周围渗流(SSC)之间的因果关系。这是由于部分病险水库大坝确实发生了严重渗漏事故,但是采取了降低库水位等应急措施,从而避免了溃坝。在此研究中,这些事故案例被视为等同于发生了溃坝,所以可以基于历史数据计算内侵蚀/管涌(SEP)的条件概率。

对于导致均质/混合土坝发生内侵蚀/管涌的病害机理网络图(见图 3-6(b)),所有根节点变量对应的概率表以及所有变量之间因果关系对应的条件概率表都已确定。采用同样的办法,可以确定导致心墙坝发生内侵蚀/管涌的病害机理网络图(见图 3-6(c))所对应的概率表与条件概率表。

三、大坝年平均溃坝概率计算

本研究利用 HUGIN LITE 软件[13]进行了贝叶斯网络模型计算。仍以均质/混合土坝为例,利用 HUGIN LITE 分别计算由漫坝与内侵蚀/管涌导致发生溃坝的概率,见图 3-7(a)、(b)。漫坝溃坝概率 $P(OT = $ 发生$) = 0.0675$,说明病险均质/混合土坝在运行期内发生漫坝溃坝的概率为 6.75%。内侵蚀/管涌溃坝概率 $P(SEP = $ 发生$) = 0.0377$,说明病险均质/混合土坝在运行期内发生内侵蚀/管涌溃坝的概率为 3.77%。

大坝年平均溃坝概率 P_f 为

$$P_f = \left(\frac{N_f}{N_t}\right)\bigg/T = \left(\frac{N_f}{N_d}\right)\left(\frac{N_d}{N_t}\right)\bigg/T \qquad (3-5)$$

式中,N_f 为溃坝数目;N_d 为病险大坝数目;N_t 为已建大坝总数;T 为大坝运行时间;N_f/N_t 为已建大坝发生溃坝概率;N_f/N_d 为病险大坝发生溃坝概率;N_d/N_t 为已建大坝中出现病害大坝的概率。

如前所述,全国病险水库大坝管理子系统中包括病险大中型水库大坝 1 182 座。据水利部 2008 年统计,截至 2006 年,我国已建的大中型水库大坝约为 3 770 座。因此,已建大中型水库大坝出现病险大坝的历史频率为 $N_d/N_t = 1\ 182/3\ 770 = 0.314$。这些病险大坝很多都修建于 1950~1970 年,因此为了方便起见,本研究假设大坝平均运行时间为 50

年。根据 HUGIN LITE 计算,病险均质/混合土坝在运行期内发生漫坝溃坝和内侵蚀/管涌溃坝的概率 N_f/N_d 分别为 6.75% 和 3.77%。所以,病险均质/混合土坝在运行期内,发生漫坝溃坝的年平均概率 $P_f = 0.067\ 5 \times 0.314/50 = 4.24 \times 10^{-4}$,发生内侵蚀/管涌溃坝的年平均概率 $P_f = 0.037\ 7 \times 0.314/50 = 2.37 \times 10^{-4}$。表 3-11 总结了病险均质/混合土坝与心墙坝在运行期内发生溃坝的概率,以及大坝年平均溃坝概率。

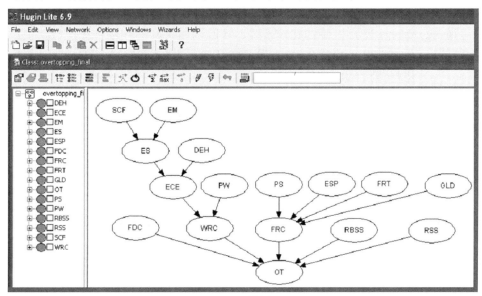

(a)漫坝

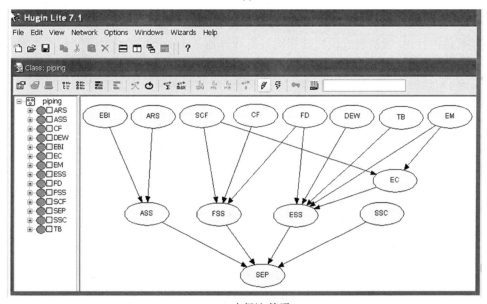

(b)内侵蚀/管涌

图 3-7　利用 HUGIN LITE 软件进行均质/混合土坝的溃坝概率计算

表 3-11 列出了我国大坝年平均溃坝率的历史值[14]。由于我国已建大坝中土石坝占

比超过90%,溃决大坝中土石坝占比超过95%[15],所以这些概率值主要代表土石坝的年平均溃坝率。从表3-11可以发现,大坝年平均溃坝概率的计算值与历史值很接近,说明基于病险水库大坝数据库建立的贝叶斯网络模型的计算结果是合理的。均质/混合土坝与心墙坝的漫坝年平均溃坝概率计算值基本一致,但是内侵蚀/管涌年平均溃坝概率计算值不同。这是因为漫坝是否发生主要取决于泄洪能力以及防洪设计标准,与坝型无关;而心墙能够很好地控制坝体渗流,从而降低了心墙坝的内侵蚀/管涌年平均溃坝概率。为了更好地说明心墙的防渗作用,专门比较了图3-6(b)与图3-6(c)中坝体渗流(ESS)造成内侵蚀/管涌(SEP)的概率。均质/混合土坝 $P(SEP = $ 发生 $|ESS) = 1.41\%$,明显大于心墙坝 $P(SEP = $ 发生 $|ESS) = 0.64\%$ 。

表3-11　病险土石坝在运行期内发生溃坝的概率以及大坝年平均溃坝概率

类别	均质/混合土坝		心墙坝	
	漫坝	内侵蚀/管涌	漫坝	内侵蚀/管涌
病险坝运行期溃坝概率计算值	6.75%	3.77%	6.99%	2.72%
大坝年平均溃坝概率计算值	4.24×10^{-4}	2.37×10^{-4}	4.39×10^{-4}	1.71×10^{-4}
大坝年平均溃坝概率历史值[14]	①$4.39 \times 10^{-4}$	②$2.19 \times 10^{-4}$	①$4.39 \times 10^{-4}$	②$2.19 \times 10^{-4}$

注:①我国所有大坝由漫坝造成溃坝的年均概率。
　　②我国所有大坝由内侵蚀/管涌造成溃坝的年均概率包括两部分:发生在坝体坝基部位 1.77×10^{-4} 以及发生在涵管部位 0.42×10^{-4} 。

表3-11中大坝由内侵蚀/管涌造成溃坝的年均概率历史值 2.19×10^{-4} ,包括两部分:发生在坝体坝基部位 1.77×10^{-4} 以及发生在涵管部位 0.42×10^{-4} 。同样,对于均质/混合土坝,由内侵蚀/管涌造成溃坝的年均概率计算值 2.37×10^{-4} 包括两部分:发生在坝体坝基部位 1.74×10^{-4} 以及发生在涵管部位 0.63×10^{-4} 。对于心墙坝,由内侵蚀/管涌造成溃坝的年均概率计算值 1.71×10^{-4} 包括两部分:发生在坝体坝基部位 1.05×10^{-4} 以及发生在涵管部位 0.66×10^{-4} 。从表3-11中可以发现,发生在坝体坝基部位的年均溃坝概率历史值 1.77×10^{-4} 非常接近于均质/混合土坝发生在坝体坝基部位的年均溃坝概率计算值 1.74×10^{-4} ,而与心墙坝发生在坝体坝基部位的年均溃坝概率计算值 1.05×10^{-4} 差别明显。这是因为我国绝大部分溃决的大坝为均质土坝[14,15],历史值主要代表均质土坝。对于发生在涵管部位的年均溃坝概率计算值,均质/混合土坝的概率 0.63×10^{-4} 与心墙坝的概率 0.66×10^{-4} 基本一致,稍大于历史值 0.42×10^{-4} 。

四、敏感性分析

利用贝叶斯网络进行敏感性分析,可以找出造成大坝病害或溃决的主要因素。通过改变选定的节点变量的概率表,由此带来目标节点变量的概率表的变化。选定的节点变量 SN 对目标节点变量 TN 的重要性,用重要性指标 I 表示:

$$I = \frac{P(TN) - P(TN|SN)}{P(TN)} \tag{3-6}$$

式中, $P(TN)$ 为目标节点变量 TN 的先验概率, $P(TN|SN)$ 为所选节点变量 SN 变化下目标

节点 TN 的条件概率。重要性指标 I 不仅反应了选定节点变量对目标变量的影响程度,也涵盖了选定节点变量自身不满足要求的发生概率。

仍以均质/混合土坝为例。在图 3-6(a)中,选定漫坝(OT)为目标节点变量。假定主溢洪道(PS)满足要求,$P(PS = 满足) = 1$,在这种条件下计算 $P(OT = 发生 | PS = 满足) = 0.0361$。如前所述,$P(OT = 发生) = 0.0675$。所以,主溢洪道($PS$)对于漫坝($OT$)的重要性指标 $I = (0.0675 - 0.0361)/0.0675 = 0.465$。在图 3-7(b)中,选定内侵蚀/管涌($SEP$)为目标节点变量。假定坝体材料($EM$)满足要求,$P(EM = 满足) = 1$,在这种条件下计算 $P(SEP = 发生 | EM = 满足) = 0.0298$。如前所述,$P(SEP = 发生) = 0.0377$。所以,坝体材料($EM$)对于内侵蚀/管涌($SEP$)的重要性指标 $I = (0.0377 - 0.0298)/0.0377 = 0.210$。用相同的方法,可以得到导致均质/混合土坝和心墙坝发生漫坝与内侵蚀/管涌的病害机理网络图涉及变量的重要性指标,分别见表 3-12 和表 3-13。基于重要性指标,可以找出最重要因素,为制定除险加固措施提供帮助。

从表 3-12 中可以发现,导致均质/混合土坝和心墙坝发生漫坝的重要因素一样,包括泄洪能力(FRC)与防洪设计标准(FDC)。通过比较第二层次变量,发现主溢洪道(PS)是影响泄洪能力(FRC)的最重要因素,其后是闸门及启闭设备(GLD)。主溢洪道最主要的病害是泄洪能力不足,其他包括溢洪道堵塞、结构破坏、岸坡失稳等。这些病害都限制了溢洪道正常发挥设计功能。闸门及启闭设备是与泄洪能力密切相关的重要因素。常见有两类闸门,包括溢洪道上用来控制泄流量的溢洪道闸门以及隧洞中的调节和安全闸门。闸门和启闭设备故障会导致溢洪道和隧洞堵塞,从而丧失泄洪能力。因此,在保证溢洪道泄流能力的同时,还要保证在任何情况下溢洪道闸门及启闭设备能够正常运行。

表 3-12　导致均质/混合土坝和心墙坝发生漫坝涉及变量的重要性指标

变量代码	均质/混合土坝		心墙坝	
	$P(OT = 发生 \mid SN = 满足)$	重要性指标	$P(OT = 发生 \mid SN = 满足)$	重要性指标
①* FDC	0.0478	0.292	0.0471	0.326
① FRC	0.0238	0.647	0.0259	0.629
①* $RBSS$	0.0675	0.000	0.0699	0.000
①* RSS	0.0675	0.000	0.0699	0.000
① WRC	0.0646	0.043	0.0681	0.026
② ECE	0.0647	0.041	0.0683	0.023
②* ESP	0.0670	0.007	0.0697	0.003
②* FRT	0.0646	0.043	0.0687	0.017
②* GLD	0.0602	0.108	0.0640	0.084
②* PS	0.0361	0.465	0.0344	0.508
②* PW	0.0674	0.001	0.0698	0.001
③* DEH	0.0649	0.039	0.0684	0.021
③ ES	0.0674	0.001	0.0699	0.000
④* EM	0.0674	0.001	0.0699	0.000
④* SCF	0.0675	0.000	0.0699	0.000

注:①属于第一层次变量,②属于第二层次变量,③属于第三层次变量,④属于第四层次变量,*属于根节点变量。

总之,影响漫坝最关键的因素主要包括:泄洪能力(FRC)(包括主溢洪道(PS)、闸门及启闭设备(GLD)),防洪设计标准(FDC)。除这些已识别的大坝潜在病害,漫坝是否发生主要取决于洪水荷载。这也是前面所述数据库中虽然病险土石坝发生漫坝的可能性很大,但实际却没有发生的原因。

　　从表3-13中可以发现,对于均质/混合土坝的内侵蚀/管涌,坝体渗流(ESS)是最重要因素,其次是坝基渗流(FSS)和涵管周围渗流(SSC)。均质/混合土坝发生内侵蚀/管涌最重要的部位是坝体,其次是坝基和涵管周围。对于心墙坝的内侵蚀/管涌,涵管周围渗流(SSC)是最重要因素,其次是坝基渗流(FSS)和坝体渗流(ESS)。心墙坝内发生侵蚀/管涌最重要的部位是涵管周围,其次是坝基和坝体。均质/混合土坝和心墙坝发生内侵蚀/管涌影响因素的差别再次证实了心墙在防渗方面的积极作用。尽管心墙坝发生坝体渗漏的可能性没有均质/混合土坝大,但坝体依然是发生内侵蚀/管涌的重要潜在位置。均质/混合土坝和心墙坝在坝基位置发生内侵蚀/管涌的可能性差不多。坝基发生内侵蚀/管涌与坝基截渗(CF)、反滤排水(FD)和大坝清基(SCF)有关。坝基截渗(CF)对内侵蚀/管涌的影响比反滤排水(FD)和大坝清基(SCF)稍大,但总体上这三个因素对坝基渗流影响程度基本一致。涵管周围渗流(SSC)无论是对均质/混合土坝还是对心墙坝,影响都大。土石坝中涵管四周填土若不满足要求,会造成周边土体的不均匀沉降,进而开裂。此外,随着大坝运行时间的增长,涵管自身的老化也是潜在的危险因素。从表3-9中可以看出,涵管周围渗流(SSC)发生异常的案例数目接近总数的一半。

表3-13　导致均质/混合土坝和心墙坝发生内侵蚀/管涌涉及变量的重要性指标

变量代码	均质/混合土坝		心墙坝	
	$P(SEP=发生\|SN=满足)$	重要性指标	$P(SEP=发生\|SN=满足)$	重要性指标
①ASS	0.034 0	0.098	0.024 8	0.088
①ESS	0.022 8	0.395	0.019 5	0.283
①FSS	0.027 8	0.263	0.019 4	0.287
①*SSC	0.027 8	0.263	0.016 8	0.382
②*ARS	0.036 0	0.045	0.026 0	0.044
②*CF	0.033 3	0.117	0.024 0	0.118
②*CMG	—	—	0.025 1	0.077
②*DEW	0.037 1	0.016	0.027 2	0.000
②*EBI	0.035 8	0.050	0.026 1	0.040
②EC	0.036 6	0.029	0.026 1	0.040
②*EM	0.029 8	0.210	0.025 1	0.077
②*FD	0.034 4	0.088	0.025 0	0.081
②*SCF	0.034 4	0.088	0.024 7	0.092
②*TB	0.035 9	0.048	0.026 5	0.026

注:①属于第一层次变量,②属于第二层次变量,*属于根节点变量。

通过比较表 3-12 中第二层次各个变量的重要性指数，可以发现坝体材料(EM)是影响均质/混合土坝发生内侵蚀/管涌的最重要因素。坝体材料不满足要求一方面会直接造成坝体发生渗漏($EM-ESS$)；另一方面通过引起不均匀沉降导致裂缝，从而间接造成坝体发生渗漏($EM-EC-ESS$)。与均质/混合土坝相反，第二层次各个变量对心墙坝发生内侵蚀/管涌的影响差别不大，包括坝基截渗(CF)、大坝清基(SCF)、反滤排水(FD)、坝体材料(EM)以及黏土心墙材料与几何尺寸(CMG)等变量的重要性指数基本相同。

总之，影响内侵蚀/管涌最关键的因素主要包括坝体渗流(ESS)、坝基渗流(FSS)，以及涵管周围渗流(SCC)。相比于土石坝漫坝，土石坝内侵蚀/管涌涉及更多影响因素，可以发生在大坝系统的任何一个部位。土石坝是否发生内侵蚀/管涌主要取决于大坝系统自身状况，包括结构构造、防渗措施、反滤排水、施工质量、工程地质，以及大坝与其他水工结构连接情况等。因此，当对某一个具体工程进行诊断时，需要更多的工程自身信息来区分这些影响因素。基于贝叶斯网络建立的大坝病害诊断模型可以充分利用基于数据库提取的共性信息与工程自身的个案信息，查找出最关键的病害影响因素，从而为合理选择除险加固措施提供支撑。

第四节　应用实例研究

一、澄碧河土石坝介绍

澄碧河水库[15,16]位于广西百色县澄碧河上，总库容 11.3 亿 m³。土石坝最大坝高 70.4 m，坝顶高程 190.4 m，坝顶长 425 m。坝体分三期填筑，第一期为 1958 年 12 月至 1959 年 5 月，将左岸坝体自 120.0 m 高程填筑至 150.0 m 高程；第二期为 1959 年 10 月至 1960 年 8 月，填筑右坝体，然后全面升高到 185.0 m 高程；第三期为 1961 年 6 月至 1961 年 10 月，填筑到顶。第一期填筑的心墙很厚，心墙料及填筑质量控制比较严格，符合设计要求。第二、三期由于填筑强度大，料场细料愈来愈少，施工质量控制放松，心墙在 144.0 m 高程以上收缩成窄心墙，心墙料含风化砾石愈来愈多。所以，高程 144.0 m 以上的坝体可看成是均质土坝，见图 3-8(a)。

1961 年水库首次蓄水后，随着库水位升高至高程 176.7 m，大坝下游坡面高程 173～174 m 处发现渗水；此后，随着库水位不断升高，渗水位置及渗漏量逐年扩大和增加。1971 年 8 月，当库水位升至 181.5 m 时，坝下游坡高程 174 m 渗水点呈集中射流状态，下游坡高程 144～170 m 坝坡面上形成 5 片严重渗漏区，总面积达 4 315 m²，约占下游坡总面积的 10%，见图 3-9，总渗漏量约为 200 L/min。

二、澄碧河土石坝病害诊断

贝叶斯网络模型是一个动态模型，可以不断地利用新信息更新已有结果。所以，在上述基于病险水库大坝数据库建立起来的贝叶斯网络基础上，加入个案信息后，就可以得到针对某一工程的贝叶斯网络。

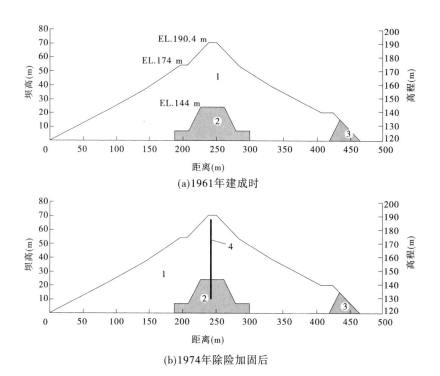

(a)1961年建成时

(b)1974年除险加固后

1—土料；2—黏土心墙；3—堆石排水体；4—混凝土防渗墙

图 3-8　澄碧河土石坝断面

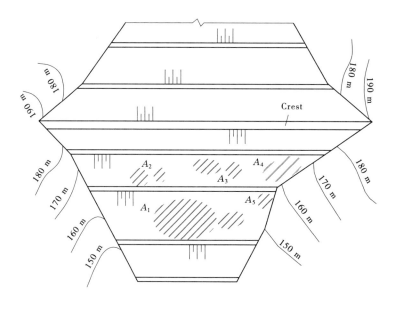

$A_1 = 2\,640\ \text{m}^2$，$A_2 = 225\ \text{m}^2$，$A_3 = 500\ \text{m}^2$，$A_4 = 850\ \text{m}^2$，$A_5 = 100\ \text{m}^2$

图 3-9　澄碧河土石坝下游面严重渗漏区示意

在澄碧河土石坝个案中,由于总渗漏量已知,可以利用反分析对坝体各部分材料的渗透系数进行评估,从而进一步了解各部分材料的状况。从图3-8(a)可以看到,坝体包括土料、黏土心墙,以及堆石排水体三种材料,对应的渗透系数分别为k_1、k_2,以及k_3。根据规范[17],土料k_1为$10^{-4} \sim 10^{-7}$ m/s,黏土k_2为$10^{-7} \sim 10^{-9}$ m/s,堆石k_3为$10^{-2} \sim 10^{-4}$ m/s。由于堆石排水体运行正常,k_3取对数平均值10^{-3} m/s。因此,主要对k_1和k_2进行反分析计算。

假定k_1和k_2的先验概率分布是在参照数值范围内平均分布。基于大坝总渗漏量,利用SEEP/W软件[18]对k_1和k_2进行反分析计算。基于先验概率分布以及反分析计算结果,可以得到k_1和k_2的后验概率分布。

如前所述,大坝渗漏问题主要出现在高程144 m以上,而在这之上的坝体可看成是均质土坝。所以,以图3-6(b)导致均质/混合土坝发生内侵蚀/管涌的病害机理网络为基础,加入代表个案信息的两个变量$[K]_1$和$[K]_3$,可以得到针对澄碧河土石坝的贝叶斯网络,见图3-10(a)。为了与其他离散变量保持一致,$[K]_1$和$[K]_3$也转化为离散变量,有两个状态:满足要求与不满足要求。坝体材料(EM)与土料渗透系数($[K]_1$)之间关系和反滤排水(FD)与堆石排水体系数($[K]_3$)之间关系对应的条件概率表见表3-14。如果$[K]_1$和$[K]_3$状态确定,可以对图3-10(a)中各种因果关系对应的概率进行更新,从而能够找出最关键的影响因素。

表3-14　坝体材料(EM)与土料渗透系数($[K]_1$)之间关系和反滤排水(FD)与堆石排水体系数($[K]_3$)之间关系对应的条件概率

	EM = 满足	EM = 不满足
$[K]_1$ = 满足	1	0
$[K]_1$ = 不满足	0	1
	FD = 满足	FD = 不满足
$[K]_3$ = 满足	1	0
$[K]_3$ = 不满足	0	1

图3-11为澄碧河土石坝病害诊断的整体框架图。由于运行正常的堆石排水体$k_3 = 10^{-3}$ m/s,大于设计要求值$k_{d3} = 10^{-5}$ m/s,所以变量$[K]_3$满足要求,$P([K]_3 = 满足) = 1$,$P([K]_3 = 不满足) = 0$。由于k_1是连续变量,而$[K]_1$是离散变量,因此需要将连续变量k_1转换成离散变量$[K]_1$。本研究将k_1与设计要求值k_{d1}相比较,见图3-12,连续分布曲线被分为两部分,分别对应满足要求与不满足要求两种状态。$P([K]_1 = 满足)$等于左边区域面积,$P([K]_1 = 不满足)$等于右边区域面积,两者之和$P([K]_1 = 满足) + P([K]_1 = 不满足) = 1$。基于$k_1$的先验概率分布,利用根据大坝渗漏量反分析的计算结果,可以得到k_1的后验概率分布,见图3-13,详细分析过程见参考文献[12]。基于图3-13中k_1的后验概率分布,$P([K]_1 = 满足) = P(k_1 < 10^{-6}$ m/s$) = 2.4 \times 10^{-9}$,$P([K]_1 = 不满足) = P(k_1 > 10^{-6}$ m/s$) \approx 1$。

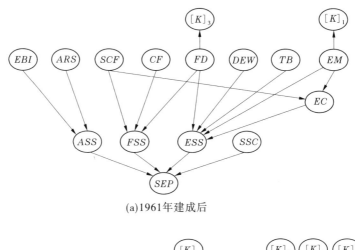

(a)1961年建成后

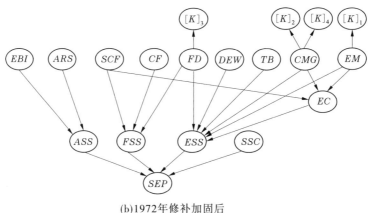

(b)1972年修补加固后

图 3-10　澄碧河土石坝病害诊断的贝叶斯网络

在对澄碧河土石坝进行渗漏病害诊断时,首先不考虑代表个案信息的两个变量$[K]_1$和$[K]_3$分析结果,此时对应网络图 3-6(b)。根据大坝运行资料,坝肩渗流(ASS)、坝基渗流(FSS)和涵管周围渗流(SSC)都正常,所以在图 3-6(b)中将上述三个变量状态设定成满足要求,就可以得到坝体渗流(ESS)涉及变量的更新的概率分布,见表 3-15。这些先验概率数值代表基于数据库的诊断结果。$P(SEP=$ 发生$)=0.014\ 1$,$P(SEP=$ 不发生$)=0.985\ 9$。澄碧河水库属于大(1)型水库,工程等别属于一级,大坝属于一级挡水建筑物,因此设计运行年限是 100 年。所以,大坝内侵蚀/管涌的年平均溃坝概率 $P_f=0.014\ 1/100=1.41\times10^{-4}$,见表 3-16。从表 3-15 可以看到 $P(ESS=$ 正常$)=0.487\ 9$,所以 $P(ESS=$ 异常$)=0.512\ 1$,说明坝体渗流约有一半可能性出现异常。$P(EM=$ 满足$)=0.539\ 0$,$P(EM=$ 不满足$)=0.461\ 0$,说明坝体材料大概有一半可能性不满足要求。除了这两个变量,其他变量出现不满足要求的概率都很小。

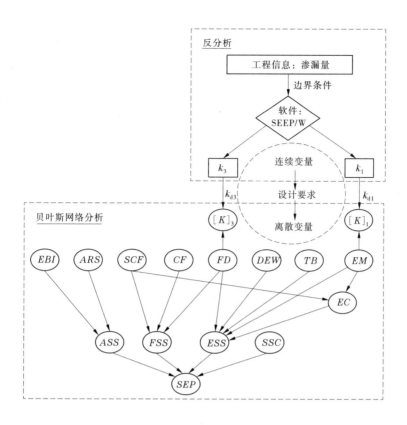

图 3-11 澄碧河土石坝病害诊断整体框架图

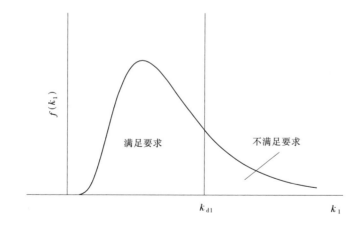

图 3-12 k_1 与设计要求值 k_{d1} 比较

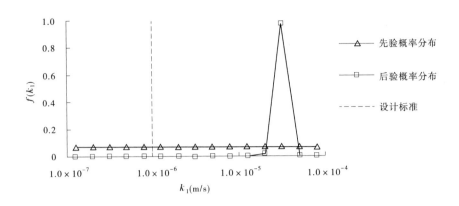

图 3-13　k_1 的先验概率分布与后验概率分布

表 3-15　澄碧河土石坝病害诊断涉及的变量在不同阶段的概率分布

变量	状态	概率		
		基于数据库诊断	考虑个案信息后诊断	修补加固后
DEW	满足	0.930 0	0.930 0	0.977 0
	不满足	0.070 0	0.070 0	0.023 0
EC	发生	0.964 0	0.922 0	0.992 4
	不发生	0.036 0	0.078 0	0.007 6
EM	正常	0.539 0	0.000 0	1.000 0
	异常	0.461 0	1.000 0	0.000 0
ESS	正常	0.487 9	0.132 4	0.907 8
	不稳定	0.093 1	0.173 0	0.008 7
	渗漏	0.215 4	0.378 5	0.076 1
	严重渗漏	0.203 6	0.316 1	0.007 4
FD	正常	0.843 2	1.000 0	1.000 0
	异常	0.156 8	0.000 0	0.000 0
SEP	发生	0.014 1	0.022 3	0.001 1
	不发生	0.985 9	0.977 7	0.998 9
TB	发生	0.141 0	0.141 0	0.115 0
	不发生	0.859 0	0.859 0	0.885 0
CMG	正常	—	—	1.000 0
	异常	—	—	0.000 0

表 3-16　澄碧河土石坝在不同阶段的溃坝概率

项目	基于数据库诊断	考虑个案信息后诊断	修补加固后
运行期溃坝概率计算值	0.014 1	0.022 3	0.001 1
年平均溃坝概率计算值	1.41×10^{-4}	2.23×10^{-4}	1.10×10^{-5}
*是否满足风险标准	否	否	是

注：* 指年平均溃坝率 $< 1.0 \times 10^{-4} \sim 1.0 \times 10^{-5}$[14]。

如果考虑代表个案信息的两个变量 $[K]_1$ 和 $[K]_3$ 分析结果，此时对应网络图 3-10
(a)。除了将坝肩渗流(ASS)、坝基渗流(FSS)和涵管周围渗流(SSC)三个变量状态设定
成满足要求，还将 $[K]_1$ 状态设成不满足要求及 $[K]_3$ 状态设成满足要求，就可以得到坝体
渗流(ESS)涉及的变量更新的概率分布，见表 3-15。这些后验概率数值代表考虑个案信
息后的诊断结果。$P(SEP = 发生 | 考虑个案信息) = 0.022\ 3$，$P(SEP = 不发生 | 考虑个案
信息) = 0.977\ 7$。此时，大坝内侵蚀/管涌的年平均溃坝概率 $P_f = 0.022\ 3/100 = 2.23 \times
10^{-4}$，见表 3-16。$P(ESS = 正常 | 考虑个案信息) = 0.132\ 4$，所以 $P(ESS = 异常 | 考虑个案
信息) = 0.867\ 6$，说明坝体渗流很大可能性出现异常。$P(EM = 满足 | 考虑个案信息) =
0$，$P(EM = 不满足 | 考虑个案信息) = 1$，说明坝体材料几乎肯定不满足要求。除了这两个
变量，其他变量出现不满足要求的概率都很小。相比于考虑个案信息前的分析结果 $P
(ESS = 异常) = 0.512\ 1$ 与 $P(EM = 不满足) = 0.461\ 0$，目前可以得到更加确定的诊断结
果，澄碧河土石坝最可能的病害发展过程：坝体材料(EM)不满足要求—坝体渗流(ESS)
异常—内侵蚀/管涌(SEP)发生。在表 3-16 中，基于数据库诊断的年平均溃坝概率计算
值 1.41×10^{-4} 被低估，小于考虑个案信息后诊断的计算值 2.23×10^{-4}。

三、澄碧河土石坝修补加固效果评价

澄碧河土石坝除险加固工程自 1972 年 1 月开工，1974 年 4 月完成混凝土心墙浇筑任
务。除险加固后的大坝断面图见图 3-8(b)。混凝土心墙墙顶高程 188.2 m，墙厚约 1 m，
墙的最大深度为 55 m，全长 377.3 m。混凝土心墙建成后，库水位逐年升高，到 1981 年已
接近正常高水位，墙后测压管水位下降 10~30 m，下游坝面干燥，渗流量变化规律正常。

修补加固后澄碧河土石坝为心墙坝，所以以图 3-6(c)导致心墙坝发生内侵蚀/管涌的
病害机理网络为基础，加入代表个案信息的四个变量土料渗透系数 $[K]_1$、黏土心墙渗
透系数 $[K]_2$、堆石排水体渗透系数 $[K]_3$，以及混凝土心墙渗透系数 $[K]_4$，可以得到针对
修补加固后澄碧河土石坝的贝叶斯网络，见图 3-10(b)。假定 $[K]_2$ 和 $[K]_4$ 为离散变量，
有两个状态：满足要求与不满足要求。坝体材料(EM)与土料渗透系数($[K]_1$)之间、黏土
心墙材料与几何尺寸(CMG)与黏土心墙渗透系数($[K]_2$)，以及混凝土心墙渗透系数
($[K]_4$)之间、反滤排水(FD)与堆石排水体系数($[K]_3$)之间关系对应的条件概率表见
表 3-17。

表 3-17　坝体材料(EM)与土料渗透系数($[K]_1$)之间、黏土心墙材料与几何尺寸(CMG)与黏土心墙渗透系数($[K]_2$),以及混凝土心墙渗透系数($[K]_4$)之间、反滤排水(FD)与堆石排水体系数($[K]_3$)之间关系对应的条件概率

对应关系	EM = 满足	EM = 不满足
$[K]_1$ = 满足	1	0
$[K]_1$ = 不满足	0	1
	CMG = 满足	CMG = 不满足
$[K]_2$ = 满足	1	0.5
$[K]_2$ = 不满足	0	0.5
	FD = 满足	FD = 不满足
$[K]_3$ = 满足	1	0
$[K]_3$ = 不满足	0	1
	CMG = 满足	CMG = 不满足
$[K]_4$ = 满足	1	0.5
$[K]_4$ = 不满足	0	0.5

　　根据上述墙后测压管水位下降的监测信息,可以再次利用反分析对坝体各部分材料的渗透系数进行评估,从而再一次更新对各部分材料状况的了解,详细分析过程见参考文献[12]。然后将加固后监测信息的反分析结果(土料渗透系数$[K]_1$、黏土心墙渗透系数$[K]_2$、堆石排水体渗透系数$[K]_3$、混凝土心墙渗透系数$[K]_4$)加入到已有的贝叶斯网络,就可以得到坝体渗流(ESS)涉及的变量更新的概率分布,见表 3-15。$P(SEP = $发生$|$修补加固后$) = 0.001\ 1$,$P(SEP = $不发生$|$修补加固后$) = 0.998\ 9$。此时,大坝内侵蚀/管涌的年平均溃坝概率 $P_f = 0.001\ 1/100 = 1.10 \times 10^{-5}$,见表 3-16。表 3-15 中,$P(EM = $满足$|$修补加固后$) = 1$,$P(EM = $不满足$|$修补加固后$) = 0$,说明坝体材料肯定满足要求;$P(CMG = $满足$|$修补加固后$) = 1$,$P(CMG = $不满足$|$修补加固后$) = 0$,说明心墙肯定满足要求。另外,$P(ESS = $正常$|$修补加固后$) = 0.907\ 8$,所以 $P(ESS = $异常$|$修补加固后$) = 0.092\ 2$,说明坝体渗流出现异常的可能性极小,这个数值也远小于修补加固前 $P(ESS = $异常$|$考虑个案信息$) = 0.867\ 6$,说明修补加固后坝体渗流状况有了很大改善。

　　在表 3-16 中,修补加固前年平均溃坝概率 2.23×10^{-4},不能满足大坝风险标准要求;修补加固后年平均溃坝概率降至 1.10×10^{-5},满足了大坝风险标准要求。说明澄碧河土石坝采取混凝土心墙加固方法有效。

第五节 结 语

本章探讨了贝叶斯网络方法在大坝病害诊断中的应用。基于病险水库大坝数据库，利用贝叶斯网络方法分析了土石坝病害特征与原因，建立了对应的贝叶斯网络模型，并以澄碧河水库土石坝为例，演示了贝叶斯网络模型在个案病害诊断中的应用。本章的主要结论如下：

（1）贝叶斯网络可以有效解决大坝病害诊断中出现的共因失效问题，找出关键病害原因，同时推断出主要的病害发展机理。

（2）当对某一病险水库大坝进行病害诊断时，要注重收集与分析工程的个案信息，特别是工程监测实时数据。贝叶斯网络是动态模型，可以充分利用这些个案信息持续更新已有诊断结果，并对溃坝概率进行更新评估，为实现对水库大坝进行动态管理提供技术支撑。

（3）利用贝叶斯网络可以定量评价大坝除险加固的效果。

参 考 文 献

[1] Hartford, D. N. D., and Baecher, G. B.. Risk and uncertainty in dam safety[M]. London: Thomas Telford, 2004.

[2] Fell, R., Bowles, D. S., Anderson, L. R., and Bell, G.. The status of methods for estimation of the probability of failure of dams for use in quantitative risk assessment, Proceedings of the 20th Congress on Large Dams[C]. Paris: International Commission on Large Dams, 2000: 213-236.

[3] Peyras, L., Royet, P., and Boissier, D.. Dam ageing diagnosis and risk analysis: Development of methods to support expert judgement[J]. Canadian Geotechnical Journal, 2006, 43(2): 169-186.

[4] Langseth, H., and Portinale, L.. Bayesian networks in reliability[J]. Reliability Engineering and System Safety, 2007, 92(1): 92-108.

[5] Jensen, F. V.. An introduction to Bayesian networks[M]. New York: Springer, 1996.

[6] Jensen, F. V.. Bayesian networks and decision graphs[M]. New York: Springer, 2001.

[7] 华斌, 周建中, 张丽, 付波. 贝叶斯网络在水电机组状态检修中的应用[J]. 水电自动化与大坝监测, 2004, 28(5): 11-14.

[8] Bayraktarli, Y. Y., Ulfkjaer, J., Yazgan, U., et al.. On the application of Bayesian probabilistic networks for earthquake risk management, Proceedings of the 9th International Conference on Structural Safety and Reliability[C]. Rotterdam: Millpress, 2005: 3505-3512.

[9] Straub, D.. Natural hazards risk assessment using Bayesian networks. Proceedings of the 9th International Conference on Structural Safety and Reliability[C]. Rotterdam: Millpress, 2005: 2509-2516.

[10] Smith, M.. Dam risk analysis using Bayesian networks, Proceedings of the 2006 ECI Conference on Geohazards, ECI Symposium Series No. 7, Engineering Conferences International, New York, 2006.

[11] Li, D. Q., and Chang, X. L.. On the application of Bayesian network for dam risk assessment, Proceedings of the International Conference Hydropower 2006[C]. China: Kunming, 2006: 539-545.

[12] Xu, Y.. Analysis of dam failures and diagnosis of distresses for dam rehabilitation[D]. PhD Thesis, Hong Kong University of Science and Technology, 2010.

［13］Hugin Expert A/S, Hugin Lite, 2004, Online：http://www. hugin. com/Products_Services/ Products/ Demo/Lite/.

［14］李雷,王仁钟,盛金保,等. 大坝风险评价与风险管理［M］. 北京:中国水利水电出版社,2006.

［15］汝乃华,牛运光. 大坝事故与安全－土石坝［M］. 北京:中国水利水电出版社,2001.

［16］牛运光. 病险水库加固实例［M］. 北京:中国水利水电出版社,2002.

［17］British Standards Institution. Code of practice for foundations. BS－8004. London：British Standards Institution, 1986.

［18］Geo-Slope International. SEEP/W 2007. In GeoStudio, Geo-Slope International, Calgary, Canada：Alberta, 2007.

第四章 基于主成分分析法的水库大坝安全风险排序研究

水库大坝安全风险排序是安全管理的重要方面,既是合理安排除险加固经费的需要,也是加强安全管理、实现水库大坝风险等级划分、合理制订应急预案的参考。由于风险排序涉及很多方面,既包括技术层面,也包括经济与社会层面,本身十分复杂,因此需要不断探索和推进。我国病险水库除险加固的有关法规对病险水库的排序作出过规定,如《病险水库除险加固工程项目建设管理办法》(发改农经〔2005〕806 号)第一章第三条指出:"要按照病险程度和重要程度,将本流域和本地区的病险水库进行合理排队,优先安排与防洪保安关系密切的水库的除险加固工程建设。"但如何排序比较科学,却缺乏依据。

作者提出采用主成分分析法对水库大坝安全风险进行排序,本章以病险水库大坝安全风险排序为例进行了阐述,对于其他水库大坝,也可根据数据情况,参照分析。目前水库大坝风险排序指标体系评分主要采取分级与专家打分确定的方法,存在一定的主观性;同时各指标之间不独立,部分指标存在较为复杂的相关关系,不能采用简单叠加的方式进行处理。此外,此类方法在获取数据、处理数据上存在一定的难度,制约了实际应用。针对上述问题,在充分利用病险水库除险加固信息管理系统数据库的基础上,引入经济管理领域内已经应用的较为成熟的主成分分析法[1],以与水库溃坝损失、溃坝概率、水库效益等密切相关的多个指标构成反映水库风险程度的初始指标,通过主成分分析与主成分提取,构造出新的变量作为评价风险的综合评价指标,用来对水库的风险程度进行排序,为水库大坝安全风险排序方法研究提供一种新的思路和方法。

第一节 当前水库安全风险排序研究现状

一、国外发展情况

国外在大坝安全管理方面早于 20 世纪 80 年代便采用了大坝风险评价和风险管理技术。1981 年国际大坝委员会第 41 期公报介绍了一种简易风险分析法,该方法综合考虑了外部或环境的条件、坝的状态/可靠性、居民/经济方面的潜在危险 3 个方面的因素对大坝风险进行评价。其中"外部的或环境的条件"主要考虑的风险因素包括地震破坏、库岸坍塌、超设计洪水的危险、水库调节类型以及环境的侵蚀性;"坝的状态/可靠性"主要考虑的风险因素包括大坝结构配置、大坝基础、泄洪设施以及管理维护;"居民/经济方面的潜在危险"主要包括水库库容和下游设施 2 个风险因素。具体做法是:对涉及上述 3 个方面共计 11 项指标按给定的规则进行量化赋分,分别求得 3 个方面的平均指数,最后用乘积表示大坝的整体风险。

美国、加拿大、澳大利亚、西欧国家等的大坝风险分析技术发展较快。美国陆军工程师兵团、垦务局及加拿大 BC Hydro 都提出过水库大坝风险评判标准、计算公式,美国国家气象局还开发出一系列溃坝模型。澳大利亚的群坝风险理论也在几个大坝群中取得了应用。

目前提及较多的有美国亚利桑那州病险坝量化排序方法[2],用于亚利桑那州和 Tetra Tech Inc. 公司于 2001 年联合开发的一个州所辖病险大坝量化排序的系统。这种方法是针对水库失事所可能导致的人员和经济损失、水库防洪标准、坝的抗渗稳定性和抗滑稳定性(包括静力稳定和抗震稳定)、泄水洞或输水洞状态及一些特殊情况等 6 类问题,进行分项和综合评分。基于每座水库的总评分值,提出除险加固先后顺序的方案。

二、国内研究进展

国内在大坝安全风险评价、病险水库风险排序方面也取得了一定的进展。南京水利科学研究院[3,4]在吸取国外风险理念的基础上,对病险水库除险加固排序方法也进行了研究,提出了确定水库大坝工程风险的一套评价指标体系,并以安徽省沙河集水库为实例进行了深入分析研究。风险指数计算公式如下:

$$\alpha = 1\,000 \times P_f \times L \tag{4-1}$$

式中:P_f 为失事概率,为综合考虑溃坝生命损失、经济损失、社会环境影响的溃坝后果综合系数。

该方法的核心是确定大坝可能失事模式(闸门失效、坝顶高程不足、洪水漫顶、洪水不能安全下泄、大坝滑动、大坝渗透破坏、坝下埋管渗透破坏、大坝裂缝、人工干预抢险失效及地震,共 10 类)。对溃坝后果的估算中,生命损失估算取值大小主要取决于风险人口总数、预警时间和洪水强度;经济损失主要通过调查统计得到,存在不确定性。

江西等省对本省的病险水库安全风险进行过排序研究和应用[5,6]。中国水利水电科学研究院等单位也在此问题上进行过深入的研究[7]。研究提出水库大坝安全事故系统是由致灾因子子系统、孕灾环境子系统和承载体子系统共同组成的地球表层变异系统。事故损失及影响是这个系统中各子系统相互作用的产物。水库大坝安全风险影响因素众多,各影响因素之间相互联系、相互影响、相互作用。他们根据大坝安全鉴定结论和现场检查情况,综合考虑大坝工程安全状况、周围环境危险性、可能破坏后果(人员伤亡、经济损失、社会影响、环境影响)及可能次生灾害等定性定量因素,采用层次分析法确定各指标权重,采用打分方法确定所属等级,通过简单的公式计算来实现病险水库除险加固的合理有效排序。

目前的主要问题是各类研究方法在获取数据、处理数据上存在一定的困难;各项指标均采用人为打分的方式,缺乏客观的定量评价标准,存在一定的主观性和随意性;各指标间存在错综复杂的相关关系,影响不宜简单叠加。这些因素制约了各类方法的实际应用,导致上述研究成果目前尚未得到广泛的应用。

对于除险加固排序,最为迫切的水库应该是综合考虑溃坝损失、溃坝概率、水库效益 3 个方面,对工程本身的病险程度、外部环境的危险程度、失事后果的严重程度、加固效益的显著程度等多方面进行综合评价和全面权衡后重要性指标最高的水库。病险水库风险排序需要针对已经确定为病险水库的工程,综合考虑溃坝损失、溃坝概率和水库效益等多方面因素,尽可能优先安排那些失事可能性最高、失事后果最为严重、除险后效益显著的病险水库。排序时选取因子应使评价的指标尽可能将病害原因、病害程度、溃坝概率、溃坝洪水强度、下游受影响区域范围等因素覆盖在内。

第二节　主成分分析法

一、主成分分析法简介

主成分的概念首先由 Karl Parson 在 1901 年提出,1933 年 Hotelling 将这个概念进行了推广。主成分分析试图在力保数据信息丢失最少的原则下,对这种多变量的截面数据表进行最佳综合简化,也就是说,对高维变量空间进行降维处理。主成分分析是利用降维的思想,把多指标转化为少数几个综合指标的多元统计分析方法。很显然,辨识系统在一个低维空间要比在一个高维空间容易得多。英国统计学家斯格特(M. Scott)在 1961 年对 157 个英国城镇的发展水平进行调查时,原始变量有 57 个,而通过主成分分析梳理,只需 5 个新的综合变量(它是原始变量的线性组合),就可以用 95% 的精度概括原数据表中的信息,使问题分析的复杂程度大为降低。

近年来,随着多元统计分析方法在经济、科技、管理研究领域的推广和普及,主成分分析又有了一个十分重要的应用,从而成为构造系统评估指数、对系统中的元素进行评估排序的常用方法之一。事实上,如果能在 p 维变量的数据表中有效地提取一到几个综合变量,而它们又能够以较高的精度概括原数据表中的信息,它就有可能成为一个系统评估指数。英国统计学家肯道尔(M. Kendall)曾给出一个评估英国各地区农业生产水平的案例。他对 48 个郡的包括小麦、大麦等的 10 种主要农作物进行生产调查,获得关于它们产量的 10 个原始变量,在进行主成分分析以后,以 47.6% 的精度提取了一个最佳综合变量 F_1,它是关于 10 个原始变量的线性组合,被肯道尔称为生产能力水平。利用这一指数,把英国各地区按 F_1 排序,将其生产情况分为优、良、中、可、劣 5 种。而事实表明,这一评估结果与当时有关农业生产能力地理分布的一般知识是十分一致的。我国近年在多个领域的评价方法研究中也越来越多地用到主成分分析法[8~10]。

研究水库安全风险排序问题,实质上就是要对某一指定的水库,综合考虑其溃坝损失、溃坝概率、水库效益等 3 个方面情况,给出一个风险指标。结合病险水库除险加固信息管理系统数据库已收集到的资料,通过可度量且易得到的技术经济指标,利用主成分分析法,研究构造综合变量来反映水库安全风险程度,应是技术上可行、经济上合理的方法。

二、求矩阵特征值的方法 - 雅可比方法

主成分分析法中重要一步是求相关系数矩阵的特征值。相关系数矩阵是一个实对称矩阵,本书采用雅可比方法求解。雅可比方法是用来计算实对称矩阵 A 的全部特征值及其相应特征向量的一种变换方法。该方法思路简明,易于计算机实现,其主要理论介绍如下。

（一）雅可比方法的理论基础

（1）设 A 是 n 阶实对称矩阵，则 A 的特征值都是实数，并且有互相正交的 n 个特征向量。

（2）设 A 是 n 阶实对称矩阵，则必有正交矩阵 P，使

$$
P^{T}AP = \begin{bmatrix} \lambda_1 & & & \\ & \lambda_2 & & \\ & & \ddots & \\ & & & \lambda_n \end{bmatrix} = \Lambda \tag{4-2}
$$

其中对角线元素是 A 的 n 个特征值，正交阵 P 的第 i 列是 A 的对应于特征值 λ_i 的特征向量。

因此，对于任意的 n 阶实对称矩阵 A，只要能求得一个正交阵 P，使 $P^{T}AP = \Lambda$（Λ 为对角阵），则可得到 A 的全部特征值及其相应的特征向量，这就是雅可比方法的理论基础。

（二）雅可比方法

雅可比方法的基本思想是通过一系列的由平面旋转矩阵构成的正交变换将实对称矩阵逐步化为对角阵，从而得到 A 的全部特征值及其相应的特征向量。首先引进 R^n 中的平面旋转变换。变换

$$
\begin{cases} x_i = y_i\cos\theta - y_i\sin\theta \\ x_j = y_i\sin\theta + y_i\cos\theta \\ x_k = y_k, \quad k \neq i,j \end{cases} \tag{4-3}
$$

记为 $x = P_{ij}y$，其中

$$
P_{ij} = \begin{bmatrix} 1 & & & & & & & \\ & \ddots & & & & & & \\ & & \cos\theta & \cdots & -\sin\theta & & & \\ & & \vdots & & \vdots & & & \\ & & \sin\theta & \cdots & \cos\theta & & & \\ & & & & & 1 & & \\ & & & & & & \ddots & \\ & & & & & & & 1 \end{bmatrix} \begin{matrix} \\ \\ i \\ \\ j \\ \\ \\ \end{matrix} \tag{4-4}
$$

$$
\begin{matrix} i & & j \end{matrix}
$$

$$
x = (x_1, x_2, \cdots, x_n)^{T}
$$

$$
y = (y_1, y_2, \cdots, y_n)^{T}
$$

则称 $x = P_{ij}y$ 为 R^n 中 x_i, x_j 平面内的一个平面旋转变换，P_{ij} 称为 x_i, x_j 平面内的平面旋转矩阵。容易证明 P_{ij} 具有如下简单性质：

（1）P_{ij} 为正交矩阵。

（2）P_{ij} 的主对角线元素中除第 i 个与第 j 个元素为 $\cos\theta$ 外，其他元素均为 1；非对角线元素中除第 i 行第 j 列元素为 $-\sin\theta$，第 j 行第 i 列元素为 $\sin\theta$ 外，其他元素均为 0。

（3）$P^{T}A$ 只改变 A 的第 i 行与第 j 行元素，AP 只改变 A 的第 i 列与第 j 列元素，所以 $P^{T}AP$ 只改变 A 的第 i 行、第 j 行、第 i 列、第 j 列元素。

设 $A = (a_{ij})_{n \times n}(n \geqslant 3)$ 为 n 阶实对称矩阵，$a_{ij} = a_{ji} \neq 0$ 为一对非对角线元素。令

$$A_1 = P^{\mathrm{T}}AP = (a_{ij}^{(1)})_{n \times n}$$

则 A_1 为实对称矩阵，且 A_1 与 A 有相同的特征值。通过直接计算知

$$\begin{cases} a_{ii}^{(1)} = a_{ii}\cos^2\theta + a_{jj}\sin^2\theta + a_{ij}\sin2\theta \\ a_{jj}^{(1)} = a_{ii}\sin^2\theta + a_{jj}\cos^2\theta - a_{ij}\sin2\theta \\ a_{ij}^{(1)} = a_{ji}^{(1)} = \dfrac{1}{2}(a_{jj} - a_{ii})\sin2\theta + a_{ij}\cos2\theta \\ a_{ik}^{(1)} = a_{ki}^{(1)} = a_{ik}\cos\theta + a_{jk}\sin\theta,\ k \neq i,j \\ a_{jk}^{(1)} = a_{kj}^{(1)} = -a_{ik}\sin\theta + a_{jk}\cos\theta,\ k \neq i,j \\ a_{kl}^{(1)} = a_{kl},k,l \neq i,j \end{cases} \tag{4-5}$$

当取 θ 满足关系式

$$\tan2\theta = \frac{2a_{ij}}{a_{ii} - a_{jj}} \tag{4-6}$$

时，$a_{ij}^{(1)} = a_{ji}^{(1)} = 0$，且

$$\begin{cases} (a_{ik}^{(1)})^2 + (a_{jk}^{(1)})^2 = a_{ik}^2 + a_{jk}^2,\ k \neq i,j \\ (a_{ii}^{(1)})^2 + (a_{jj}^{(1)})^2 = a_{ii}^2 + a_{jj}^2 + 2a_{ij}^2 \\ (a_{kl}^{(1)})^2 = a_{kl}^2,k,l \neq i,j \end{cases} \tag{4-7}$$

由于在正交相似变换下，矩阵元素的平方和不变，所以若用 $D(A)$ 表示矩阵 A 的对角线元素平方和，用 $S(A)$ 表示 A 的非对角线元素平方和，则得

$$\begin{cases} D(A_1) = D(A) + 2a_{ij}^2 \\ S(A_1) = S(A) - 2a_{ij}^2 \end{cases} \tag{4-8}$$

这说明用 P_{ij} 对 A 作正交相似变换化为 A_1 后，A_1 的对角线元素平方和比 A 的对角线元素平方和增加了 $2a_{ij}^2$，A_1 的非对角线元素平方和比 A 的非对角线元素平方和减少了 $2a_{ij}^2$，且将事先选定的非对角线元素消去了（即 $a_{ij}^{(1)} = 0$）。因此，只要逐次地用这种变换，就可以使得矩阵 A 的非对角线元素平方和趋于 0，也即使得矩阵 A 逐步化为对角阵。

这里需要说明一点：并不是对矩阵 A 的每一对非对角线非 0 元素进行一次这样的变换就能得到对角阵。因为在用变换消去 a_{ij} 的时候，只有第 i 行、第 j 行、第 i 列、第 j 列元素在变化，如果 a_{ik} 或 P_{kj} 为 0，经变换后又往往不是 0 了。

雅可比方法就是逐步对矩阵 A 进行正交相似变换，消去非对角线上的非 0 元素，直到将 A 的非对角线元素化为接近于 0 为止，从而求得 A 的全部特征值，把逐次的正交相似变换矩阵乘起来，便是所要求的特征向量。

雅可比方法的计算步骤归纳如下：

第一步，在矩阵 A 的非对角线元素中选取一个非 0 元素 a_{ij}，一般说来，取绝对值最大的非对角线元素；

第二步，由公式 $\tan2\theta = \dfrac{2a_{ij}}{a_{ii} - a_{jj}}$ 求出 θ，从而得平面旋转矩阵 $P_1 = P_{ij}$；

第三步，$A_1 = P_1^{\mathrm{T}}AP_1$，$A_1$ 的元素由式(4-5)计算；

第四步,以 A_1 代替 A,重复第一、二、三步求出 A_2 及 P_2,继续重复这一过程,直到 A_m 的非对角线元素全化为充分小(即小于允许误差)时为止;

第五步,A_m 的对角线元素为 A 的全部特征值的近似值,$P = P_1 P_2 \cdots P_m$ 的第 j 列为对应于特征值 λ_j(λ_j 为 A_m 的对角线上第 j 个元素)的特征向量。

按照上述介绍的雅可比方法,通过计算机编程可以较快地求得实对称矩阵的特征值。

三、主成分分析法具体步骤

主成分分析法的具体步骤如下:

设有 n 个被评价对象,每个对象有 p 个指标,则原始资料矩阵为

$$X = \begin{pmatrix} x_{11} & \cdots & x_{1p} \\ \vdots & & \vdots \\ x_{n1} & \cdots & x_{np} \end{pmatrix} (X_1, \cdots, X_p) \tag{4-9}$$

(1)评价指标原始数据的标准化处理。

一般情况下,进行主成分分析,由于原始数据各指标的量纲不同,分析时需进行标准化处理,具体布骤是:首先进行数据处理,将原始数据变换成

$$y_{ij} = x_{ij} - \overline{x}_j \quad (i = 1, 2, \cdots, n; j = 1, 2, \cdots, p) \tag{4-10}$$

其中,$\overline{x}_j = \dfrac{1}{n}\sum\limits_{i=1}^{n} x_{ij}$,为每一列指标的平均值。针对变换的结果,得到新矩阵 $Y_{n \times p} = (y_{ij})_{n \times p}$。

其次将数据标准化,将矩阵 $Y_{n \times p} = (y_{ij})_{n \times p}$ 中的数据变换成

$$y_{ij}^* = y_{ij}/s_j \tag{4-11}$$

其中,$s_j = \sqrt{\dfrac{\sum\limits_{i=1}^{n}(x_{ij} - \overline{x}_j)^2}{n-1}}$,$s_j$ 为每一列指标的均方差。

经过数据处理和标准化后,得到新的矩阵 $Y_{n \times p}^* = (y_{ij}^*)_{n \times p}$。

(2)建立相关系数阵,求特征值和单位特征向量。

根据样本相关系数矩阵 $R = \dfrac{1}{n}(Y^*)'Y^*$,采用雅可比方法,可计算求出其特征值 $\lambda_1 \geq \lambda_2 \geq \cdots \geq \lambda_p \geq 0$,以及对应的单位正交化特征向量 $(a_{1i}, a_{2i}, \cdots, a_{pi})' (i = 1, 2, \cdots, p)$。

(3)计算特征值的累计方差贡献率。

$$E = \frac{\sum\limits_{k=1}^{m} \lambda_k}{\sum\limits_{k=1}^{p} \lambda_k} \tag{4-12}$$

将 $E \geq 85\%$ 时 m 的最小整数作为 m 的值,即保证前 m 个主成分的累计方差贡献率达到 85% 以上。如有需要,也可修改最低累计方差贡献率。

(4)提取前 m 个主成分。

$$F_k = \sum\limits_{j=1}^{p} a_{kj}x_j \quad (k = 1, 2, \cdots, m) \tag{4-13}$$

(5)计算被评测对象的综合评价指标值。

$$F_i = \sum_{k=1}^{m} \alpha_k F_k \quad (i = 1,2,\cdots,n) \tag{4-14}$$

其中，α_k 为第 k 个主成分的方差贡献率；F_k 为第 k 个主成分。

计算出所有 n 个评价对象的综合评价指标值，即可进行排序分析和聚类分析。

需要指出的是，在原始数据标准化处理这一步中，考虑到各项指标实际上对总的评价目标存在不同的影响权重，因此应在标准化后再依照数据本身的意义决定是否对该项指标加入一定的权重因子。

第三节　基于主成分分析法的水库大坝安全风险排序指标

评价水库大坝安全风险应该考虑水库的可能失事模式及其概率、溃坝损失、水库本身的效益等。与这些方面有关的水库工程信息、技术参数、经济数据等非常多，故首先需要确定选择初始指标的有关原则。

一、水库大坝安全风险评价初始指标构建原则

水库大坝风险评价初始指标的构建原则主要有 4 条。

（一）精练原则

评价指标要简化，要用尽可能少的指标反映全面的信息，减少或去掉一些对评价结果的微乎其微的指标，只选取必要的能正确反映影响水库大坝安全风险的关键因素指标。

（二）易得性原则

对评价指标需要的数据尽可能容易得到，至少要是可行的，通过具体的途径或方法可以得到。

（三）可比性原则

在选择指标的过程中，要求指标之间能够相互进行比较，并且各指标能够进行量化。

（四）经济性原则

建立指标并取得指标数值是需要成本的。如果指标数量太少，不能反映真实结果；而指标数量太多，则收集起来困难，操作复杂，所需成本太高而缺乏经济性。

二、初始指标的确定

遵循以上原则，从溃坝损失、溃坝概率和水库效益等方面收集指标。每项指标都反映水库大坝某个方面的属性。初始指标包括定量指标和定性指标 2 类，以定量指标为主，定性指标只有坝型系数和基础设施评分 2 项。根据指标的属性主要分为水库基本信息、大坝基本参数、主要洪水信息、水库效益参数以及其他重要信息。对于病险水库大坝安全风险排序，则可以在全国病险水库除险加固信息管理系统收集的数据为基础。数据的主要来源来自病险水库除险加固前期工作资料汇编，主要包括水库大坝的安全鉴定报告书、初步设计复核文件等。确定选择以下 22 个初始指标进行分析和评价。对于其他水库的安全风险排序，则可按照可以得到的数据情况参照分析。下面以病险水库为例说明：

（1）水库的基本信息。包括水库名称、所在地点、水库型别等，这些作为标志信息，不

计入初始指标。

（2）水库的库容信息。包括现状总库容、加固后库容、兴利库容等。考虑到现状总库容与水库溃坝损失、水库效益都密切相关，选为第 1 个指标。

（3）水库控制流域面积。也即水库的集雨面积，与库区的总降雨量直接相关，与溃坝损失也有一定的关联。另外，水库控制流域面积与库区面积有相关性，从而与水库的对库区环境的改善效益有一定关联，选为第 2 个指标。

（4）主坝坝型坝高等参数。主坝坝型会影响溃坝方式以及溃坝的后果，但它是一个定性指标，需采用不同的数字区分表示（称坝型系数），选为第 3 个指标。最大坝高、坝顶长度、坝顶宽度等与大坝抵抗溃决的能力、溃决方式、溃口形状和溃决后产生的洪水强度等密切相关，选为第 4~6 个指标。

（5）地震动参数。地震动参数主要包括坝址区地震烈度和地震峰值加速度 2 项。它们与大坝遭遇地震而溃决的可能性、溃决后的影响大小有相关关系。考虑到地震峰值加速度已包含坝址区地震烈度的信息，故选为第 7 个指标。

（6）水库运行时间。包括始建年份和建成年份。为便于使用，转化为运行年数（这里计算到 2006 年底）。该数据与大坝溃决的可能性存在关系，故选为第 8 个指标。

（7）水库的效益参数。除防洪功能外，水库一般具有灌溉、供水、发电以及航运、旅游等功能，由此产生的效益应包括社会效益、经济效益和生态环境效益等，难以用定量的经济指标衡量。有些效益是多重的，如供水、灌溉能有一些经济收入，但最主要的还是社会效益，即满足粮食生产、工业生产，或解决人们群众生活用水的需要。因此，水库不同的功能需要选择不同的指标来反映。如选择设计灌溉面积（或有效灌溉面积）作为反映灌溉效益的第 9 个指标，选择年供水量作为反映供水效益的第 10 个指标，选择电站装机容量作为反映发电效益的第 11 个指标。

（8）水库下游保护范围。水库的防洪功能是为了保护人民群众生命财产安全，其社会效益难以用定量的经济指标来衡量。一些与下游保护范围有关的数据一定程度上可反映水库的防洪效益。如离水库最近的行政区的距离，与溃坝影响有较大关系，而下游保护区的人口数量、耕地面积，则是直接反映水库防洪效益的重要参数，将它们选为第 12~14 个指标。下游保护范围中的重要基础设施情况难以定量化，只能作为定性指标，可根据具体内容按 1~5 进行赋分（5 分表示最重要），选为第 15 个指标。这里还需指出，溃坝影响范围与水库下游保护范围应是不同的概念，水库的防洪效益与其溃坝后可能造成的损失也是不同的概念。水库溃坝的损失一般要大于其防洪的效益。但水库失事后溃坝洪水将会淹没影响区域需要采用专门的模型经过大量的计算才能获得，为了简化处理，这里用水库下游保护范围的数据近似地代表溃坝洪水的影响范围。即第 12~15 个指标不仅表示水库的防洪效益，同时也反映水库溃坝后影响范围。

（9）洪水参数。从现有资料中容易得到设计洪水和校核洪水的参数。溃坝损失与水库溃坝时的洪水大小密切相关，然而同前述原因，溃坝洪水的有关参数是难以得到的。考虑到在大坝因漫顶而溃决的情况下，溃坝洪水与自然洪水之间存在一定的相关关系，故将水库的校核洪水的有关参数选为初始指标，能在一定程度上反映溃坝洪水的大小。选择校核洪峰流量、最大 24 小时洪量、校核洪水对应库容、最大下泄流量等 4 项作为描述溃坝洪水的第 16 ~ 19 个指标。

（10）水库除险加固工程投资。此数据为病险水库消除病险根据工程量计算需要的成本，也可作为衡量水库的病险程度的一个指标，选为第 20 个指标。

（11）影响区经济指标。用水库所在地区的人均 GDP 值（2006 年数据）乘以保护区内的人口数量，可近似得到影响区的 GDP 总量，选为第 21 个指标，用来反映防洪效益和溃坝的下游影响。

（12）水库溃坝概率。水库的溃坝概率是影响溃坝损失最重要的参数之一，但从上述基本的指标中难以反映；本书采用第三章的贝叶斯网络方法（Bayesian Networks），通过研究水库的病害特征、病险部位、病险程度、环境量因素等资料，确定可能的失事模式及其发生概率，从而求得水库的溃坝概率，选为第 22 个指标。

上述 22 个指标反映了水库溃坝可能性、溃坝洪水的强度、溃坝后可能淹没的范围及造成的损失，以及水库的社会经济和环境的效益等，指标及其类型列入表 4-1。受条件所限，对于大多数水库，关于溃坝洪水和淹没范围等的数据实际上是难以获取的，这里用某些更易于获得的其他指标来模拟溃坝的有关参数，是一种简化，试图通过数据间客观存在的相关关系来描述一种相对数量关系，为后面的主成分分析提供数据基础。

表 4-1　病险水库风险评价排序初始指标

序号	指标名称	类型	序号	指标名称	类型
1	现状总库容（万 m^3）	定量	12	最近行政区距离（km）	定量
2	控制流域面积（km^2）	定量	13	保护区人口（人）	定量
3	坝型系数	定性	14	保护区耕地（亩）	定量
4	最大坝高（m）	定量	15	保护区基础设施评分	定性
5	坝顶长度（m）	定量	16	校核洪峰流量（m^3/s）	定量
6	坝顶宽度（m）	定量	17	最大 24 小时洪量（万 m^3）	定量
7	地震峰值加速度（g）	定量	18	校核洪水库容（万 m^3）	定量
8	运行年数（至 2006 年底）	定量	19	最大下泄流量（m^3/s）	定量
9	设计灌溉面积（万亩）	定量	20	总投资核定（万元）	定量
10	年供水量（万 m^3）	定量	21	2006 年地区 GDP（元）	定量
11	电站装机容量（kW）	定量	22	溃坝概率	定量

三、关于确定病险水库风险排序综合指标的计算公式

确定了 22 个初始评价指标之后，现在来决定怎样计算最终的风险排序综合指标。一共设计了 a、b、c 三种方法计算最终的综合指标。

（1）a 方法。直接对全部指标进行主成分分析，对最终结果直接排序。此方法的优点是简便易行，缺点是未考虑指标的不同层面，采用简单化考虑，层次不够清晰。

（2）b 方法。将综合评价指标分为溃坝损失指标和水库效益指标两部分，分别计算。

该方法采用以下的公式计算：

$$F_i = \alpha_1 \times L_i + \alpha_2 \times B_i = \alpha_1 \times TL_i \times P_i + \alpha_2 \times B_i \quad (i = 1, 2, \cdots, n) \quad (4\text{-}15)$$

其中：F_i 为最终综合指标；L_i 为溃坝损失指标；B_i 为水库效益指标。L_i 又由水库溃坝总损失 TL_i 乘以溃坝概率 P_i 得出。α_1 和 α_2 分别是溃坝损失指标 L_i 和水库效益指标 B_i 的权重系数，以表达管理者的决策偏好，$\alpha_1 + \alpha_2 = 1.0$。如果两者都取 0.5，则表示对风险和效益同等重视；若取 $\alpha_1 = 0.8$，$\alpha_2 = 0.2$，则表明管理者偏重风险，轻视效益，这在强调水库大坝安全的重要性时是有益的。

水库溃坝总损失 TL_i 由影响水库溃坝洪水的各要素以及下游影响范围等指标提取主成分计算得出，这里选择序号为 $\{2,3,4,5,6,7,8,12,13,14,15,16,17,18,20,21\}$ 的 16 个初始指标；水库效益指标 B_i 由表征水库防洪、灌溉、供水、发电、生态环境的各要素指标提取主成分计算得出，这里选择序号为 $\{1,2,9,10,11,12,13,14,15,21\}$ 的 10 个初始指标。此外，在处理乘法的时候，因提取主成分计算得到的值有正有负，为保证计算指标意义明确，在进行相乘操作之前所有指标值都需要线性转化为 $0 \sim 1$ 之间的数值。

（3）c 方法。与 b 方法类似，只是在计算水库溃坝总损失指标时再细分层次，分为溃决严重性指标和下游影响范围指标两部分，计算公式如下：

$$F_i = \alpha_1 \times L_i + \alpha_2 \times B_i = \alpha_1 \times Fd_i \times De_i \times P_i + \alpha_2 \times B_i \quad (i = 1, 2, \cdots, n)(4\text{-}16)$$

其中：Fd_i 为溃决严重性指标；De_i 为下游影响范围指标；其他变量定义同 b 方法。

溃决严重性指标 Fd_i 主要与溃决洪水强度、洪量等因素相关，选择序号为 $\{2,3,4,5,6,7,8,16,17,18,20\}$ 的 11 个初始指标进行主成分分析得出；下游影响范围指标 De_i 主要与保护区内人口、耕地等因素相关，选择序号为 $\{12,13,14,15,21\}$ 的 5 个初始指标进行主成分分析得出。由于对影响溃坝总损失的因素又进行了分解，此方法在理论上较 b 方法更为合理。

经过上述三种方法计算得出结果以后，应对计算结果进行排序聚类分析，对成果进行合理性分析与评价，并对不同方法进行比较研究。

第四节　应用实例研究

一、研究样本数据

土石坝是病险水库案例中的最主要坝型。从《全国病险水库除险加固专项规划》中选择山东省牟山水库等 15 座资料较为完整的大中型病险水库（土石坝）作为数据样本，数据来源为《山东省专项规划内病险水库除险加固前期工作文件汇编》[11] 的统计数据。

数据样本经过整理后，列入 15 座水库初始指标整理表（见表 4-2 ~ 表 4-4）。经统计，15 座水库分布在 7 个地市的 14 个县中，大（2）型水库 4 座，中型水库 11 座，现状库容在 1 120 万 ~ 30 800 万 m^3 之间；按坝型分，心墙坝 10 座，均质坝 5 座，最大坝高在 15.9 ~ 31.11 m；坝址地震区烈度在 6 ~ 8 度，地震峰值加速度在 $(0.05 \sim 0.20)g$；至 2006 年底，运行年数在 34 ~ 47 年。在水库效益方面，15 座水库都具有防洪和灌溉效益，灌溉面积在

表4-2　15座水库初始指标整理表1（水库大坝基本参数）

序号	水库名称	所在地点	水库型别	现状总库容（万m³）1	控制流域面积（km²）2	主坝坝型	坝型系数 3	最大坝高（m）4	坝顶长度（m）5	坝顶宽度（m）6	坝址区地震烈度	地震峰值加速度（g）7	始建时间	建成时间	运行年数（至2006年底）8
1	牟山水库	安丘市	大(2)型	30 800	1 262	黏土心墙砂壳坝	2	20	5 870	7.6	8	0.20	1959年1月	1960年1月	46
2	下株梧水库	安丘市	中型	1 602	32	均质土坝	1	20.87	530	5	8	0.20	1958年1月	1959年12月	47
3	吴家楼水库	诸城市	中型	2 038	33	均质土坝	1	16	500	12.8	8	0.20	1959年10月	1960年7月	46
4	门楼水库	烟台市	大(2)型	23 200	1 079	黏土心墙砂壳坝	2	24.1	1 440	13.1	7	0.10	1958年11月	1960年11月	46
5	里店水库	海阳市	中型	2 343	104	黏土心墙砂壳坝	2	15.9	400	6	6	0.05	1958年11月	1960年5月	46
6	坎上水库	莱州市	中型	1 180	31	均质土坝	1	19.02	999	6	7	0.10	1958年10月	1960年6月	46
7	小仕阳水库	莒县	大(2)型	12 460	281	黏土宽心墙砂壳坝	2	25.3	967	8.5	8	0.20	1958年10月	1959年8月	47
8	长城岭水库	五莲县	中型	1 228	42	黏土心墙砂壳坝	2	22.39	270	9	7	0.15	1959年10月	1960年3月	46
9	石马水库	淄博市	中型	1 840	75	黏土心墙砂壳坝	2	18.9	400	6	7	0.10	1959年11月	1963年8月	43
10	田庄水库	沂源县	大(2)型	13 057	424	黏土心墙砂壳坝	2	31.11	980	7	7	0.10	1958年1月	1960年1月	46
11	龙湾套水库	泗水县	中型	5 200	143	均质土坝	1	24.7	850	6	6	0.05	1958年11月	1960年3月	46
12	户主水库	滕州市	中型	2 008	44	黏土心墙砂壳坝	2	23.4	1 010	5	7	0.10	1959年9月	1960年7月	46
13	马庄水库	费县	中型	3 420	66	均质土坝	1	25.6	750	6	7	0.15	1958年4月	1958年8月	48
14	昌里水库	平邑县	中型	6 466	160.7	黏土心墙砂壳坝	2	30.2	880	6	7	0.10	1970年12月	1971年9月	35
15	寨子山水库	沂水县	中型	1 120	26	黏土心墙砂壳坝	2	28.3	468	6	7	0.15	1970年12月	1972年12月	34

表4-3　15座水库初始指标整理表2（水库效益及保护范围）

序号	水库名称	水库效益	设计灌溉面积(万亩) 9	年供水量(万 m³) 10	电站装机容量(kW) 11	最近行政区	距离(km) 12	人口(人) 13	耕地(亩) 14	基础设施评分 15	重要基础设施
1	牟山水库	防洪、灌溉、供水、养殖	20	1 963	0	安丘市	6	1 000 000	1 200 000	5	胶济铁路(30 km)、206 国道(12 km)、烟潍公路、济青高速
2	下株梧水库	防洪、灌溉、养殖	1.96	0	0	安丘市	35	500 000	160 000	5	206 国道(15 km)、省市道,6 乡镇,200 村,30 个厂矿
3	吴家楼水库	防洪、灌溉、养殖	1.18	0	0	诸城市	37	300 000	160 000	5	206 国道,省道,2 条公路,诸城 3 乡镇,安丘 2 乡镇
4	门楼水库	防洪、供水、灌溉、养殖	22.6	4 500	0	福山区	11	280 000	80 000	5	兰烟铁路,204 国道,206 国道,同三高速
5	里店水库	防洪、供水、灌溉、养殖	3.88	791.7	0	里店镇	1	23 000	25 000	4	3 镇18 村,青威高速(1.75 km)
6	坎上水库	防洪、灌溉、养殖	1.24	163.1	0	莱州城	15	14 000	18 000	1	11 村,1 镇,206 国道,日东高速,胶新铁路,335 省道
7	小仕阳水库	防洪、灌溉、发电、养殖	3.57	3 321	900	莒县	28	300 000	245 000	2	县城市区,铁路干线(15 km)
8	长城岭水库	防洪、灌溉、养殖	1.3	360	0	诸城市	26	20 000	15 000	4	3 镇20 村,236 省道(10 km),辛大铁路(12 km)
9	石马水库	防洪、灌溉、养殖	2.18	445.3	0	博山区	15	50 000	21 800	4	县城,7 乡镇,韩旺铁路,济青高速,234 省道,2 条公路
10	田庄水库	防洪、灌溉、发电、供水	13.3	0	2 210	沂源县	4	300 000	100 000	4	兖石铁路(3 km),曲阜(36 km),327 国道,津浦公路,煤矿
11	龙湾套水库	防洪、灌溉、供水、发电、养殖	8.75	985.5	250	泗水县	6	1 800 000	140 000	5	1 市2 镇,京沪铁路,104 国道,京福高速,煤田,1 输油气管
12	户主水库	防洪、灌溉、发电、养殖、供水	0.69	292	225	滕州市	17	240 000	71 000	5	8 乡镇210 村,临沂城区,兖石铁路(12 km),京沪高速(25 km),岚兖公路(15 km)
13	马庄水库	防洪、灌溉、养殖	1.03	960	0	临沂城	35	500 000	216 000	5	3 乡镇,兖石铁路(12 km),327 国道(13 km),日东高速(15 km)
14	昌里水库	防洪、灌溉、养殖	14.4	573	0	平邑县	35	50 000	40 000	4	7 乡镇,2 条省道,工矿企业
15	寨子山水库	防洪、灌溉、养殖、发电	2.46	0	140	沂水县	25	90 000	100 000	3	

表4-4　15座水库初始指标整理表3（设计校核洪水等）

序号	水库名称	设计洪水	设计洪峰流量（m³/s）	设计最大24h洪量（万m³）	对应库容（万m³）	校核洪水	校核洪峰流量（m³/s）	校核最大24h洪量（万m³）	对应库容（万m³）	校核洪水最大下泄流量（m³/s）	总投资核定（万元）	2006年保护地区人均GDP（元）	2006年保护地区GDP总量（亿元）
							16	17	18	19	20		21
1	牟山水库	100年	4 736	17 943	17 500	5 000年	12 604	45 695	27 700	6 440	15 602	20 010	200.1
2	下梯梧水库	100年	530	990		1 000年	794	1 542	1 634	324	3 433	20 010	100.05
3	吴家楼水库	100年	486	1 003	809	1 000年	693	1 562	1 089	254.1	2 885	20 010	60.03
4	门楼水库	100年	5 462	25 685（72 h）		10 000年	13 734	49 254.95	24 400	6 703	12 182	36 955	103.47
5	里店水库	50年	1 219	2 403	2 098	1 000年	2 005	4 182	2 699	1 050.2	2 648	36 955	8.50
6	坎上水库	50年	373	724	972.5	1 000年	641	1 259	1 199	268.3	2 629	36 955	5.17
7	小仕阳水库	100年	2 916	8 403	9 640	5 000年	6 328	18 239	13 536	2 710	7 850	18 066	54.20
8	长城岭水库	100年	731.5	1 404.9		1 000年	1 296.7	2 379.6	1 096.4	922.1	2 990	18 066	3.61
9	石马水库	100年	817	1 671	1 230	1 000年	1 360	2 695	1 633	809	3 240	39 170	19.59
10	田庄水库	100年	4 587	10 610（72 h）		5 000年	10 129	19 724.25	12 000	3 000	7 135	39 170	117.51
11	龙湾套水库	100年	1 790	2 742	4 297	2 000年	3 337	5 286	5 211	1 800	4 344	17 976	323.57
12	户主水库	100年	768	1 344	1 654	2 000年	1 153	2 203	2 026	432	4 830	20 483	49.16
13	马庄水库	100年	1 140	2 154	1984	1 000年	1 863	3 618	2 586	808.3	4 790	13 639	68.20
14	昌里水库	100年	2 409	4 719	5 580	2 000年	4 093	7 612	7 183	1 843.8	7 260	13 639	6.82
15	莱子山水库	50年	496	761	986	1 000年	874	1 359	1 121	524	2 624	13 639	12.28

0.69 万 ~22.6 万亩;11 座水库具有供水效益,年供水量在 163 万 ~4 500 万 m³;仅 5 座水库具有发电效益,装机容量在 140 ~2 210 kW;水库下游保护人口在 14 000 ~1 800 000,保护耕地在 15 000 ~1 200 000 亩。水库除险加固工程投资在 2 624 万 ~15 602 万元;下游保护区人均 GDP(2006 年)在 13 639 ~36 955 元,根据保护人口换算的 GDP 总量在 3.61 亿 ~323.57 亿元。从数据分布范围来看,具有一定的代表性。

在进行主成分分析的过程中,如根据分析需要,需改变某项指标的重要性,则可利用加权系数进行调节,即在数据标准化后通过调整加权系数来强调或削弱某项指标的影响。根据对样本数据的分析,认为下游保护人口等指标应该赋以较高的权值;而电站装机容量等指标,对于分析样本来说属于次要的属性,应该赋以较低的权值。

二、溃坝概率计算

采用贝叶斯网络方法,根据 15 座水库大坝安全鉴定报告书、安全鉴定复核意见、初步设计复核意见等提供的水库主要病害情况进行归纳整理,计算得出各座水库的漫坝溃坝概率、管涌溃坝概率以及总概率,见表 4-5。可见,总的溃坝概率在 1.14×10^{-3} ~2.65×10^{-3},最高为吴家楼水库。

表 4-5　根据贝叶斯网络方法求得的 15 座水库的溃坝概率

序号	水库名称	漫坝溃坝概率	管涌溃坝概率	总和	序号	水库名称	漫坝溃坝概率	管涌溃坝概率	总和
1	牟山水库	1.82E－03	3.84E－04	2.20E－03	9	石马水库	1.81E－03	6.09E－04	2.42E－03
2	下株梧水库	1.73E－03	6.46E－04	2.38E－03	10	田庄水库	1.82E－03	0.00E＋00	1.82E－03
3	吴家楼水库	1.79E－03	8.52E－04	2.65E－03	11	龙湾套水库	1.22E－03	5.46E－04	1.77E－03
4	门楼水库	1.64E－03	0.00E＋00	1.64E－03	12	户主水库	1.24E－03	0.00E＋00	1.24E－03
5	里店水库	1.35E－03	0.00E＋00	1.35E－03	13	马庄水库	1.81E－03	6.91E－04	2.50E－03
6	坎上水库	1.75E－03	4.00E－04	2.15E－03	14	昌里水库	1.81E－03	4.37E－04	2.24E－03
7	小仕阳水库	1.14E－03	0.00E＋00	1.14E－03	15	寨子山水库	1.12E－03	4.33E－04	1.56E－03
8	长城岭水库	1.65E－03	4.84E－04	2.13E－03					

三、风险排序综合指标计算结果

(一)a 方法

该方法将所有指标(22 个)放在一起进行主成分分析。选入 2 个主成分,累计方差贡献率达到 88.63%,其中第一主成分达到 61.64%。有关计算结果见表 4-6。由表可见,第一主成分中保护人口的系数是最大的,达到 0.87 以上;而最近行政区距离的系数是负值,表示该值与水库风险负相关,即距离越近,对水库风险影响越大,这个结果具有一定的合理性。而第二主成分中则是与洪水参数有关的系数较大,为 0.34 ~0.46。从计算结果和排序结果来看,综合指标值以牟山最高,门楼第二,坎上最低。此种方法操作起来较为简便,排序结果可用于对比分析和参考。

表 4-6　全部 22 个指标主成分信息表

序号	第一主成分	第二主成分
特征值	29. 337 91	12. 847 32
累计方差贡献率	61.64%	88.63%
主成分表达式	$(0.109\ 16)*C1$（现状总库容（万 m^3）） $+(0.102\ 86)*C2$（控制流域面积（km^2）） $+(-0.013\ 63)*C3$（坝型系数） $+(0.025\ 06)*C4$（最大坝高（m）） $+(0.055\ 22)*C5$（坝顶长度（m）） $+(0.003\ 86)*C6$（坝顶宽度（m）） $+(0.000\ 37)*C7$（地震峰值加速度（g）） $+(0.028\ 35)*C8$（运行年数（至 2006 年底）） $+(0.092\ 86)*C9$（设计灌溉面积（万亩）） $+(0.046\ 73)*C10$（年供水量（万 m^3）） $+(0.004\ 53)*C11$（电站装机容量（kW）） $+(-0.063\ 73)*C12$（最近行政区距离（km）） $+(0.879\ 41)*C13$（人口（人）） $+(0.171\ 31)*C14$（耕地（亩）） $+(0.062\ 30)*C15$（基础设施评分） $+(0.143\ 96)*C16$（校核洪峰流量（m^3/s）） $+(0.140\ 85)*C17$（最大 24 小时洪量（万 m^3）） $+(0.208\ 80)*C18$（校核洪水库容（万 m^3）） $+(0.156\ 22)*C19$（最大下泄流量（m^3/s）） $+(0.104\ 34)*C20$（总投资核定（万元）） $+(0.178\ 49)*C21$（2006 年地区 GDP（元）） $+(-0.005\ 58)*C22$（溃坝系数）	$(0.223\ 34)*C1$（现状总库容（万 m^3）） $+(0.226\ 32)*C2$（控制流域面积（km^2）） $+(0.060\ 91)*C3$（坝型系数） $+(0.057\ 12)*C4$（最大坝高（m）） $+(0.074\ 63)*C5$（坝顶长度（m）） $+(0.043\ 09)*C6$（坝顶宽度（m）） $+(0.006\ 26)*C7$（地震峰值加速度（g）） $+(-0.004\ 95)*C8$（运行年数（至 2006 年底）） $+(0.190\ 67)*C9$（设计灌溉面积（万亩）） $+(0.126\ 58)*C10$（年供水量（万 m^3）） $+(0.015\ 68)*C11$（电站装机容量（kW）） $+(-0.067\ 54)*C12$（最近行政区距离（km）） $+(-0.423\ 16)*C13$（人口（人）） $+(0.162\ 67)*C14$（耕地（亩）） $+(-0.010\ 88)*C15$（基础设施评分） $+(0.344\ 33)*C16$（校核洪峰流量（m^3/s）） $+(0.355\ 64)*C17$（最大 24 小时洪量（万 m^3）） $+(0.458\ 04)*C18$（校核洪水库容（万 m^3）） $+(0.340\ 71)*C19$（最大下泄流量（m^3/s）） $+(0.221\ 24)*C20$（总投资核定（万元）） $+(-0.039\ 17)*C21$（2006 年地区 GDP（元）） $+(0.013\ 86)*C22$（溃坝系数）

（二）b 方法

该方法计算了溃坝总损失和水库效益 2 个主成分综合指标,均选入 2 个主成分,累计方差贡献率都在 88% 以上。

溃坝总损失指标(见表 4-7)的第一主成分方差贡献率为 65.74%,其中保护人口的系数最大,在 0.92 以上;其次为地区 GDP,略高于 0.18。第二主成分中仍是与洪水有关的信息系数较大,为 0.41 ~ 0.56。水库效益指标(见表 4-8)的第一主成分方差贡献率为 75.59%,仍以下游保护人口的系数最大,在 0.80 以上;其次为保护耕地,约为 0.42。第二主成分中控制流域面积、设计灌溉面积、现状总库容的系数较大,为 0.41 ~ 0.45,其次为年供水量,系数为0.32。从主成分计算结果来看,按主成分指标得分,溃坝总损失最高的为牟山水库,其次为龙套湾水库,最低的为坎上水库;水库效益最高的2座水库完全相同,最低的为长城岭水库。

按照式(4-15)计算得出 b 方法的最终指标,决策偏好系数计算了两种情况,即视风险与效益同等重要($\alpha_1 = 0.5$, $\alpha_2 = 0.5$)或偏重风险($\alpha_1 = 0.8$, $\alpha_2 = 0.2$)。计算结果表明,指标最高的前两位还是牟山和龙套湾。其余名次除最后2位外完全相同。最后2位的排名,若偏重风险则长城岭在前,否则坎上在前。

表 4-7 溃坝总损失 16 个指标主成分信息表

序号	第一主成分	第二主成分
特征值	28.169 09	9.848 48
累计方差贡献率	65.74%	88.72%
主成分表达式	$(0.087\ 94) * C1$(控制流域面积(km^2)) $+(-0.018\ 27) * C2$(坝型系数) $+(0.020\ 89) * C3$(最大坝高(m)) $+(0.050\ 97) * C4$(坝顶长度(m)) $+(0.000\ 63) * C5$(坝顶宽度(m)) $+(0.000\ 07) * C6$(地震峰值加速度(g)) $+(0.029\ 36) * C7$(运行年数(至2006年底)) $+(-0.059\ 63) * C8$(最近行政区距离(km)) $+(0.922\ 83) * C9$(人口(人)) $+(0.163\ 41) * C10$(耕地(亩)) $+(0.063\ 86) * C11$(基础设施评分) $+(0.120\ 87) * C12$(校核洪峰流量(m^3/s)) $+(0.116\ 94) * C13$(最大24小时洪量(万m^3)) $+(0.178\ 62) * C14$(校核洪水库容(万m^3)) $+(0.089\ 93) * C15$(总投资核定(万元)) $+(0.183\ 86) * C16$(2006年地区GDP(元))	$(0.275\ 99) * C1$(控制流域面积(km^2)) $+(0.066\ 39) * C2$(坝型系数) $+(0.065\ 30) * C3$(最大坝高(m)) $+(0.098\ 74) * C4$(坝顶长度(m)) $+(0.047\ 87) * C5$(坝顶宽度(m)) $+(0.008\ 51) * C6$(地震峰值加速度(g)) $+(0.001\ 32) * C7$(运行年数(至2006年底)) $+(-0.087\ 38) * C8$(最近行政区距离(km)) $+(-0.318\ 94) * C9$(人口(人)) $+(0.230\ 72) * C10$(耕地(亩)) $+(-0.001\ 96) * C11$(基础设施评分) $+(0.414\ 96) * C12$(校核洪峰流量(m^3/s)) $+(0.427\ 73) * C13$(最大24小时洪量(万m^3)) $+(0.558\ 06) * C14$(校核洪水库容(万m^3)) $+(0.271\ 52) * C15$(总投资核定(万元)) $+(-0.012\ 26) * C16$(2006年地区GDP(元))

(三)c 方法

该方法计算了溃决严重性和下游影响范围2个主成分综合指标,均选入1个主成分,累计方差贡献率分别为85.06%和89.25%,见表4-9。水库效益指标与b方法相同。溃决严重性的主成分中,以洪水有关信息的系数最大,校核洪水库容量的系数达到0.61以上;下游影响范围的主成分中,以保护人口的系数最大,为0.82,其次为保护耕地,系数为0.54。按主成分指标得分,溃决严重性最高的为牟山水库,其次为门楼水库;下游影响范围最高的为龙套湾水库,其次为牟山水库。

表 4-8 水库效益 10 个指标主成分信息表

序号	第一主成分	第二主成分
特征值	10.444 29	1.872 14
累计方差贡献率	75.59%	89.14%
主成分表达式	$(0.236\ 59)*C1$（现状总库容(万 m³)） $+(0.225\ 29)*C2$（控制流域面积(km²)） $+(0.176\ 89)*C3$（设计灌溉面积(万亩)） $+(0.068\ 16)*C4$（年供水量(万 m³)） $+(0.001\ 99)*C5$（电站装机容量(kW)） $+(-0.031\ 45)*C6$（最近行政区距离(km)） $+(0.802\ 99)*C7$（人口(人)） $+(0.415\ 45)*C8$（耕地(亩)） $+(0.097\ 86)*C9$（基础设施评分） $+(0.171\ 38)*C10$（2006 年地区 GDP(元)）	$(0.413\ 09)*C1$（现状总库容(万 m³)） $+(0.447\ 86)*C2$（控制流域面积(km²)） $+(0.413\ 14)*C3$（设计灌溉面积(万亩)） $+(0.323\ 41)*C4$（年供水量(万 m³)） $+(0.040\ 59)*C5$（电站装机容量(kW)） $+(-0.421\ 98)*C6$（最近行政区距离(km)） $+(-0.408\ 55)*C7$（人口(人)） $+(0.055\ 53)*C8$（耕地(亩)） $+(-0.057\ 95)*C9$（基础设施评分） $+(0.020\ 74)*C10$（2006 年地区 GDP(元)）

按照式(4-16)计算得出 c 方法的最终指标,决策偏好系数也计算了两种情况。由计算结果可以看出,两种情况下指标最高的前三位都是牟山、龙套湾和门楼,最低的为长城岭水库。除排 4、5 位的田庄和小仕阳名次有变化外,其余名次都一致。若偏重风险,则小仕阳在前面,否则田庄在前面。

表 4-9 溃决严重性及下游影响范围第一主成分信息表

类别	溃决严重性	下游影响范围
主成分	第一主成分	第一主成分
特征值	9.850 95	6.352 2
累计方差贡献率	85.06%	89.25%
主成分表达式	$(0.300\ 44)*C1$（控制流域面积(km²)） $+(0.047\ 47)*C2$（坝型系数） $+(0.132\ 48)*C3$（最大坝高(m)） $+(0.118\ 06)*C4$（坝顶长度(m)） $+(0.038\ 37)*C5$（坝顶宽度(m)） $+(0.006\ 67)*C6$（地震峰值加速度(g)） $+(0.011\ 70)*C7$（运行年数(至 2006 年底)） $+(0.449\ 32)*C8$（校核洪峰流量(m³/s)） $+(0.456\ 51)*C9$（最大 24 小时洪量(万 m³)） $+(0.610\ 24)*C10$（校核洪水库容(万 m³)） $+(0.302\ 73)*C11$（总投资核定(万元)）	$(-0.033\ 02)*C1$（最近行政区距离(km)） $+(0.819\ 79)*C2$（人口(人)） $+(0.543\ 62)*C3$（耕地(亩)） $+(0.055\ 61)*C4$（基础设施评分） $+(0.168\ 08)*C5$（2006 年地区 GDP(元)）

主成分分析综合指标计算结果见表4-10。

表4-10　主成分分析综合指标计算结果

序号	水库名称	全体指标	溃坝总损失	水库效益	溃决严重性	下游影响范围
1	牟山水库	16.851 6	15.961 7	10.881 8	7.592 7	8.938 4
2	下株梧水库	−2.837 6	−1.819 0	−1.283 2	−2.210 1	1.215 0
3	吴家楼水库	−4.177 8	−3.482 7	−2.327 5	−2.505 2	−0.652 8
4	门楼水库	10.530 0	7.842 4	4.457 3	7.015 5	−0.909 8
5	里店水库	−4.442 7	−4.633 5	−2.210 7	−1.926 9	−3.557 8
6	坎上水库	−5.836 3	−5.652 0	−3.395 3	−2.427 1	−3.807 4
7	小仕阳水库	2.312 4	1.775 3	0.242 7	1.926 5	−0.503 9
8	长城岭水库	−5.271 3	−5.316 3	−3.617 6	−2.098 8	−3.686 4
9	石马水库	−4.896 9	−4.886 4	−2.861 0	−2.105 7	−3.339 9
10	田庄水库	3.320 9	2.666 2	1.285 4	2.635 5	−0.664 1
11	龙湾套水库	6.728 7	9.066 5	6.969 4	−0.799 1	13.266 9
12	户主水库	−3.746 8	−3.172 2	−2.086 7	−1.790 6	−1.414 7
13	马庄水库	−1.769 2	−0.981 7	−0.886 0	−1.470 9	1.313 4
14	昌里水库	−1.778 7	−2.597 8	−2.071 3	0.200 5	−3.363 5
15	寨子山水库	−4.986 4	−4.770 5	−3.097 1	−2.036 3	−2.833 5

3种计算方法最终结果排序见表4-11。

表4-11　3种计算方法最终结果排序

名次	a方法排名		b方法排名				c方法排名			
			$\alpha_1=0.5,\alpha_2=0.5$		$\alpha_1=0.8,\alpha_2=0.2$		$\alpha_1=0.5,\alpha_2=0.5$		$\alpha_1=0.8,\alpha_2=0.2$	
1	牟山水库	16.85	牟山水库	1.0000	牟山水库	1.0000	牟山水库	1.0000	牟山水库	1.0000
2	门楼水库	10.53	龙湾套水库	0.7420	龙湾套水库	0.7474	龙湾套水库	0.5000	龙湾套水库	0.3603
3	龙湾套水库	6.73	门楼水库	0.6174	门楼水库	0.6511	门楼水库	0.4047	门楼水库	0.3107
4	田庄水库	3.32	小仕阳水库	0.3394	小仕阳水库	0.3789	田庄水库	0.2298	小仕阳水库	0.1724
5	小仕阳水库	2.31	田庄水库	0.3291	田庄水库	0.3196	小仕阳水库	0.2104	田庄水库	0.1609
6	马庄水库	−1.77	马庄水库	0.2099	马庄水库	0.2179	马庄水库	0.1258	马庄水库	0.0834
7	昌里水库	−1.78	下株梧水库	0.1713	下株梧水库	0.1724	下株梧水库	0.0969	下株梧水库	0.0533
8	下株梧水库	−2.84	昌里水库	0.1321	昌里水库	0.1419	户主水库	0.0702	户主水库	0.0435
9	户主水库	−3.75	户主水库	0.1194	户主水库	0.1223	昌里水库	0.0692	昌里水库	0.0413
10	吴家楼水库	−4.18	吴家楼水库	0.1012	吴家楼水库	0.1030	里店水库	0.0591	里店水库	0.0309
11	里店水库	−4.44	里店水库	0.0827	里店水库	0.0686	吴家楼水库	0.0551	吴家楼水库	0.0294
12	石马水库	−4.90	石马水库	0.0554	石马水库	0.0517	石马水库	0.0371	石马水库	0.0223
13	寨子山水库	−4.99	寨子山水库	0.0396	寨子山水库	0.0360	寨子山水库	0.0294	寨子山水库	0.0197
14	长城岭水库	−5.27	坎上水库	0.0176	长城岭水库	0.0202	坎上水库	0.0176	坎上水库	0.0130
15	坎上水库	−5.84	长城岭水库	0.0164	坎上水库	0.0130	长城岭水库	0.0104	长城岭水库	0.0107

部分初始指标排序见表4-12。

表4-12　部分初始指标排序

排序	水库库容（万 m³）		坝高（m）		保护人口（人）		保护耕地（亩）		灌溉面积（万亩）	
1	牟山水库	30800	田庄水库	31.11	龙湾套水库	1800000	牟山水库	1200000	门楼水库	22.6
2	门楼水库	23200	昌里水库	30.2	牟山水库	1000000	小仕阳水库	245000	牟山水库	20
3	田庄水库	13057	寨子山水库	28.3	下株梧水库	500000	马庄水库	216000	昌里水库	14.4
4	小仕阳水库	12460	马庄水库	25.6	马庄水库	500000	下株梧水库	160000	田庄水库	13.3
5	昌里水库	6466	小仕阳水库	25.3	吴家楼水库	300000	吴家楼水库	160000	龙湾套水库	8.75
6	龙湾套水库	5200	龙湾套水库	24.7	小仕阳水库	300000	龙湾套水库	140000	里店水库	3.88
7	马庄水库	3420	门楼水库	24.1	田庄水库	300000	田庄水库	100000	小仕阳水库	3.57
8	里店水库	2343	户主水库	23.4	门楼水库	280000	寨子山水库	100000	寨子山水库	2.46
9	吴家楼水库	2038	长城岭水库	22.39	户主水库	240000	门楼水库	80000	石马水库	2.18
10	户主水库	2008	下株梧水库	20.87	寨子山水库	90000	户主水库	71000	下株梧水库	1.96
11	石马水库	1840	牟山水库	20	石马水库	50000	昌里水库	40000	长城岭水库	1.3
12	下株梧水库	1602	坎上水库	19.02	昌里水库	50000	里店水库	25000	坎上水库	1.24
13	长城岭水库	1228	石马水库	18.9	里店水库	23000	石马水库	21800	吴家楼水库	1.18
14	坎上水库	1180	吴家楼水库	16	长城岭水库	20000	坎上水库	18000	马庄水库	1.03
15	寨子山水库	1120	里店水库	15.9	坎上水库	14000	长城岭水库	15000	户主水库	0.69

四、计算结果分析

对3种方法的计算结果进行对比分析，并结合15座水库部分初始指标的排序情况，有以下结论：

（1）对3种方法计算结果的最终排序进行比较，可以发现，3种方法的排序结果差别不大，尤其是b方法和c方法。差别较大的有门楼和龙套湾的排序，在a方法中门楼在前，而其余2种方法中龙套湾在前。分析原因，从部分初始指标排序中可发现，虽然库容上门楼要大于龙套湾，但龙套湾的保护人口数最多，从保护人民生命安全的重要性上来讲，龙套湾高于门楼是合理的。下株梧排位在后2种方法中排位上升也是同样道理。总的来说，3种方法相差并不太大，且后2种排序结果要优于第一种。

（2）对b方法和c方法排序结果进行比较，差别主要在昌里与户主、吴家楼与里店的相对排位上。从初始指标来看，库容和坝高方面，昌里大于户主，但在保护人口和耕地方面，户主大于昌里；而b方法与c方法的差别实质在于后者视溃决严重性和下游影响范围为不同层次的属性，采用乘数关系计算其影响，而前者则只是将它们视为同一层次的属性，采用叠加的方式计算其影响。吴家楼与里店相对排位的情况也类似。因此，c方法考虑得更为合理。

（3）关于决策偏好。利用决策偏好,可以同时考虑溃坝风险和水库加固效益,比以前的方法更为全面。对于 b 方法和 c 方法,可以看出决策偏好的影响较小,但在某些水库上还是能体现出来。

（4）若采用聚类分析的方法,不考虑指标值的绝对大小,对指标值划分区间,处在同一区间的则视作一类。以 c 方法为例,按 $0.3 \sim 1$、$0.15 \sim 0.3$、$0 \sim 0.15$ 为区间对指标聚类,分为非常重要、重要、较为重要 3 类,可以看出,两种决策偏好的结果就完全一样了。聚类分析淡化了指标值之间的细微差别,有利于形成一致的观点。

（5）可以看出,3 种排序方法的结果虽不尽相同,且与任一初始指标(如库容、坝高、保护人口等)的排序都不相同,说明 3 种方法都是综合考虑了各方面的因素进行的,具有较强的合理性。经过比较,以第 3 种方法效果最好。

第五节　结　语

针对目前水库大坝安全风险排序研究中的有关问题,本章提出用主成分分析法来提取表征水库安全风险排序的综合指标,主要进展如下:

（1）综合考虑溃坝损失、溃坝概率、水库效益 3 个方面,提出指标体系的构建原则,通过逐个确定指标,建立了考虑水库效益的水库大坝安全风险评价初始指标;提出 3 种计算最终的风险评价综合指标的办法和计算公式。

（2）以山东省 15 座土石坝病险水库的数据为样本开展实例研究,按 3 种办法计算综合指标,并对结果进行排序分析和对比研究。通过分析对比,认为第 3 种方法效果最好。

（3）采用本章提出的基于主成分分析法确定水库风险排序综合评价指标的方法,具有科学合理性和技术可行性,成果对于水库大坝安全风险管理具有参考价值。

参 考 文 献

[1] 王惠文. 偏最小二乘回归方法及其应用[M]. 北京:国防工业出版社,1999.

[2] Tetrs Tech Inc. Arizona Numerical Ranking System for Jurisdictional Dams with Safety Deficiencies[R]. 2001.

[3] 王仁钟,等. 病险水库风险判别标准体系研究[J]. 水利水电科技进展,2005(10):5-8,67.

[4] 盛金保,等. 基于风险的病险水库除险决策技术[J]. 水利水电科技进展,2008(4):25-29.

[5] 傅琼华,等. 江西省病险水库除险加固规划[J]. 水利发展研究,2004(8):43-46.

[6] 段智芳,等. 病险水库除险加固排序在江西的示范应用研究[J]. 江西水利科技,2007(3):12-16.

[7] 孙东亚,等. 病险水库除险加固排序方法初探[J]. 水利水电技术,2009(7):132-137,140.

[8] 蔡继梅,等. 基于主成分分析法的江苏省居民生活质量评价[J]. 价值工程,2009(6):54-56.

[9] 豆俊峰,等. 主成分分析法在大气环境质量综合评价中的应用[J]. 重庆环境科学,2001(4):32-33.

[10] 岳利萍,等. 从东西部地区差距评价西部大开发战略实施绩效——基于主成分分析法的视角[J]. 科研管理,2008(9):84-88,92.

[11] 山东省水利厅. 山东省专项规则内病险水库除险加固项目前期工作文件汇编 1~5[R]. 2009.

[12] 李雷,等. 大坝风险评价与风险管理[M]. 北京:中国水利水电出版社,2006.

第五章 基于超载分析与状态 预测的大坝安全评估

我国的水库大坝种类多、区域分布广泛、面临问题复杂，为了保障大坝安全，需要对大坝定期进行安全评估。科学地进行大坝安全评估是保障大坝安全的关键，错误或不科学的评估会导致重大损失。在水库大坝安全评估方面，虽国内外做过大量的研究，但与当前发展形势需求比，仍有很多问题需要深化研究，很多方法需要创新，以在技术可行、经济合理、环境友好、社会可接受的原则指导下，保障大坝的长期安全运行。

作者承担了丰满大坝长期安全性评价研究工作，遵照国家发展和改革委员会对丰满大坝全面治理提出的"彻底解决，不留后患，技术可行，经济合理"的原则，提出了需对三个方案进行研究并做比较评估，即：①异地重建方案；②水下施工重建上游防渗系统并加厚方案；③放空水库重建上游防渗及加厚方案。三个方案的基础是如何评价丰满大坝现状的安全。按照重力坝规范复核，丰满大坝满足应力和抗滑稳定要求，大坝漏水量小于 1 L/s，有关部门对大坝地震加速度重评后认为加速度值应为 0.131g，而不是原来的 0.161g，抗震安全比以前评价有很大改善。为了准确评价丰满大坝的安全，作者提出了相对安全度评价的概念，即通过有限元全过程仿真与超载分析，计算与新建大坝的安全超载能力的比较情况，通过对比分析评估大坝的安全性状。计算结果表明，丰满大坝安全超载系数只有 1.11，远低于同等坝高的新建大坝的 3.26。完成的丰满大坝全面治理方案可行性研究报告等，为丰满大坝重建等工作提供了技术支持。本章应用了报告的部分内容。坝高 294.5 m 的小湾拱坝是已建世界最高拱坝。为评估其安全性能，作者提出了需做相对安全度评价的建议，之后根据业主委托，对比研究了国内外 6 座拱坝，进行了有限元仿真计算与超载分析，得出了正常荷载与超载各阶段下大坝安全的相对值，提出了在大坝上游面强约束区做柔性防渗的建议，相对安全度的评价结论及建议得到采纳。为了满足小浪底工程竣工安全鉴定的需要，作者提出了采用有限元仿真及反分析技术、监测分析预测技术评估未来一个时期大坝性状的发展趋势，以得到相对安全度的评价结论。基于近 10 年的大坝蓄水运行资料的分析结果表明，小浪底工程未来升高水位至正常高水位时大坝安全是有保障的，这一结论支持了安全鉴定与竣工验收。本章阐述了提出的包含首蓄因子的监测数学模型与基于监测的性能预测结果。

本章还介绍了陈村拱坝安全评估、丰满大坝坝体冻胀上抬"冻胀因子"模型以及五强溪大坝船闸闸室"充放水因子"模型等，作为对大坝安全进行评估的应用实例。

第一节　基于全坝全过程仿真的大坝超载安全度评估

一、基于全坝全过程仿真和超载法的安全度评估方法

目前,用有限元法对大坝进行安全评估时,坝体分析和基础分析通常是分开进行的,应力分析和抗滑稳定分析通常也是分开进行的,即使采用超载法对整坝模型进行整体安全度计算时,往往也忽略了大坝施工过程、运行历史对坝体和基础应力状态的影响,忽略了横缝等坝体构造以及裂缝等坝体缺陷对整体安全度的影响,因此很难反映大坝的真实安全状况。为了改进病险混凝土坝整体安全度的评价,使结果尽可能反映大坝真实的应力状态和安全状况,作者结合丰满重力坝、陈村拱坝的安全评估,实现了基于全坝有限元全过程仿真和超载法的安全度评估方法[1],为工程加固设计提供了依据,成效良好。

基于全过程仿真分析和超载法的整坝安全度评估方法的主要思路是:

(1)根据大坝温度、位移和坝前实测水位等观测资料,采用反馈分析方法,确定坝体混凝土的弹性模量、线胀系数、导温系数等热力学参数。

(2)根据实际的混凝土浇筑施工、蓄水以及大坝运行过程,以实测的气温、水温、水位确定边界条件,对大坝从施工期到运行期进行全过程仿真分析,计算过程中充分考虑各种因素(包括施工蓄水过程、大坝运行过程、主要坝体结构、裂缝缺陷等)对坝体受力的影响;仿真分析得到的各时刻大坝的温度场和位移场与观测结果进行对比,两者结果吻合,则计算所得应力、变形等结果能够反映大坝真实的工作状态。

(3)取仿真计算至当前时刻的大坝温度场、应力场和位移场为初始条件,进行超载或降强计算,得到的超载(降强)安全系数能够充分反映大坝现有状态下的整坝安全度及可能的破坏模式。

超载法通常可采用超水容重法或超水位法。超水位的超载方式是保持坝体结构自重和水容重不变,用抬高水位的方式超载,以破坏时的水压荷载与设计水压荷载的比值来定义安全系数。水容重超载方法是保持坝前水位不变,水容重同比超载,以破坏时的水容重的超载倍数来定义安全系数。在超载过程中,大坝整体结构失效/破坏可采用如下破坏判据:①当径向变位增长速度显著加快,即径向位移增长率—水位曲线的斜率发生明显改变时,认为结构失效,可以得到整坝超载过程中结构失效时对应的安全系数;②变形明显加大,计算迭代无法收敛时,认为结构破坏,可以得到整坝超载过程中结构破坏时对应的安全系数。定义相应的水荷载为大坝结构失效/破坏的极限荷载。

与常规的基于数值分析的安全评估方法不同,基于全坝全过程仿真分析的安全度评估具有以下几个特点:

(1)有限元模型足够精细,应包括对大坝受力有较大影响的结构、构造以及坝体主要缺陷。

(2)根据观测资料反分析确定材料参数,以使得仿真分析结果能够反映大坝真实应力状态。

（3）考虑到施工过程对大坝受力性态有较大影响，仿真分析应从施工期开始。

（4）安全系数的计算应该建立在全坝全过程仿真分析的基础上。

全坝全过程仿真分析能够反映大坝真实的工作性态，基于全坝全过程仿真分析的安全度评估更加科学，可以实现混凝土坝安全评估的"五个统一"，即应力分析和稳定分析方法的统一，拉、压、剪等各种破坏形式分析的统一，坝体分析和基础分析的统一，正分析与反分析的统一以及设计、施工、运行各阶段评估方法的统一，更能反映大坝真实的安全状况。基于全过程仿真分析的丰满重力坝、陈村拱坝的安全评估，以及反映出来的群缺陷作用下的大坝工作性态，为大坝加固方案的确定提供了重要的依据。

二、丰满重力坝的相对安全度研究

丰满混凝土重力坝位于吉林省吉林市第二松花江干流中游，距下游的吉林市 24 km，坐落于严寒地区，年平均气温为 5.3 ℃，最高月平均气温为 24.3 ℃，最低为 -19.7 ℃。1937 年工程开始兴建，1942 年工程未完即利用临时断面挡水；到 1945 年大坝共浇筑混凝土 170 万 m^3，约占全部工程的 89%。1948 年和 1949 年进行恢复工作，1951~1953 年进行扩建和改建，1953 年全部建成。大坝为混凝土重力坝，最大坝高 90.5 m（加高后 91.7 m），坝顶全长 1 080 m，共分 60 个坝段，大坝自左向右 9~19 坝段为溢流坝段，21~31 坝段为发电取水坝段，其他为挡水坝段。水库正常高水位 263.5 m，死水位 242.0 m，水库总库容 107.8 亿 m^3。

大坝 60 个坝段中，两岸低坝未设纵缝；5、51 坝和 52 坝段设有 1 条纵缝；6 坝和 50 坝段设有 2 条纵缝；7~49 坝段设有 3 条纵缝，将坝段分为 A、B、C、D 四块。大坝典型断面如图 5-1 所示。其中，AB 缝位于坝轴线下游 9~10 m，BC 缝位于坝轴线下游 23~24 m，CD 缝位于坝轴线下游 39~40 m，相邻坝段的纵缝错开 1.0 m。缝的顶部与下游坝面正交，长度 4~8 m。混凝土采用柱状浇筑，但在浇筑过程中未采取冷却措施。纵缝 220 m 高程以上未设键槽，以下虽留有键槽，但未进行灌浆。施工期间为挡水需要，上部 A、B 块又分设子纵缝；部分坝段还有分小块浇筑的情况，这些大大小小的块体之间的缝均未做处理。

另外，在施工过程中，施工层面未作凿毛处理，甚至高程 203~204 m 以上浇筑层未铺设水泥砂浆；同时，由于混凝土原设计标准偏低、水灰比大、施工未振捣等原因，成型混凝土骨料分离，且蜂窝狗洞多，质量较差。在施工过程中，曾经采用 A 块单独挡水，受冻融及冻胀影响，坝体混凝土水平施工缝大面积张开，尤其是坝体的中、上部，存在很多的薄弱层面。

丰满大坝在施工和运行中出现了不少裂缝。其中，坝顶以下 7 m 范围内裂缝密布，坝体上部电缆廊道有裂缝 500 多条，平均每个坝段 9~10 条。下部检查廊道中，除廊顶普遍有纵向裂缝外，在起拱线处还有水平裂缝，大多数贯穿全坝段，并有水渗出。

纵缝、混凝土水平施工缝以及各种裂缝的大量存在，削弱了大坝的整体性；纵缝在长期的运行过程中已大面积脱开，对大坝的位移、应力以及点安全系数均有较大影响；同时，混凝土施工质量差，并且在长期的运行过程中，强度降低。这些都成为影响丰满大坝运行性态以及安全度的重要因素。丰满水库库容巨大，下游有吉林市和哈尔滨市等国家重点防洪城市,并且丰满电站在东北电网调峰、调频及事故备用中起着重大的作用,因此大坝的任何事故都将带来不可估量的损失。所以,有必要对丰满大坝的真实工作性态进行客观评价,为大坝的修补加固和安全运行提供参考。

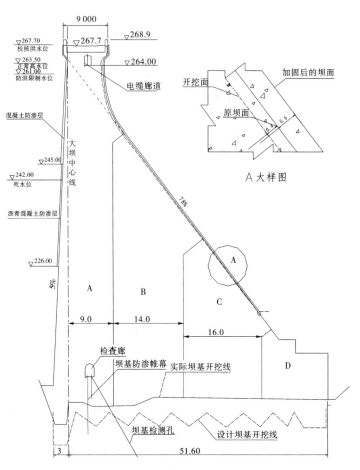

挡水坝段剖面图
（BL44）

图5-1　丰满大坝的典型断面图（BL44）　（单位:m）

（一）材料参数及参数反分析

根据坝体混凝土、基岩取芯测量成果,混凝土容重为 2.35 t/m^3,泊松比 $\mu_c = 0.25$;基础正常变质砾岩容重为 2.75 t/m^3,泊松比 $\mu_R = 0.21$。基础弹模取为 15 GPa。

根据东北勘测设计研究院 1986 年编制的丰满大坝加固工程初步设计（代可行性研究）报告,34 ~ 36 坝段大坝与地基抗剪参数为:$f' = 0.72$,$c' = 0.71$ MPa,$f = 0.7$。一般坝段坝基抗剪指标为:$f' = 1.2$,$c' = 1.0$ MPa,$f = 0.75$。根据《丰满大坝首次安全定检坝基地质及力学参数复核报告》,并结合 1997 年 7 月 24 日在北京召开的丰满大坝地质参数审查会专家组意见,建议对构造破碎带中的Ⅳ类岩体采用抗剪参数 $f' = 0.85$、$c' = 0.5$ MPa,而Ⅱ类基岩坚硬且岩体较完整,工程地质条件相对较简单,抗剪指标建议仍采用 $f' = 1.2$、$c' = 1.0$ MPa。坝体混凝土材料抗剪指标如表5-1所示。

表 5-1   坝体混凝土材料抗剪指标

高程	f	f'	$c'(\text{MPa})$
266.5 ~ 240 m	0.70	1.10	0.17
240 ~ 220 m	0.80	1.15	0.60
220 m 至坝基	0.85	1.20	1.20

大坝首次安全定检时,按下游面外包钢筋混凝土与原坝体混凝土结合好,起整体作用,对 240 m 高程以上坝体混凝土按 $f'=0.8$、$c'=0.3$ MPa 进行稳定复核。

对当前坝体混凝土弹性模量、线胀系数、导温系数等参数,采用反分析确定。参数反分析计算流程如图 5-2 所示。

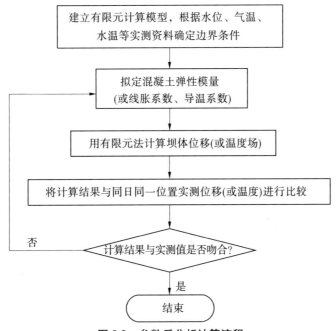

图 5-2   参数反分析计算流程

根据安全监测资料统计模型分析结果,丰满大坝 47 坝段坝顶水平位移的水位分量过程如图 5-3 所示。大坝混凝土弹模的反分析采用 47 坝段坝顶水位分量作为对比系列。对丰满大坝 47 坝段进行三维有限元计算,计算模型模拟了 AB、BC 和 CD 三条纵缝,模拟了坝体内主要的水平施工缝。

取坝体混凝土的弹模值分别为 8 GPa、10 GPa、12 GPa、14 GPa、16 GPa 和 18 GPa,计算仅在水荷载作用下的坝体变形。对每一个混凝土的弹性模量取值,计算时段从 1985 年1 月到 1988 年 12 月,每 5 d 一个计算步长,共计 292 个计算步。在计算过程中,库水位根据实测当日水位确定。将计算所得对应于位移观测测点相应节点在各个时刻的位移结果与同一时刻坝顶激光位移观测所得的水位分量进行比较,求二者差值的平方和,除以系列长度,求得混凝土弹性模量取不同值时对应的计算值和观测值的平均误差,并拟合出弹性模量和均方差的关系曲线,如图 5-4 所示,拟合公式见式(5-1)。

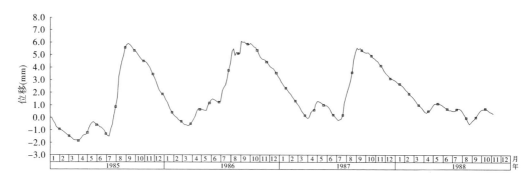

图 5-3 47 坝段水平位移水位分量过程线

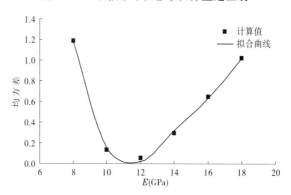

图 5-4 弹性模量和均方差关系曲线

$$y = 0.000\,116E^5 - 0.006\,843E^4 + 0.150\,22E^3 - 1.442\,24E^2 + 5.100\,79E + 0.000\,036$$

$$(5-1)$$

显然,在曲线最低点处对应的弹性模量值计算所得水平位移与实测过程相差最小。令 $\dfrac{\mathrm{d}y}{\mathrm{d}E}=0$,可以求得误差最小时的弹性模量 E 的取值为 10.97 GPa,取为 11 GPa。坝体弹性模量为 11 GPa 时,只考虑水压作用下的 47 坝段坝顶水平位移与激光水平位移观测值水位分量的变化过程如图 5-5 所示。

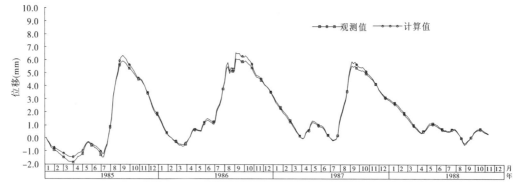

图 5-5 47 坝段坝顶水平位移观测值水位分量与计算值的对比曲线($E=11$ GPa)

同样,对大坝混凝土线胀系数 α 和导温系数 a 进行反分析,确定 $\alpha = 7 \times 10^{-6}$ ℃$^{-1}$,

$a = 0.004\ 3\ \mathrm{m^2/h}$。

(二)大坝全过程仿真分析

为了如实反映丰满大坝的真实工作性态和安全状况,对丰满大坝47坝段进行了从施工期到运行期全过程的仿真分析。通过施工全过程仿真模拟,分析施工期应力对丰满大坝坝体应力变形的影响,以及混凝土各结合面的黏结状况、大坝纵缝的开合变化情况以及裂缝产生的成因,为运行期工作性态分析提供初应力场和温度场。

建立三维有限元计算模型,模型考虑了各种裂缝、坝体纵缝和子纵缝,以及其他影响大坝应力和变形的各因素,计算模型如图5-6和图5-7所示。在仿真分析过程中,施工过程根据施工时记录的浇筑顺序进行模拟,入仓温度按浇筑时的气温考虑,混凝土的绝热温升、徐变等根据施工记录的水泥标号和用量按照经验公式确定,以实测气温和水位作为边界条件。47坝段混凝土分区及浇筑顺序如图5-8所示。计算期从1941年10月第一仓混凝土浇筑至2005年12月。在大坝施工期间,最小计算步长为0.5 d,最大计算步长为5 d;在大坝运行期,计算步长是10 d。不同计算时期的计算网格示意图如图5-9所示。

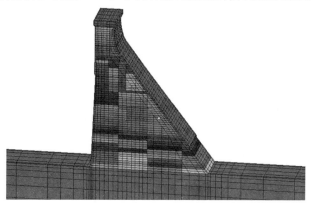

图5-6 丰满大坝47坝段有限元网格示意图

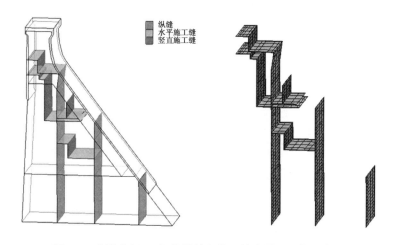

图5-7 丰满大坝47坝段纵缝和施工缝布置及网格示意图

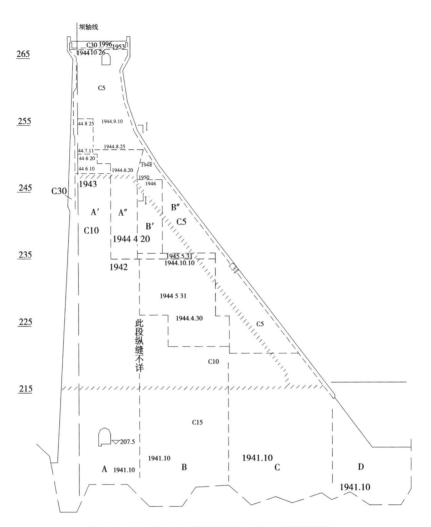

图 5-8　丰满大坝 47 坝段混凝土分区及浇筑顺序

　　根据全过程仿真计算,可以得到 47 坝段任意时刻的温度场、应力场和位移场。对比仿真计算所得 47 坝段坝顶的水平位移过程与 47 坝段坝顶激光水平位移观测值(水平位移结果以向下游变位为正),如图 5-10 所示,计算过程与实测过程吻合良好,说明仿真分析过程能够反映大坝真实的工作性态。

　　根据仿真计算所得最低温度包络图(见图 5-11),大坝下游侧混凝土负温区深度约为 4.5 m。由于坝体渗漏较为严重,负温区混凝土可能发生冻融破坏。在加固方案确定的时候,应该考虑采取控制负温区混凝土病害进一步发展的加固措施,一方面可外包一定厚度的新混凝土,使负温区都处于强度较高的新混凝土内,另一方面要做好上游防渗,避免进一步的冻胀和冻融破坏。

　　作冬季 σ_1 应力等值线(见图 5-12),可见,坝体在冬季上、下游面及顶面一定范围内分布着拉应力,下游面受拉区深度约为 3.2 m,最大主拉应力值约为 0.8 MPa。同时,坝踵部位有拉应力区存在,A 块靠近上游侧区域约 6 m 范围内分布着 0.2 ~ 0.8 MPa 主拉应力。而夏季时,由于温度作用,坝踵拉应力区范围和最大主拉应力值都有所减小,但坝体

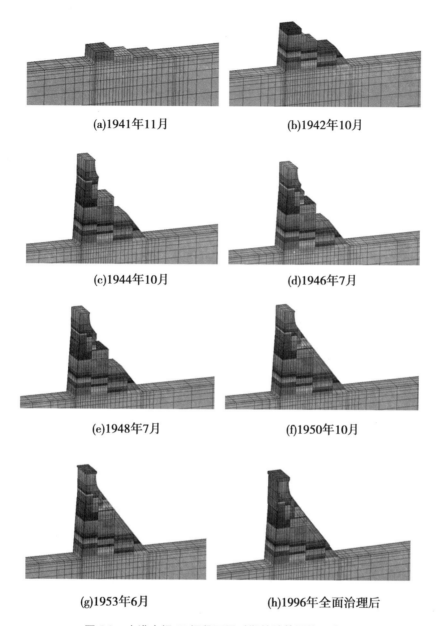

(a)1941年11月   (b)1942年10月

(c)1944年10月   (d)1946年7月

(e)1948年7月   (f)1950年10月

(g)1953年6月   (h)1996年全面治理后

图5-9　丰满大坝47坝段不同时期的计算网格示意图

内部产生一定范围的拉应力区,分布在纵缝和施工缝缝面的主拉应力会导致缝面张开。

根据仿真分析结果,由于纵缝处理不当,在施工过程中就逐步张开,至今,70%以上的纵缝长期处于张开状态,见表5-2。大面积纵缝的张开使坝体受力条件恶化,整个大坝不能整体受力,对坝体整体性和安全不利。根据全过程仿真计算结果,夏季大坝沿建基面的抗滑稳定安全系数K'比大坝按整体考虑时减小0.8左右,抗滑稳定安全性降低约20%。冬季,抗滑稳定安全性降低约25%。对于基岩为构造破碎带中的Ⅳ类岩体的坝段,大坝在不利荷载组合下的稳定性需要特别注意。在制订加固方案的时候,可以考虑采用措施增强这些坝段的抗滑稳定安全性。

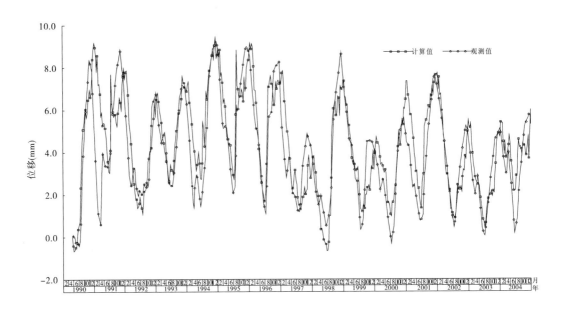

图 5-10　丰满大坝 47 坝段坝顶水平位移计算值与观测值比较

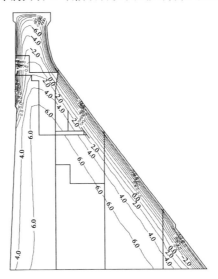

图 5-11　最低温度包络图　（单位：℃）

（三）基于超载计算的相对安全度评估和加固措施建议

分别取全过程仿真计算至 2005 年 1 月和 2005 年 7 月的结果为初始条件，取该时刻的温度场为初始温度场，取该时刻的施工期累计温度应力为初始应力场，取该时刻的位移结果为初始位移场，并考虑该时刻纵缝、裂缝的开度，以每个计算步 2 m 的速度抬高水位，计算冬季和夏季大坝的水压超载安全系数，并与新建相同断面混凝土重力坝和不考虑全过程仿真应力、不考虑施工缝和裂缝等影响情况下的大坝超载安全系数进行对比，结果见表 5-3。

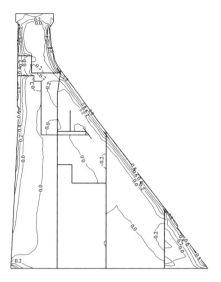

图 5-12　冬季 σ_1 应力等值线　（单位:MPa）

表 5-2　不同季节纵缝的开合百分率　　　　　　　　　　　　（%）

纵缝	夏季		冬季	
	张开	闭合	张开	闭合
A 缝	79.70	20.30	80.61	19.39
B 缝	71.17	28.83	72.52	27.48
C 缝	76.04	23.96	75.00	25.00
ABC 纵缝	76.23	23.77	77.01	22.99

表 5-3　丰满大坝水压超载安全系数

工 况	新建相同断面大坝	不考虑初始应力、无施工缝	考虑全过程仿真应力	
			冬季超载	夏季超载
水压超载安全系数	3.26	1.67	1.11	1.14

根据全过程仿真计算和超载安全度对比分析可知,经过长期运行,考虑群缺陷的影响,丰满大坝的整坝安全度远远低于一座新建工程。主要安全评估结论如下:

(1)根据施工期仿真分析结果,施工期温度应力超标是纵缝和施工缝张开的重要原因。大坝混凝土中水泥用量为 210~280 kg/m³,而施工过程中无温控措施,施工期混凝土内部温度较高,坝体内部产生较高的温度应力,各施工缝缝面存在 1.0~1.5 MPa 拉应力;而纵缝面未做键槽,并且没有进行灌浆处理,拉应力导致纵缝和施工缝张开。

(2)根据运行期仿真分析,丰满大坝坝址处气温年变化大,大坝表层混凝土温度梯度较大,大坝的应力和变形受气温年变化影响显著;低温季节,大坝下游侧混凝土负温区深度约为 4.5 m,上、下游面及顶面一定范围内分布着拉应力,下游面受拉区深度约为 3.2 m,最大主拉应力值约为 0.8 MPa,坝踵部位有拉应力区存在,A 块靠近上游侧区域约 6 m 范围内分布着 0.2 ~ 0.8 MPa 主拉应力;纵缝在靠近下游面区域冬季张开、夏季闭合,纵缝位于坝体内部的区域处于大范围的张开状态,大面积纵缝的张开使坝体受力条件恶化,整个大坝不能整体受力,对坝体整体性和安全不利。

(3)丰满大坝 47 坝段存在纵缝时,由于整体性受到影响,大坝沿坝体基础面的抗滑稳定安全系数 K 和 K' 分别比大坝按整体考虑时减小 10% 左右;根据对 47 坝段进行抗滑稳定复核的计算结果,在设计水位和校核水位作用下,基岩坚硬且岩体较完整时,大坝沿坝基面的抗滑稳定能够满足要求;基岩为构造破碎带中的Ⅳ类岩体时,大坝沿建基面的抗滑稳定亦能满足要求,但安全余度不高。

(4)由于混凝土强度低,在温度和其他荷载的共同作用下,大坝上部和下游侧一定范围内的混凝土处于拉应力区,在现有条件下继续运行,性态可能进一步恶化。

(5)根据超载计算结果,按现有设计、施工水平所建相同断面的大坝水压超载安全系数为 3.26;丰满大坝 47 坝段在考虑各种影响因素作用下的水压超载安全系数为 1.11 ~ 1.14,在现有条件下,大坝正常运行安全,但大坝的安全余度不高。不考虑纵缝影响时,47 坝段水压超载安全系数为 1.67,反映出纵缝对大坝整体性的削弱是大坝整体安全度降低的重要影响因素;按当前设计确定材料分区的、相同断面的大坝水压超载安全系数为 3.26,反映出当前大坝材料强度偏低是大坝整体安全度降低的另一重要影响因素。

基于上述安全评估,对水下大修方案进行了重点研究。计算分析结果表明:坝面的保温措施,可在低温季节减小坝体下游面拉应力区范围,在高温季节减小坝体上部及纵缝面拉应力区范围,并可在一定程度上降低最大主拉应力值,对坝体受力性态有利;在现有断面基础上,下游加厚 4 m 时,负温区和下游侧拉应力区均转移至强度较高的加厚混凝土层内,同时,由于有效应力增加,在高水位和地震等不利工况下,坝踵拉应力区范围和拉应力值大大降低,较大程度地改善了大坝的工作性态;在现有断面基础上,上游面防渗、下游侧加厚 4 m 情况下,即使纵缝不作处理,水压超载安全系数亦能提高至 2.47,基本满足大坝安全要求,进一步加厚可使大坝的整体安全度达到和超过新建坝的水平。

三、陈村拱坝的安全度计算分析

陈村水电站位于安徽省皖南泾县的青弋江上,总库容 24.76 亿 m³。工程以发电为主,兼有防洪、灌溉等综合效益。枢纽建筑物主要由混凝土重力拱坝、坝顶左右溢洪道、泄洪中孔、底孔和坝后式厂房组成。大坝水平剖面形体布置为定圆心等厚度圆拱,顶拱中心角为 105°,坝轴线取顶拱上游弧线,采用圆弧坝轴线布置,半径 232.65 m,拱坝的平面布置见图 5-13。大坝坝顶高程 126.3 m,最大坝高 76.3 m,坝顶宽度 8 m,最大底宽 53.2 m,分 28 个坝块,坝顶弧长 419 m。

陈村工程始建于 1958 年,1962 年停工缓建。1968 年复工,至 1972 年大坝及主体工程基本完成。1978 年,为保证最大洪水时不漫顶,大坝又加高 1.3 m。工程从开工到主体工程竣工,历经 20 余年,设计和施工几经变更,直至 1982 年基本通过验收。

陈村大坝混凝土浇筑历时漫长,先后经历了 1959 年 3 月至 1962 年 12 月、1969 年 11

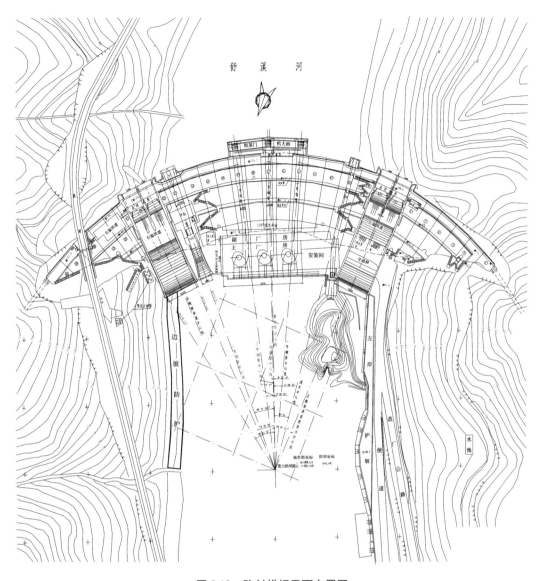

图 5-13　陈村拱坝平面布置图

月至 1971 年 9 月,以及 1978 年大坝加高共三次浇筑过程。因为 Ⅰ 期混凝土浇筑后,间隔
了近 10 年才覆盖浇筑 Ⅱ 期混凝土;而 Ⅰ、Ⅱ 期混凝土的施工质量较差,且没有重视温控措
施,加之复杂的地质地形条件,坝体受力条件复杂,在坝体内部发现大量的裂缝,如
图 5-14 所示。位于大坝下游面 105 m 高程附近的水平裂缝,长达 300 余 m,横贯 24 个坝
块,其中河床坝块的裂缝深度超过 5 m;下游面 111.5 m 高程附近分布着横穿 16 个坝段
的近似水平裂缝,经检测裂缝深度约为 12 m;另外,105 m 高程检查廊道的顶部和坝的顶
部分布有纵向铅直裂缝,坝顶纵向裂缝深度超过 8 m。大量裂缝纵横交错,给大坝的安全
运行带来一定的影响。需要对大坝的安全性进行客观评价,为进一步修补加固和大坝的
安全运行提供参考。

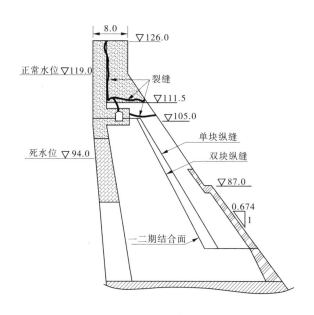

图 5-14　大坝典型断面及主要裂缝示意图 （单位:m）

（一）材料参数及参数反分析

根据坝体混凝土取芯测量,558 个试件混凝土容重平均值为 2.47 t/m³,计算中,取坝体混凝土容重为 2.45 t/m³,泊松比 $\mu_C = 0.2$。

根据对基岩取芯的测量结果,72 个岩样容重均在 2.58～2.74 t/m³ 范围内,计算中取基岩容重为 2.6 t/m³,泊松比 $\mu_R = 0.2$。不同高程范围内基岩变模取值如表 5-4 所示。基岩和坝体混凝土的热学性能参数见表 5-5。

表 5-4　基岩变模

高程	E_c/E_r		E_r (GPa)	
	左岸	右岸	左岸	右岸
90 m 以上	3.5	2.0	5.43	9.5
60～90 m	4.0	1.5	4.75	12.7
50～60 m	2.0	2.0	9.5	9.5
50 m 以下	1.0		19.0	

注: 表中作参照的 E_c 值取混凝土设计弹性模量 19.0 GPa。

表 5-5　材料热学性能参数

材料	导热系数 (kJ/(m·h·℃))	导温系数 (m²/h)	比热 (kJ/(kg·℃))	线胀系数 (10⁻⁶/℃)
基岩	8.60	0.003 42	0.967	7
混凝土	—	—	0.978	10

注:混凝土材料的导温系数根据反分析确定。

坝体混凝土设计弹性模量 19.0 GPa,计算过程中,弹性模量的取值根据反分析确定。陈村拱坝在 5 个坝段布置了垂线(正、倒垂)观测。对垂线位移观测资料进行统计模型分析,得出了各个测点的水位分量。取陈村拱坝坝体混凝土的弹模值分别为 10 GPa、15 GPa、20 GPa、25 GPa 和 30 GPa,用有限元法计算拱坝坝体仅在水压作用下的变形,分别比较计算所得 18 坝段坝顶径向位移和相应测点径向位移水位分量的数值,求平均误差,平均误差最小时对应的弹性模量为 16.5 GPa,即为陈村拱坝坝体混凝土材料的宏观弹性模量。坝体混凝土弹性模量为 16.5 GPa 时,整坝计算所得 18 坝段径向位移与观测的径向位移水位分量拟合良好,如图 5-15 所示。

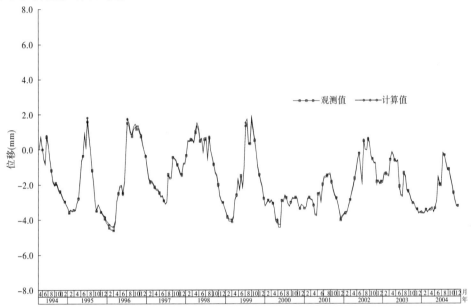

图 5-15　18 坝段坝顶径向位移观测值水位分量与计算值的对比曲线($E = 16.5$ GPa)

陈村拱坝 7 坝段全断面布置有混凝土温度计,导温系数的反分析采用 7 坝段进行。考虑到大体积常规混凝土的导温系数一般介于 $0.003 \sim 0.006$ m²/h,在此范围内取不同的导温系数值,用有限元法来计算温度场,计算过程中根据实测气温、水温确定温度边界条件;然后,将计算结果与温度计实测坝体温度进行比较,逐步调整导温系数,直至计算温度场与实测温度场吻合良好。反分析得到陈村拱坝混凝土导温系数 a 的取值为 0.005 0 m²/h。导温系数 $a = 0.005$ 0 m²/h 时,计算 7 坝段的温度场,各点的不同时刻的温度过程与坝体温度计实测温度一致,其中,$t7t43$ 温度计的实测温度和计算值如图 5-16所示。

(二)全坝全过程仿真分析

为了了解陈村拱坝实际的工作性态,模拟裂缝的产生发展过程及对大坝应力和变形的影响,对大坝安全进行评估,对陈村拱坝进行了从施工期到运行期的全坝全过程仿真分析。

建立陈村拱坝的整坝有限元模型,模拟了左右 2 个溢流坝段、3 条发电引水洞、泄洪中孔、底孔及闸墩等结构;模拟了各坝段之间共计 27 条横缝;同时,考虑了基岩不同的材

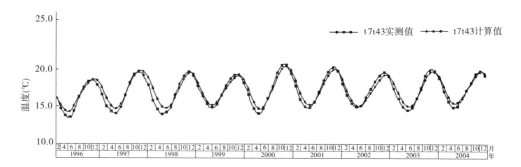

图 5-16　陈村拱坝 7 坝段温度计 $t7t43$ 实测温度和计算值（ $a = 0.005\ 0\ \mathrm{m^2/h}$ ）

料分区等,以充分考虑其对整体结构应力及变形的影响。对整坝模型进行有限元网格剖分,形成单元 91 849 个,节点 127 614 个。有限元模型模拟了各坝段间的横缝、一二期混凝土之间的施工纵缝,以及 105.0 m 高程水平缝、111.5 m 高程水平缝、坝顶竖直缝、105 m 检查廊道顶缝等坝体主要裂缝,形成各种形式接触面单元共 33 597 个。有限元模型、坝体有限元网格及各种缝的模拟布置见图 5-17 ~ 图 5-19。

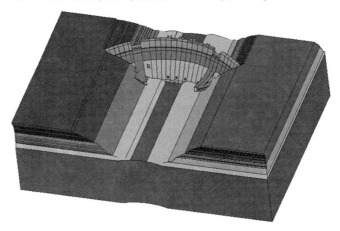

图 5-17　陈村拱坝整坝模型

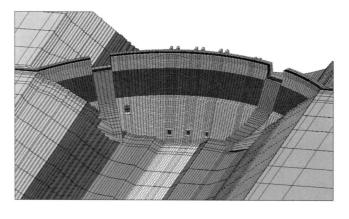

图 5-18　陈村拱坝有限元网格

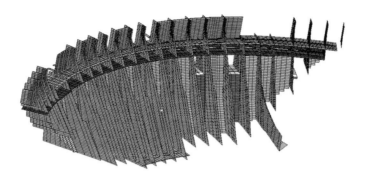

图 5-19　陈村拱坝横缝、施工缝、坝体裂缝接触面单元

在仿真分析过程中,根据大坝混凝土浇筑过程中记录的每一仓混凝土的浇筑日期、浇筑起止时间、混凝土入仓温度,以及水管冷却信息等施工资料,采用气温、水温、水位等实测数据,模拟大坝施工期每一仓混凝土浇筑过程,根据不同坝段间的封拱灌浆时间、灌浆高程模拟了坝体的横缝灌浆,并根据蓄水运行资料对大坝的蓄水运行进行仿真模拟。仿真分析中考虑混凝土绝热温升、弹模、徐变度随龄期的变化。计算时段从 1959 年 9 月 23 日第一仓混凝土浇筑起直到 2004 年 12 月结束。在混凝土浇筑过程中,最小计算步长为 0.5 d,最大计算步长为 5 d;各期混凝土浇筑的长间歇期间,最小计算步长为 0.5 d,最大计算步长为 30 d。不同时期计算网格如图 5-20 所示。

根据全坝全过程仿真计算,可以得到大坝任意断面、任何时刻的温度场、应力场和位移场分布。选取拱冠梁 18 坝段的中部截面作施工期最高温度和 σ_1 应力包络图,如图 5-21 和图 5-22 所示。

陈村拱坝混凝土浇筑层较厚,多为 5~6 m 一层,而一期混凝土基本上没有采用温控措施,二期混凝土仅在 69.5~99.5 m 高程区间内采用了水管冷却,但通水时间较短,因此在每个浇筑层内部最大温度值较高。仿真分析所得夏季浇筑的一期混凝土浇筑块内部最高温度值达 48 ℃左右,二期混凝土浇筑块内部最高温度可达 52 ℃,温度峰值较高,致使坝体内部产生较高的温度应力。

根据 σ_1 应力包络图,18 坝段坝顶中部、105 m 高程和 111.5 m 高程下游侧均出现大于 1.2 MPa 的拉应力。由于混凝土标号低,抗拉强度低;同时,对于大部分坝段,105.5 m 和 111.5 m 高程正好处在混凝土浇筑仓的分界面上,超标拉应力可能致使相应部位产生裂缝。另外,一二期混凝土浇筑间隔时间长达 7~8 年,虽然在二期混凝土浇筑前对一期混凝土做了单缝留键槽并灌浆的处理措施,但是由于浇筑块较大,温控措施不严格,在一二期混凝土结合的大部分纵缝面出现了 1.5~2.5 MPa 的超标拉应力。施工期温度应力超标是坝体开裂的主要原因。

作拱冠梁 18 坝段坝顶径向位移过程线,并与垂线位移观测值进行对比,如图 5-23 所示。仿真分析所得各坝段的径向位移与垂线位移观测值吻合良好。根据仿真分析结果,二期混凝土浇筑块内部最高温度为 52 ℃,与现场记录的二期混凝土内部最高温度 51.6 ℃基本一致,说明仿真分析过程能够反映大坝真实的工作性态。

根据全过程仿真分析结果,大坝进行封拱灌浆时内部混凝土温度尚未降至稳定温度。因此,横缝在气温变化的反复作用下迅速脱开。到 1973 年 1 月,即大坝主体工程完工后

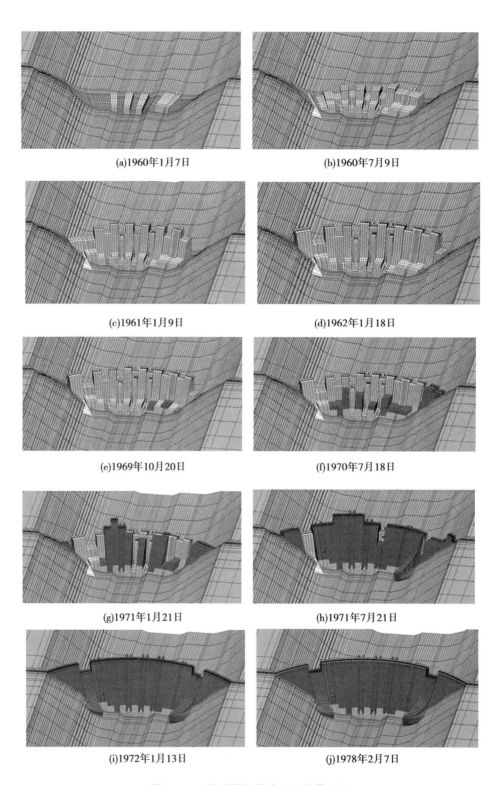

(a)1960年1月7日　　　　　　　　　　(b)1960年7月9日

(c)1961年1月9日　　　　　　　　　　(d)1962年1月18日

(e)1969年10月20日　　　　　　　　　(f)1970年7月18日

(g)1971年1月21日　　　　　　　　　(h)1971年7月21日

(i)1972年1月13日　　　　　　　　　(j)1978年2月7日

图 5-20　不同时期坝体有限元计算网格

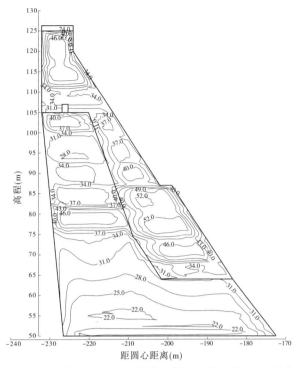

图 5-21　施工期拱冠梁 18 坝段中截面最高温度包络图　（单位:℃）

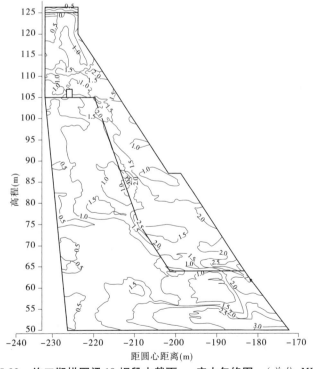

图 5-22　施工期拱冠梁 18 坝段中截面 σ_1 应力包络图　（单位:MPa）

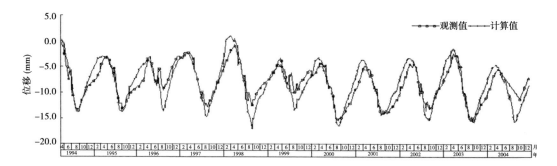

图 5-23　18 坝段坝顶径向位移计算值与垂线位移观测值对比

的第一个冬季,90% 以上的横缝已经脱开。在之后的运行过程中,横缝冬季张开,夏季闭合,呈周期性变化,仿真分析得到的横缝开合变化过程及开度与测缝计观测结果如图 5-24 和图 5-25 所示,二者最大开度和开合变化过程基本一致。

图 5-24　测缝计观测过程

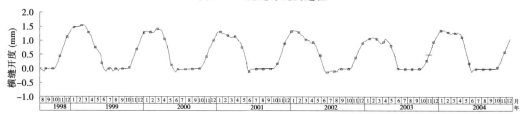

图 5-25　横缝开合变化观测过程与计算过程对比

对 1973 年 1 月时各个坝段的新老混凝土结合面(纵缝)的开合状态进行统计,可知,在大坝主体工程完工的第一个冬季,80% 以上的结合面发生了脱开。在之后的运行过程中,随着水位上升,部分结合面处于闭合状态,但仍有 30% 以上的结合面常年处于张开状态,影响了大坝的整体受力,见表 5-6。

表 5-6　纵缝张开/闭合接触面单元所占比例　　　　　　　　　　（%）

时间	坝段号	未开裂	开裂后闭合	张开
1973 年 1 月 24 日	11	11.90	27.78	60.32
	16	19.81	46.70	33.49
	18	6.13	37.74	56.13
	21	0.74	47.79	51.47

根据仿真分析结果,各种缝在水库运行过程中随季节进行开合交替变化,如下游表面水平裂缝低温季节张开,高温季节闭合,而内部裂缝则相反。拱冠梁 18 坝段 105 m、111.5 m 高程水平裂缝最大开度均为 1.5 mm 左右,裂缝最大开度和开度过程线与实测过程基本一致(见图 5-26)。根据模拟结果,裂缝 105 m 高程水平裂缝最大缝深约为 6.0 m,111.5 m 高程水平裂缝约为 12.0 m,坝顶裂缝缝深达 13.0 m 左右,与裂缝检测结果基本一致。缝的存在使大坝向下游变形增大,由于缝内填充物的作用,缝的周期性开合会使缝继续向内部发展。另外,缝的存在使梁的分载加大,从而在坝踵产生的拉应力增大,增加了坝踵开裂的风险。

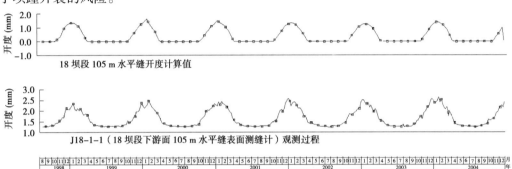

图 5-26 下游 105 m 裂缝开合变化观测过程与计算过程

基于全坝全过程仿真分析,取拱冠梁坝段进行安全复核,包括 105 m、111.5 m 高程的水平缝的抗滑稳定安全性,105 m、111.5 m 高程以上坝顶竖直缝上游侧坝块的稳定性。拱冠梁的径向荷载按拱梁分载计算的正常高水位(119.0 m) + 温降工况下拱梁径向荷载分配系数确定。计算结果表明,在大坝裂缝现状条件下,竖向裂缝所切割上游侧坝块的最小安全系数能够满足规范要求;即使不考虑未开裂混凝土黏聚力的作用,上游侧坝块亦有足够的抗滑稳定安全系数,保证大坝在现状运行条件下坝顶竖向裂缝和水平裂缝所切割的上游侧坝块不会向库内倾倒。但是,考虑到坝顶竖向裂缝的扩展尚未稳定,裂缝有继续发展直至 111.5 m 高程水平裂缝面的可能。一旦裂至 111.5 m 高程,当缝内有渗透水压作用并遭遇地震时,上游侧坝块沿 105 m、111.5 m 高程的抗滑稳定安全系数不能满足要求,坝块有向上游侧失稳的可能。

(三)基于超载计算的安全评估和加固措施建议

取最不利工况——低温高水位工况进行超载分析。以全过程仿真计算至 2004 年 12 月 15 日的结果为初始条件,以相应时刻的温度场为初始温度场,取相应时刻的应力场为初始应力场,取相应时刻的位移结果为初始位移场,取相应时刻横缝、裂缝的开度为初始开度,以每个计算步 2 m 的速度升高水位,计算整坝的水位超载安全系数。

随着水位的上升,坝顶的向下游的径向变位逐步增大,可以求得水位每上升 1 m 拱冠梁坝顶的径向变位增量。水位超载安全系数可用如下两种方法确定:①当径向变位增长速度显著加快,即径向位移增长率—水位曲线的斜率发生明显改变时,认为结构失效,可以得到整坝超载过程中结构失效时对应的安全系数;②变形明显加大,计算迭代无法收敛时,认为结构破坏,可以得到整坝超载过程中结构破坏时对应的安全系数。

根据基于全过程仿真应力的超载计算,当陈村拱坝水位超蓄至146 m高程时,相同水位增量时的坝体变形量急剧增加,认为此时结构失效,相应的水位超载安全系数为1.39;当水位超蓄至174 m时,部分坝段在111.5 m高程附近破坏区连通,同时两岸坝肩破坏区连通,认为结构破坏,对应的水位超载安全系数为1.80。结构破坏时相应坝体上下游面及部分坝段中截面损坏分布如图5-27和图5-28所示,上游和内部受拉破坏单元较多,超载以受拉破坏控制。对不考虑拱坝应力历史,考虑横缝、纵缝和裂缝等缺陷情况进行对比分析,陈村拱坝整坝超载结构失效时对应的安全系数为1.74,结构破坏时对应的安全系数为2.17。开展的结构模型水压超载试验,为一次加载,不考虑横缝、纵缝和裂缝等缺陷,超载安全系数为4.0。对比分析表明,施工裂缝等群缺陷的存在使得陈村拱坝的整体安全度显著下降。

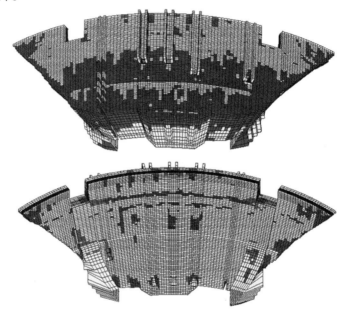

图 5-27 冬季水压超载结构破坏时上下游面损坏分布图

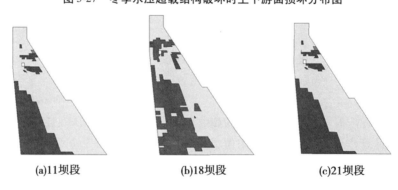

(a)11坝段   (b)18坝段   (c)21坝段

图 5-28 冬季水压超载结构破坏时 11、18、21 坝段损坏分布图

根据全过程仿真计算和超载安全度对比分析,对陈村拱坝的主要安全评估结论如下:

(1)经过长期运行,考虑群缺陷的影响,陈村大坝的整坝安全度显著降低,考虑坝体

材料实际参数与计算参数的可能差距,以及施工过程中出现的一些不利条件,陈村大坝的实际安全余度不高;但根据现有计算结果,大坝正常运行安全,因此仍可按设计标准正常运行。

(2)考虑施工期温度应力情况下,冬季高水位时安全系数较小,是控制安全的最不利工况;冬季低温季节大坝温降收缩,拱弧长减小,拱的作用变弱,更多的荷载由梁承担,高程 105.0 m、111.5 m 裂缝和坝顶竖向裂缝一旦贯穿,其所切割的上部坝体的稳定将控制大坝的安全。

(3)111.5 m 高程是整坝结构最先发生破坏的薄弱部位,在加固设计时应予以重视。

根据安全评估的主要结论,提出了如下加固措施建议,得到了采纳:

(1)采取措施对坝顶缝和上游面横缝封堵,并做好坝体防渗排水,降低缝面水压力,或者采用锚固等工程措施,增强上游侧坝块的稳定性。

(2)在能保证一定灌浆深度,并且不会造成裂缝继续扩展的情况下,对下游面主要裂缝进行灌浆处理,避免水平裂缝贯穿,提高大坝整体性。

(3)基于仿真分析结果,温度变化是坝体裂缝产生和扩展的主要原因,下游面进行保温,可有效削减温度荷载,避免裂缝进一步扩展,同时改善拱坝的运行性态,建议对下游坝面进行永久保温。

基于仿真分析和超载法的陈村拱坝安全评估,得出了工程目前按照正常工况运行安全,但群缺陷导致整坝安全度显著降低的结论,同时给出了大坝结构可能最先发生破坏的薄弱部位和加固处理需重点关注的部位。建议的加固前运行最高水位和加固措施得到了采纳。

第二节　小湾特高拱坝相对安全度研究

我国现行规范要求对坝高大于 200 m 的特高坝工程应进行专门研究。自 1991 年 9 月坝高 240 m 的二滩工程开工,我国开始特高坝的建设,2005 年 11 月开工的锦屏一级坝高则突破 300 m。目前已建在建坝高 200 m 以上的水库大坝有 13 座,还有十几座准备建设。这些特高坝工程主要集中在西南地区,面临地震烈度高、地质条件复杂等更大技术难度挑战,现有的国内外经验难以完全覆盖,技术上存在一定的不成熟性和不确定性。对于这些工程,其设计和安全评价超出了目前现有规范,面临众多高难度的挑战。

鉴于特高坝工程受力变形和地质条件的复杂性,当前通常采用三维非线性有限元进行数值模拟分析,从应力变形、局部和整体稳定、渗流安全、抗震安全等多方面进行分析研究,逐项评定安全性。作者在基于全坝全过程仿真和超载安全度计算分析的基础上,提出通过国内外类似工程的类比分析,建立多指标体系,来综合评价特高坝的相对安全度。

围绕小湾高拱坝工程的安全度评估,通过选择国内外已建的在地形地质条件或坝高级别与小湾类似的 5 个拱坝工程,即俄罗斯的萨杨舒申斯克拱坝、奥地利的柯恩布莱因拱坝、我国的李家峡拱坝、石门拱坝和藤子沟拱坝,进行类比。通过采用相同软件、相同本构模型和材料屈服准则、相同荷载考虑方式、相同的超载方式,以及相同的评价指标体系和方法,研究了小湾拱坝的变形承载能力,综合评价小湾拱坝的局部与整体相对安全度。

一、小湾高拱坝工程概况

小湾拱坝是国内已建的最高拱坝,最大坝高 294.5 m,坝顶弧长近 900 m,弧高比约 3.1:1,水推力巨大,约为 1 900 万 t,是目前国内外承受水推力最大的高拱坝。另外,小湾工程坝址区地形、地质条件异常复杂,枢纽区河谷两岸为显著的沟梁相间地形,并在坝后 4#山梁存在深卸荷岩体,坝肩抗力体相对较单薄;两岸坝肩及下游抗力体岩体中除有两组走向近正交(横河向和顺河向)的陡倾角破裂结构面外,尚分布有高岭土化蚀变带岩体、裂隙密集带(其走向以 SN 为主)以及顺坡向的中 – 缓倾角卸荷裂隙,在左右岸坝肩及坝基中形成了所谓“两陡一缓”的结构面组合。小湾拱坝坝肩及坝基中的地质结构面如图 5-29所示,小湾坝址区岩体分区示意图如图 5-30 所示。以上因素均对大坝安全形成不利影响。

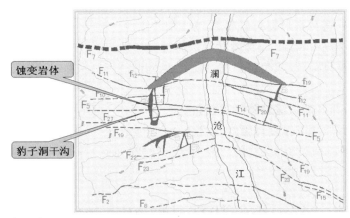

图 5-29　小湾拱坝坝肩及坝基中的地质结构面

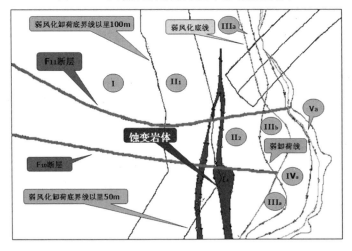

图 5-30　小湾坝址区岩体分区示意图

二、小湾拱坝受力特性与极限承载力计算分析

为了保证有限元计算分析结果能反映工程实际,使在此基础上的安全分析评价更具准确性和真实性,需要建立与实际工程情况相符的有限元模型:①全面真实地反映主要地质条件,使模型尽可能接近地质原型特征;②对坝基和坝体中所关注的突出问题和重要因素进行详细模拟;③对基岩中次要的结构面进行适当的概化,以保证计算效率和精度。基于上述原则,建立了小湾拱坝的三维有限元模型,模型模拟了:①地形、坝肩和坝基开挖面;②坝肩和坝基岩体一二级结构面和蚀变岩体,对建基面附近卸荷松弛岩体进行了详细模拟,尤其在河床及低高程建基面附近的卸荷松弛带岩体的网格尺寸加密到不超过2 m;③两岸坝肩抗力体中的洞塞结构;④对 NS、EW 长大节理影响的重要部位和大范围的裂隙密集带,具有显著的各向异性力学特性,在模型中采用非线性各向异性力学模型进行模拟;⑤坝体中的诱导缝和上下游贴脚。建立的有限元模型见图 5-31,总单元数 78 万个,总节点数 71 万个。

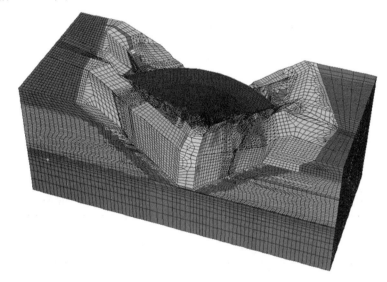

图 5-31　小湾拱坝三维有限元模型

在正常运行工况下,考虑水荷载、泥沙压力、坝体坝基自重和温度荷载等基本荷载,对小湾拱坝的应力变形特性进行分析。坝基考虑了左右岸坝肩的洞塞置换、下游抗力体的锚索加固,坝基岩体各分区参数为考虑了灌浆措施后的基本参数值。在此基础上,考虑了坝基松弛岩体力学参数敏感性变化。计算中坝体采用线弹性模型,坝基根据分区,采用非线性各向异性和各向同性相结合的弹塑性模型,屈服准则为摩尔库仑屈服准则。计算参数见表 5-7 ~ 表 5-9。

表 5-7　岩体基本参数

材料	μ	E_0 (GPa)	抗剪强度					
			基本		沿近 SN 向陡倾角面剪切		沿近 SN 向缓倾角面剪切	
			f'	c' (MPa)	f'	c' (MPa)	f'	c' (MPa)
Ⅰ类岩体	0.22	25	1.5	2.3				
弱风化及卸荷岩体底界以里 50～100 m 的Ⅱ类岩体(黑云花岗片麻岩)	0.26	22	1.5	2	1.10	1.05	1.26	1.43
弱风化及卸荷岩体底界以里 0～50 m 的Ⅱ类岩体(黑云花岗片麻岩)	0.27	20	1.4	1.8	1.05	0.95	1.19	1.29
弱风化及卸荷岩体底界以里 50～100 m 的Ⅱ类岩体(角闪斜长片麻岩)	0.27	20	1.4	1.8	1.05	0.95	1.19	1.29
弱风化及卸荷岩体底界以里 0～50 m 的Ⅱ类岩体(角闪斜长片麻岩)	0.28	18	1.4	1.6	1.05	0.85	1.19	1.15
Ⅲ$_a$类岩体	0.28	14	1.2	1.2	0.84	0.52	0.96	0.74
Ⅲ$_{b1}$类岩体	0.29	10	1.15	1	0.82	0.44	0.93	0.62
Ⅲ$_{b2}$类岩体	0.3	6	1.1	0.7	0.72	0.26	0.77	0.32
Ⅳ$_a$类岩体	0.32	5	1	0.6	0.65	0.22	0.65	0.22

表 5-8　主要结构面参数

材料	μ	E_0 (GPa)	f'	c' (MPa)
F_7 主裂面(微风化未卸荷)	0.35	0.3	0.3	0.03
F_7 主裂面(弱风化卸荷)	0.35	0.2	0.25	0.025
F_7 主裂面(强风化强卸荷)	0.35	0.1	0.2	0.02
F_7 碎裂岩带(微风化未卸荷)	0.33	3	0.9	0.35
F_7 碎裂岩带(弱风化卸荷)	0.33	2	0.8	0.3
F_7 碎裂岩带(强风化强卸荷)	0.33	0.8	0.2	0.02
F_{11}(微风化未卸荷，⊥)	0.35	3.5	0.9	0.5
F_{11}(弱风化卸荷，⊥)	0.35	1.5	0.8	0.4

材料	μ	E_0 (GPa)	f'	c' (MPa)
F_{11}（强风化强卸荷，$\perp$）	0.35	0.5	0.7	0.3
F_{11}（微风化未卸荷，//）	0.35	4	0.45	0.045
F_{11}（弱风化卸荷，//）	0.35	2	0.4	0.04
F_{11}（强风化强卸荷，//）	0.35	0.5	0.35	0.035
F_{10}（微风化未卸荷，$\perp$）	0.35	2	1	0.5
F_{10}（弱风化卸荷，$\perp$）	0.35	1	0.9	0.4
F_{10}（强风化强卸荷，$\perp$）	0.35	0.4	0.8	0.3
F_{10}（微风化未卸荷，//）	0.35	3.5	0.45	0.045
F_{10}（弱风化卸荷，//）	0.35	1.5	0.4	0.04
F_{10}（强风化强卸荷，//）	0.35	0.6	0.3	0.03
F_5（$\perp$）	0.35	1.5	0.85	0.375
F_5（//）	0.35	3.3	0.35	0.035
F_{20}（$\perp$）	0.35	1.5	0.8	0.325
F_{20}（//）	0.35	2	0.4	0.04
F_{19}、F_{27}、F_{23}、F_{22}、F_3 等（$\perp$）	0.35	1.5	0.9	0.4
F_{19}、F_{27}、F_{23}、F_{22}、F_3 等（//）	0.35	3	0.4	0.04
f_{34}（$\perp$）	0.35	1	0.8	0.3
f_{34}（//）	0.35	1.5	0.4	0.04
f_{10}、f_{11}、f_{14}、f_{19}、f_{17}、f_{12}、f_{30}、f_{29}等（$\perp$）	0.35	2	0.8	0.35
f_{10}、f_{11}、f_{14}、f_{19}、f_{17}、f_{12}、f_{30}、f_{29}等（//）	0.35	3	0.45	0.045
E_8	0.35	2.5	0.4	0.035
E_4、E_5	0.35	3.5	0.7	0.2
E_1、E_9、E_{10}	0.35	3.5	0.7	0.15

表 5-9　坝体混凝土材料参数

变形模量 （GPa）	泊松比	摩擦系数	黏聚力 （MPa）	抗拉强度 （MPa）	线膨胀系数
22	0.2	1.4	1.6	1.65	8.26×10^{-6}

拱坝受力变形特性分析结果表明,坝体上游面大部分区域处于受压状态,最大主压应力为 2.5~4.5 MPa;两岸拱端附近出现有拉应力区,最大拉应力发生在高程 1 000 m 附近

拱端区域。坝体拱冠梁剖面的最大最小主应力分布如图 5-32 所示,拱冠梁上游面大部分处于受压状态,坝踵处有小范围的拉应力区,拉应力大小约为 0.5 MPa。

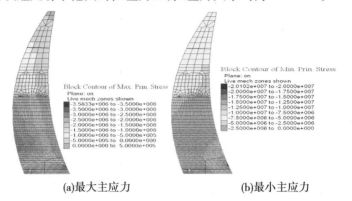

(a)最大主应力　　　　　　　(b)最小主应力

图 5-32　正常工况下拱冠梁剖面主应力分布　（单位:Pa）

图 5-33 为拱间槽岩体屈服区分布特征,从图中看出,屈服区主要分布在坝肩岩体拱间槽靠上游部位,以受拉屈服为主,在低高程偏近河床部位塑性区的分布较大,随着高程的增加,屈服区范围逐渐减小,在 1 110 m 高程以上基本消失。

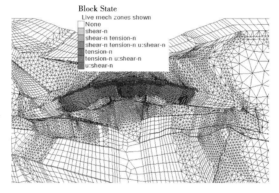

图 5-33　正常工况下拱间槽岩体屈服区分布特征

图 5-34 为建基面 948 m 高程范围内坝基屈服区分布,从图中看出,在正常工况下,坝

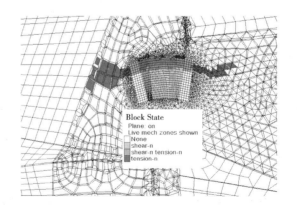

图 5-34　建基面 948 m 高程范围内坝基屈服区分布

基面 2 m 下屈服区面积占整个坝基面的 31.0% 左右,从左右岸对比看出,右岸的屈服区要大于左岸。图 5-35 为拱冠梁剖面坝基岩体屈服区分布,从图中看出,在拱冠梁剖面坝基岩体从坝踵向下游方向的屈服长度约为 21.2 m。

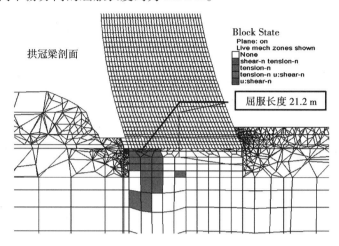

图 5-35　拱冠梁剖面坝基岩体屈服区分布

基于拱坝受力特性仿真分析成果,对小湾拱坝开展了极限承载力的分析。采用水荷载超载方法进行分析,计算中仅对超载作用于坝体上游面的水荷载进行超载,超载方式采用超容重。超载系数小于 2 时,超载荷载步长设为 0.25,大于 2 小于 4 时,超载荷载步长设为 0.5,大于 4 时,超载步长设为 1。以下采用三种材料屈服模型对小湾拱坝的极限承载力进行了详细分析:①坝体坝基材料采用 Mohr – Coulumb 屈服准则;②坝基和坝体采用 Drucker – Prager 屈服破坏准则;③坝体采用线弹性、坝基采用 Mohr – Coulumb 屈服准则。

对拱坝的极限承载力,按坝踵发生拉伸屈服、拉伸屈服到帷幕、坝体变形与超载关系曲线出现明显拐点、坝体丧失承载能力分为四个不同状态,定义了相应的 λ_1、λ_2、λ_3、λ_4 四个安全度。拱坝在超载过程中,坝踵部位出现拉伸屈服所对应的超载系数定义为 λ_1;坝踵部位的屈服区扩展到帷幕处的超载系数定义为 λ_2;λ_3 表示超载系数与坝体最大位移曲线中出现明显拐点对应的超载系数;λ_4 表示坝体失去承载能力,在计算中则为不平衡力无法消除,计算不收敛。

在超载过程中,坝体屈服区不断地扩大,为定量评价屈服区的扩大过程,定义了屈服体积百分比评价指标,即坝体屈服区体积占坝体体积的百分比,根据屈服体积百分比评价指标评价超载过程中坝体屈服区的扩大过程和屈服程度。

(一) 坝体和坝基材料采用 Mohr – Coulumb 屈服准则

随着水荷载超载系数增大,坝体顺河向位移增大。作坝体最大顺河向位移(径向位移)与超载系数的关系曲线,如图 5-36 所示。当超载系数达到 3.0 时,坝体顺河向位移急剧增大,位移—超载系数曲线发生突变,即 $\lambda_3 = 3.0$;当超载系数达到 3.5 时,结构失效,计算不收敛,即 $\lambda_4 = 3.5$。

相应地,计算出不同超载系数对应的坝体屈服体积占整个坝体体积的百分比,如图 5-37所示。显然,坝体屈服区占整个坝体体积的百分比随着超载系数的增大而增大,

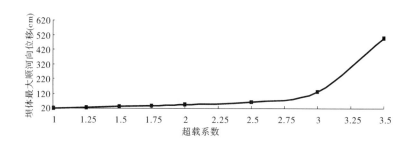

图 5-36　顺河向位移与超载系数关系曲线

超载系数为 2.0 时,坝体屈服体积百分比达到 30% 左右;超载系数为 2.5 时,坝体屈服体积已占整个坝体体积的 50%;超载系数为 3.0 时,坝体屈服体积百分比约为 87%;超载系数达到 3.5 时,坝体接近全屈服。

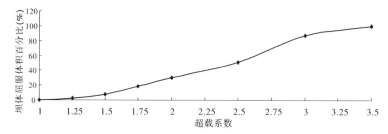

图 5-37　坝体屈服体积百分比与超载系数关系曲线

图 5-38 给出了不同超载系数时松弛岩体屈服体积百分比。随着超载系数的增大,坝基松弛岩体屈服百分比也增大,在超载系数大于 3.0 时,坝基松弛岩体接近全屈服。

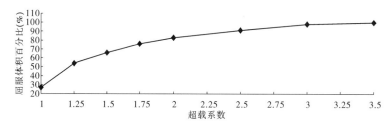

图 5-38　坝基松弛岩体屈服百分比与超载系数关系曲线

图 5-39 为 1 170 m 平切面坝基及坝体随着超载系数的增大屈服区的扩展情况。从图中看出,随着超载系数的增大,塑性区分别向两岸山里、下游抗力体以及高程坝基扩展,在坝基上游面岩体主要表现为拉屈服,在下游岩体主要为剪切屈服,在高程 1 150 ~ 1 210 m 之间,右岸由于蚀变带的存在,下游又有大的深沟,在超载的过程中,蚀变带有沿坝肩到下游深沟贯通的趋势,需引起注意。

根据计算分析结果,小湾拱坝在 1 倍水荷载作用下,坝踵部位就出现了张拉屈服,并且基本达到帷幕位置,因此小湾拱坝整体安全度 λ_1 小于 1.0,λ_2 接近于 1.0;根据坝体位

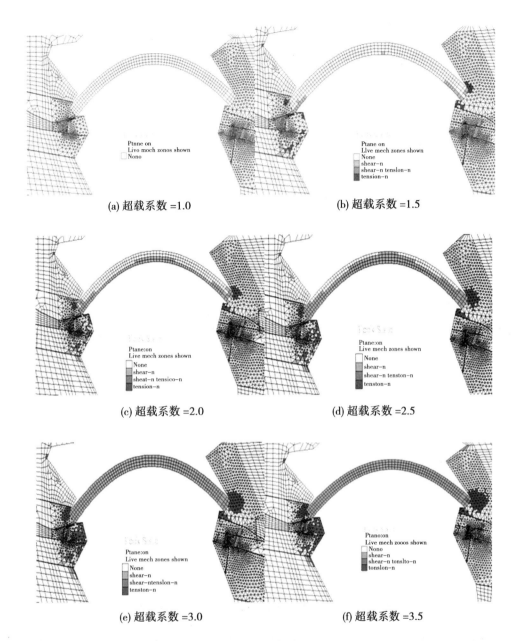

(a) 超载系数 =1.0

(b) 超载系数 =1.5

(c) 超载系数 =2.0

(d) 超载系数 =2.5

(e) 超载系数 =3.0

(f) 超载系数 =3.5

图 5-39　高程 1 170 m 平切面坝基及坝体屈服过程

移—超载系数关系曲线和坝体塑性区百分比—超载系数关系曲线,λ_3 为 2.5~3.0,λ_4 约为 3.5。

（二）坝体和坝基材料采用 Drucker－Prager 屈服准则

坝体拱冠梁上游面各点顺河向位移与超载系数关系曲线如图 5-40 所示。由图可见,各点顺河向位移随着超载系数的增加而增加,坝体顶部位移发展较为迅速,高程越低位移增大速度越慢。

坝体最大顺河向位移与超载系数关系曲线如图 5-41 所示。在超载过程中,超载系数

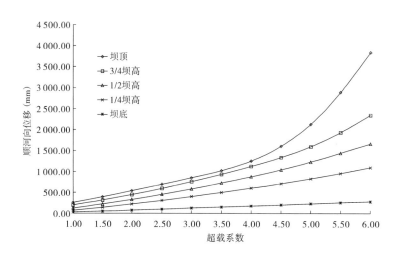

图 5-40　拱坝上游面各点顺河向位移与超载系数关系曲线

达到 4.0 之前,坝体各点顺河向位移基本呈线性增长,此后,位移增长速度逐渐加大,标志着坝体大范围屈服。当超载系数达到 6.25 时,计算难以收敛,说明结构已失效破坏,位移无法收敛于某一个确定值。

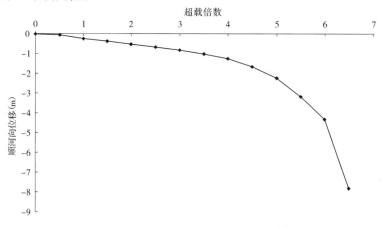

图 5-41　坝体最大顺河向位移与超载系数关系曲线

　　在拱冠梁剖面屈服图(见图 5-42)中可以看出结构大致破坏过程:坝踵部位首先受拉屈服,随荷载增大,屈服范围向基岩下部和建基面下游方向逐渐延伸;随后坝体下游面上部出现屈服区,并逐步向下部和上游面方向扩展;上下部屈服区贯通时,结构失效破坏。在正常荷载作用时,拱冠梁建基面屈服宽度达到 26 m 左右,占整个坝基面宽度的 34%,超过了坝踵点距帷幕的宽度。当超载系数为 1.5 时,基岩屈服区宽度发展到 32 m,约占坝基面宽度的 42%;当超载系数为 6 时,坝体上下屈服区贯通。

　　综上分析,坝基和坝体材料采用 Drucker – Prager 屈服准则时,小湾拱坝整体安全超载系数如表 5-10 所示。

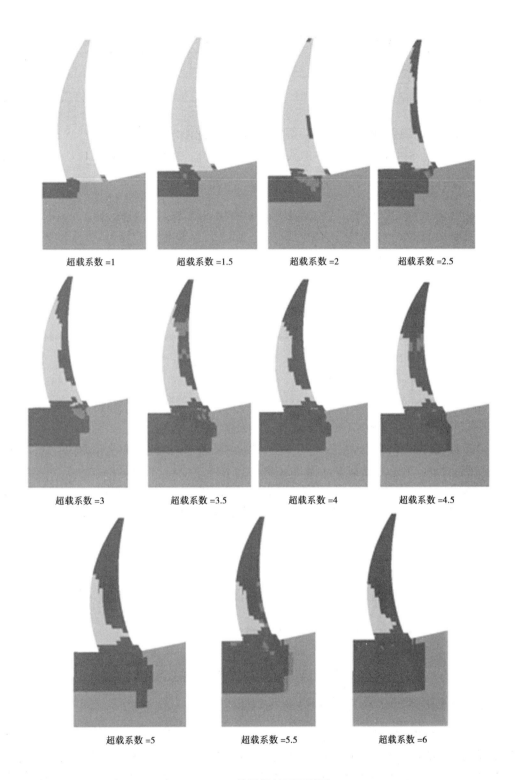

超载系数 =1　　　超载系数 =1.5　　　超载系数 =2　　　超载系数 =2.5

超载系数 =3　　　超载系数 =3.5　　　超载系数 =4　　　超载系数 =4.5

超载系数 =5　　　超载系数 =5.5　　　超载系数 =6

图 5-42　拱冠梁剖面屈服图

表5-10　安全超载系数（坝基和坝体材料采用 Drucker – Prager 屈服准则）

超载系数	λ_1	λ_2	λ_3	λ_4
数值	<1	1.0	4.0	6.25

（三）坝体采用线弹性、坝基采用 Mohr – Coulumb 屈服准则

为了研究小湾拱坝坝基的极限承载能力,特别研究了坝体为线弹性,坝基按非线性,采用 Mohr – Coulumb 屈服准则的超载安全度。

坝体顺河向位移与超载系数关系曲线如图 5-43 所示。坝体顺河向位移与超载系数关系曲线在超载系数为 5 时出现了明显的拐点,当超载系数小于 5 时,坝体顺河向位移随着超载系数的增大呈线性增长;当超载系数大于 5 后,呈快速增大趋势;当超载系数达到 7 时,非线性计算不收敛。

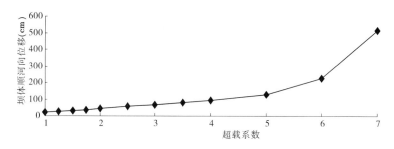

图 5-43　坝体顺河向位移与超载系数关系曲线

图 5-44 给出了不同超载系数下两岸 1 170 m 高程拱端的顺河向位移曲线。可见,超载系数小于 5 时,两条曲线基本重合,说明两岸位移基本对称;当超载系数大于 5 时,右岸拱端位移明显大于左岸,且超载系数越大,差异越大,其主要原因是超载系数大于 5 后,右岸高程 1 170 m 部位的 E_4、E_5 蚀变带全部屈服贯通到下游深沟,右岸安全度低于左岸。

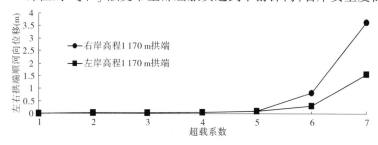

图 5-44　高程 1 170 m 左右拱端顺河向位移与超载系数关系曲线

三、基于国内外工程超载分析的相对安全度

鉴于小湾拱坝的结构形式、受力特点和基础特性复杂,为了进一步对其安全性,尤其是坝基浅层抗滑稳定安全性进行评估,选取了国内外类似工程开展工程类比研究。选取的类比工程为目前已经竣工并投入运行的拱坝工程,在工程地质上与小湾存在相近的工程问题或坝高与小湾为相同级别。选定的类比工程为我国的李家峡拱坝、石门拱坝、藤子沟拱坝和俄罗斯的萨扬舒申斯克拱坝、奥地利的柯恩布莱因拱坝。

小湾及 5 个类比工程全部为双曲拱坝,表 5-11 列出了 6 个工程坝体特征参数。从表中看出,小湾工程的坝高和水推力都远远超过了其他拱坝,小湾工程的水推力除与萨扬舒申斯克工程在量级上相当外,比其他几个类比工程的水推力要大 2.1~30 倍,比萨扬舒申斯克工程的水推力大 370 万 t。从弧高比上看,小湾、萨扬舒申斯克、柯恩布莱因和李家峡拱坝都大于 3,藤子沟和石门拱坝则小于 3。从厚高比上看,小湾工程处于类比工程的中间位置。从坝体材料的强度参数看出,小湾坝体的内聚力除比石门大外,比其他几个类比工程的内聚力都小,内摩擦系数小于萨扬舒申斯克工程,大于另外几个类比工程。从坝体上看,小湾坝体的强度参数不比其他类比工程高,与萨扬舒申斯克、柯恩布莱因相比还稍微偏低。

表 5-11　小湾和类比工程坝型及相关参数

坝型特点	坝高 (m)	坝顶弧长 (m)	最大底宽 (m)	弧高比	厚高比	水推力 (万 t)
小湾	294.5	892	73.12	3.029	0.248	1 900
萨扬舒申斯克	245	1 066	110.75	4.35	0.452	1 530
柯恩布莱因(加固前)	200	626	37	3.13	0.185	876
李家峡	155	414	45	3.04	0.29	242
藤子沟	124	339.475	20.01	2.73	0.161	131
石门	88.6	254	27.3	2.867	0.308	55.6

从小湾和类比工程的坝型参数看出,从坝体高度上 6 个拱坝的依次排序为:

小湾→萨扬舒申斯克→柯恩布莱因→李家峡→藤子沟→石门

厚高比从大到小的排序依次为:

萨扬舒申斯克→石门→李家峡→小湾→柯恩布莱因→藤子沟

弧高比从大到小的排序依次为:

萨扬舒申斯克→柯恩布莱因→李家峡→小湾→石门→藤子沟

水推力从大到小排序依次为:

小湾→萨扬舒申斯克→柯恩布莱因→李家峡→藤子沟→石门

图 5-45 绘出了小湾及几个类比工程坝体拱冠梁剖面图,图中尺寸和形态完全根据比例绘出,从图中看出,萨扬舒申斯克拱坝底部宽度最大,小湾拱坝次之,大于另外几个拱坝。从体型上看,小湾、柯恩布莱因、藤子沟拱坝基本相似,萨扬舒申斯克和李家峡拱坝拱冠梁重心要偏向上游,石门拱坝拱冠梁的重心偏向下游。

工程类比基于收集到的工程的地形、地质、大坝结构的设计、施工、运行资料,确定数值模拟分析的边界条件、荷载条件、地质结构条件(尤其是构造面)、运行条件等,在此基础上建立能反映大坝实际情况的有限元计算模型;用非线性有限元法对大坝的运行过程

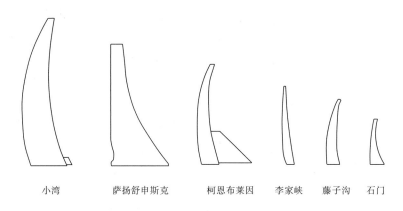

小湾   萨扬舒申斯克   柯恩布莱因   李家峡   藤子沟   石门

图 5-45　小湾及类比工程拱冠梁剖面

进行仿真模拟,影响大坝基础、大坝受力和变形的重要热学力学参数通过安全监测资料进行反分析确定;在全面把握工程受力变形特性的基础上,通过超载计算分析坝体极限承载力安全度,并进行对比分析。在类比分析过程中,采用相同的计算软件、相同的本构模型和材料屈服准则,重点部位采用相同尺度的网格尺寸、相同的荷载考虑方式、相同的超载方式、相同的评价指标和评价方法。

对 5 个类比工程进行受力变形特性分析,并与小湾拱坝进行对比。从总体上看,6 个工程坝体的位移特征和规律没有太大差别,位移场的分布比较均匀,最大径向位移均出现在拱冠梁顶部。从左右拱端位移看,小湾、柯恩布莱因、萨扬舒申斯克、藤子沟上游面拱端的顺河向位移从高高程到低高程,随着高程的降低,位移逐渐增大,左右拱端最大顺河向位移出现在建基面高程;石门和李家峡稍有不同,左右拱端最大顺河向位移出现在中间某一高程。

从应力分布上看,小湾及 5 个类比工程的应力分布规律基本相同;从数值上看,小湾拱坝的最大主拉应力和最大主压应力与加固前的柯恩布莱因拱坝(无支撑拱)相近,大于另外几个类比工程。

从坝基岩体的屈服区看,6 个拱坝工程的坝基塑性区分布规律基本相同。除藤子沟工程外,其他工程在坝踵部位都出现了拉裂屈服区,从拉裂屈服区范围看,石门、加固前的柯恩布莱因(无支撑拱)、萨扬舒申斯克拱坝的屈服区范围超过了上游防渗帷幕,小湾拱坝的屈服区接近上游防渗帷幕,藤子沟、李家峡、加固后的柯恩布莱因拱坝(有支撑拱)屈服区距上游帷幕还有一定的安全距离。

对 5 个类比工程进行了超载安全度计算分析。石门、藤子沟、李家峡拱坝采用的屈服准则为摩尔库仑(Mohr – Coulumb)屈服准则,萨扬舒申斯克、柯恩布莱因拱坝采用的是Drucker – Prager 屈服准则,与小湾拱坝的超载安全度进行对比分析。相应的坝体最大顺河向位移与超载系数关系曲线和坝体屈服体积占坝体总体积的百分比与超载系数关系曲线如图 5-46 ~ 图 5-49 所示。

根据拱坝超载过程中的 4 个特征状态,给出 4 个对应的安全度,如表 5-12 所示。

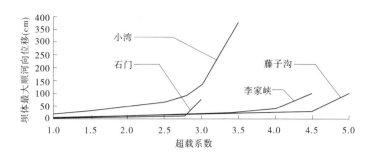

图 5-46 坝体最大顺河向位移与超载系数关系曲线(摩尔库仑屈服准则)

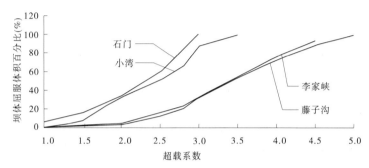

图 5-47 坝体屈服体积百分比与超载系数关系曲线(摩尔库仑屈服准则)

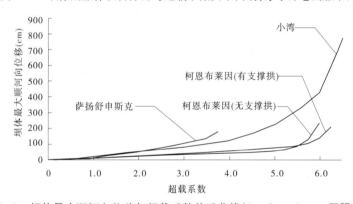

图 5-48 坝体最大顺河向位移与超载系数关系曲线(Drucker-Prager 屈服准则)

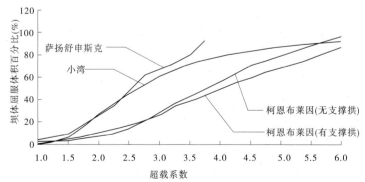

图 5-49 坝体屈服体积百分比与超载系数关系曲线(Drucker-Prager 屈服准则)

表 5-12　小湾及类比工程的超载安全度

超载系数	λ_1	λ_2	λ_3	λ_4	备注
小湾	<1.0	1.0	3.0	3.5	有限差分 Mohr – Coulumb 屈服准则
李家峡	<1.0	1.2	4.0	4.5	
藤子沟	1.0	1.1	4.5	5.0	
石门	<1.0	<1.0	2.8	3.0	
小湾	<1.0	1.0	4.0	6.25	有限元 Drucker – Prager 屈服准则
萨扬舒申斯克	<0.5	<0.8	3.5	3.75	
柯恩布莱因(无支撑拱)	0.5	0.75	4.5	6.0	
柯恩布莱因(有支撑拱)	<1.0	1.25	5.0	6.25	

根据超载安全度计算及对比分析,藤子沟拱坝弧高比最小,$\lambda_1 = 1.0$;小湾拱坝和其他类比工程的 λ_1 均小于 1.0,反映这几座弧高比较大的高拱坝工程在正常蓄水情况下,坝踵均发生屈服。石门、萨扬舒申斯克和加固前的柯恩布莱因拱坝 λ_2 均小于 1.0。石门拱坝 1974 年横缝接缝灌浆后蓄水运行,至 1975 年在 9 坝段首次观测到坝踵开裂,从监测资料分析,8~12 坝段开裂,坝踵上、下游方向的拉开范围为 5~6 m。萨扬舒申斯克高重力拱坝 1990 年首次蓄水时发生重大渗漏事故,最大渗漏量 458 L/s;柯恩布莱因拱坝在 1978~1983 年首次蓄水过程中,拱冠梁坝段的坝踵和下游面底部均出现裂缝,扬压力增大到全水头。小湾拱坝的 $\lambda_2 = 1.0$,比前述几个发生了坝踵开裂渗漏工程的 λ_2 高,略低于李家峡、藤子沟和加固后的柯恩布莱因拱坝,但小湾拱坝的 λ_2 接近 1.0,安全余度不高,需要高度关注高蓄水位情况下的帷幕安全性问题。根据 λ_3 和 λ_4 的对比,从总体上看,小湾工程的整体安全度要高于萨扬舒申斯克、加固前的柯恩布莱因(无支撑拱)和石门拱坝,但比李家峡和藤子沟拱坝稍低,与加固后的柯恩布莱因拱坝(有支撑拱)相当。

根据基于对比分析的安全评估,小湾拱坝总体安全,但小湾拱坝高达 294.5 m,弧高比达 3.029,且正常蓄水位条件下的水推力高达 1 900 万 t,正常蓄水位时坝踵发生屈服($\lambda_1 < 1.0$)高水位运行时的帷幕安全性尤其需要关注。基于此,提出了上游面加设柔性防渗系统以增强安全度的建议,建议得到了采纳。

第三节　基于监测分析的安全预测评估研究

本节以重大工程实际发生的土石坝坝顶纵向裂缝、混凝土坝冻胀上抬、重力坝船闸闸室开合度异常等病害为研究对象,利用实际监测资料,提出了针对工程具体问题和特殊运行工况构造新的因子进行建模的方法,提高和改进了模型的拟合性能和预报性能,并应用于多个实际工程的安全评估和预测,取得了良好的成果。

一、小浪底高斜心墙坝坝顶裂缝对运行安全影响评估

小浪底水利枢纽是黄河治理开发的关键性控制工程,战略地位重要,建设规模宏大。

在竣工验收前,需要对水位升至正常高水位后的大坝状态进行安全评估,并分析评估主坝坝顶纵向裂缝、上下游坝坡存在的不均匀变形等对大坝运行安全的影响。

（一）工程概况

小浪底水利枢纽工程由拦河坝、泄洪排沙系统及引水发电系统等组成。小浪底水利枢纽的拦河坝为Ⅰ级建筑物,地震设计烈度为8度。主坝为土质斜心墙堆石坝,最大坝高154 m,坝顶高程281.00 m,河床部位预留2 m沉降超高,竣工实际坝顶高程为283.00 m。

大坝河床段坝基为深厚砂砾石覆盖层,深槽段厚度约70 m,其中厚度0~7 m的上部砂层及部分砂砾石层因沉降大及可能液化而被挖除。坝基覆盖层采用两道垂直防渗墙处理,典型坝体断面如图5-50所示。

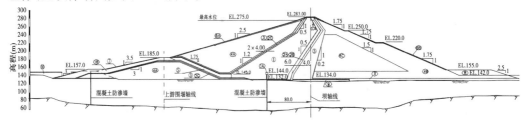

图5-50　典型坝体断面

（二）坝顶裂缝和大坝不均匀变形基本情况

2001年7月24日库水位在192.00 m时,距下游侧路缘石内侧40~60 cm处有一条长约100 m、最大开口宽度约10 mm的非连续纵向裂缝。2003年10月18日发现主坝下游距下游侧路缘石80~120 cm处,六棱砖缝间有1条长约160 m、最大宽度约4 mm的连续裂缝。发现裂缝基本平行于坝轴线方向,长约627 m,裂缝的平面及剖面位置如图5-51和图5-52所示。

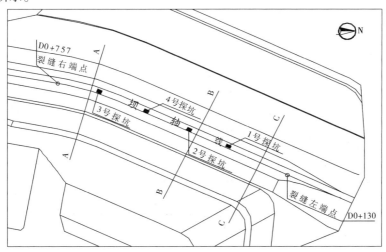

图5-51　小浪底主坝坝顶裂缝平面位置

经现场检测,裂缝主要特征为:

（1）裂缝位置:裂缝位于坝顶下游侧,距路缘石距离为0.80~1.20 m,与坝轴线基本平行。从坝体剖面可见裂缝位于坝体3区料范围内。

169

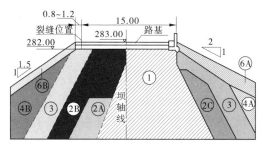

图 5-52　小浪底主坝坝顶裂缝剖面位置

（2）裂缝深度及走向：最大发展深度为 3.90 m，其走向基本垂直。

（3）裂缝宽度：沿裂缝长度每隔 5 m 测量一次裂缝开口宽度，测值范围为 2～100 mm，其中大于 50 mm 的占 11.2%，30～50 mm 的占 13.1%，30 mm 及以下的占 75.7%。

（4）裂缝两侧土体无错台现象。

坝顶及坝坡的不均匀变形较大也引起了人们的注意。实施外部变形监测以来，监测数据表明坝顶上下游坡存在明显的不均匀变形，表现为上下游侧对应桩号高程的测点水平位移、垂直位移均有较大差值，下游侧大于上游侧，尤其以水平位移明显。在最大坝高断面坝顶处，上下游两侧测点相距不足 18 m，但在不到 6 年的时间内水平位移差值为 413.4 mm，相当于两点间距离平均每年拉开约 70 mm。

（三）监测资料分析成果

小浪底工程典型测点的水平位移测值过程线见图 5-53。水平位移的变化规律是：各点位移随时间逐渐增大，由河床向两岸逐渐减小，同一高程下游侧位移普遍大于上游侧。传统统计模型分析结论：一是水位分量与水位正相关，库水位对上游侧测点水平位移的影响大于下游侧；二是时效分量都逐渐增大，但后期增速趋缓。由于下游侧的时效大于上游

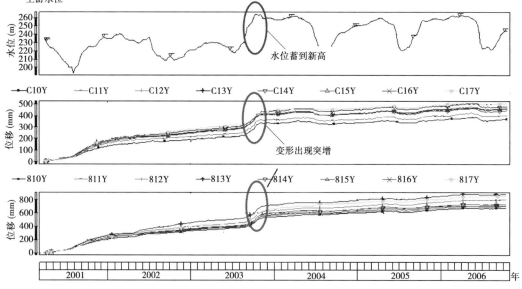

上游水位、上游 283 m 北段视准线水平位移、下游 283 m 中段视准线水平位移测值过程线

图 5-53　上下游 283 m 视准线典型测点水平位移测值过程线

侧,而上游侧的水位分量大于下游侧,每当库水位急剧下降时,上游侧向上游的水位分量大于下游侧,而下游侧向下游的时效分量大于上游侧,导致上下游位移差急剧增大。这是产生水平位移差的主要原因。

由最大坝高断面坝顶处上下游两侧测点 C13 和 813 组成测点对,其位移差值代表 283 m 高程的上下游侧不均匀变形。监测数据过程线及库水位过程线见图 5-54。水平位移差值呈逐渐增大的趋势。2003 年水位首次上升至 265.69 m 期间,水平位移差值有明显突增。

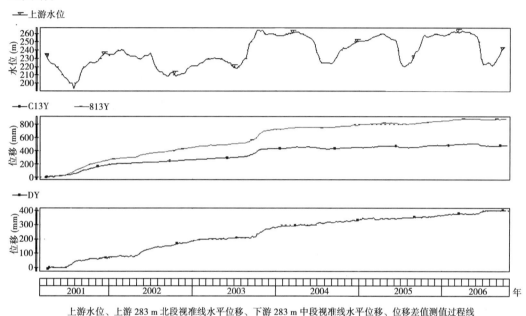

上游水位、上游 283 m 北段视准线水平位移、下游 283 m 中段视准线水平位移、位移差值测值过程线

图 5-54 283 m 高程 $B-B$ 断面上下游侧测点水平位移、水平位移差值及库水位过程线

2005 年后用土体位移计对坝顶裂缝进行监测,测值过程线见图 5-55。$B—B$ 断面裂缝开度与坝顶水平位移差值比较过程线见图 5-56。土体位移计测值变化的主要特点是在调水调沙期间水位快速下降过程中,测值显著增加,说明裂缝开度随水位骤降有显著增加。坝顶裂缝发展与坝顶水平位移差值变化规律一致,均与库水位下降存在直接相关关系,据此推断裂缝张开的主要影响因素是水位下降阶段上下游土体水平位移的不均匀变化。

由监测资料分析获得坝体整体变形规律,并得知裂缝开展和不均匀变形之间存在密切的联系。结合心墙土石坝变形的一般规律进一步对裂缝成因进行分析可知,作为覆盖层上修筑的斜心墙堆石坝,小浪底坝体在沉降时具有较强的向上下游两侧挤出的趋势;而下游坝壳在水平推力、竖向荷载及坝壳自重作用下,瞬时弹塑性变形和长期流变变形都大于上游坝壳,导致坝顶出现拉伸变形而产生裂缝。因此,小浪底坝顶纵向裂缝的成因主要有两个方面:一是坝体水平位移量值较大;二是上下游坝坡变形不均匀,下游坝坡变形大于上游坝坡变形。

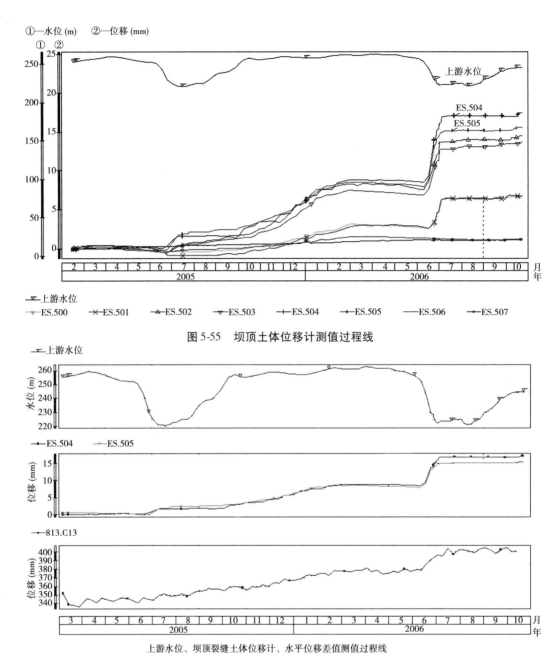

图 5-55 坝顶土体位移计测值过程线

上游水位、坝顶裂缝土体位移计、水平位移差值测值过程线

图 5-56 *B—B* 断面裂缝开度与坝顶水平位移差值比较过程线

(四)包含首蓄因子模型的提出

传统模型在拟合的精确性和预报的准确性上存在不足,尤其是在水库首次蓄到新高水位时水平位移较大的欠拟合现象无法得到解释,影响到模型的可信度,无法应用于对未来发展趋势的预测。

实测数据显示,心墙土石坝在首次蓄到新高水位时的坝体变形规律与再次蓄到相同水位时有明显的区别,首次蓄到新高水位时期的变形明显突增(见图5-52)。小浪底在2003年水位蓄到新高过程中上下游水平位移都出现"S"状突增现象。2003年,240.87~265.69 m为首次蓄到新高水位阶段,下游侧813点水平位移平均增速为2.19 mm/d,上游侧C13点平均增速水平位移为1.75 mm/d,不均匀变化率为0.44 mm/d。这说明坝体变形呈现两个特点:一是水平位移增加较快,二是下游侧增速明显大于上游侧。

许多水库在实际运行中,由于受到上游来水情况以及运行方式等的限制,经常无法一次性蓄到正常蓄水位。因此,认识和模拟高心墙土石坝在水库蓄到新高水位时的变形规律,对预测和控制水库继续往上蓄水的变形情况,保障大坝运行安全,具有十分重要的意义。

针对传统模型的不足,经过仔细研究首次蓄到新高水位时的变形特点,作者提出了包含首次蓄水因子(简称首蓄因子)的位移模型。模型方程为如下形式:

$$\delta = \sum_{i=1}^{4} a_i H^i + \sum_{i=1}^{6} a_i' \overline{H_i} + \sum_{i=1}^{2} \left[b_{1i}\sin(is) + b_{2i}\cos(is) \right] +$$
$$c_1 e^{-kt} + c_2 t + c_3 \ln(1+t) + \sum_{i=1}^{2} d_i(DH_i) \tag{5-2}$$

水位因子:H^1、H^2、H^3和H^4,采用$H = (h-140)/140$,h为测时当日平均水位。为前期平均水位因子,取6项,分别是3、5、7、15、30、60天前平均水位。

温度因子:因气温测值序列部分时段缺测,温度分量采用周期因子$\sin(s)$、$\cos(s)$、$\sin^2(s)$、$\sin(s)\cos(s)$,$s = 2\pi t'/365$,t'为测时日期距分析起始日期的时间长度(天)。

时效因子:t、e^{-kt}、$\ln(1+t)$。$t = t'/30$,t'的含义同前。

模型中最大的特点是增加了首蓄因子。若本测次前最高水位超过上个测次之前的最高水位,选入该项因子。包含H_D和H_A 2项,H_D为水位超出部分,H_A为H_D与当日水位H之积。2项因子均为累计量。为方便计,在方程中用DH_1和DH_2表示。为提高拟合效果,还可设置H_A与H_D的2~3次方交叉项。

为验证模型的有效性,选择相同的数据序列,分别采用传统模型和新模型进行建模求解,模型结果见表5-13。模型对比结果如下:

表5-13 坝顶水平位移预报模型方程对比　　　　　　　　　(单位:mm)

测点编号	模型类别	建模时段	复相关系数	剩余标准差	方程
813Y	传统模型	2002年1月1日至2006年10月15日	0.977 9	29.205	$Y = 703.4892 + (431.0752) * H_{060} + (-26.5137) * \sin(s) + (27.3888) * \sin(s) * \cos(s) + (4.5383) * t + (105.5576) * \ln(1+t)$
813Y	新模型	2002年1月1日至2006年10月15日	0.996 3	11.989	$Y = 703.4892 + (10.0448) * \sin(s) + (7.3910) * \cos(s) + (-6.0987) * (\sin(s))^2 + (3.5374) * t + (78.2092) * \ln(1+t) + (63.0297) * H_A + (-44.4252) * H_D$

测点编号	模型类别	建模时段	复相关系数	剩余标准差	方程
813Y	传统模型	2002 年 1 月 1 日至 2005 年 9 月 30 日	0.985 9	18.468	$Y = 617.3309 + (-278.7895) * H_{030} + (690.9054) * H_{060} + (-25.1011) * \sin(s) + (22.0371) * \cos(s) + (14.1096) * (\sin(s))^2 + (7.8342) * t + (70.8769) * \ln(1+t)$
813Y	新模型	2002 年 1 月 1 日至 2005 年 9 月 30 日	0.994 5	11.489	$Y = 617.3309 + (9.3442) * \sin(s) + (9.2543) * \cos(s) + (-10.6861) * (\sin(s))^2 + (3.6769) * t + (77.8213) * \ln(1+t) + (58.7523) * H_A + (-41.0161) * H_D$

（1）拟合的精确性。对比传统模型和新模型的各项指标,新模型的精度有明显提高,剩余标准差降低为传统模型的 41%。传统模型的欠拟合现象在新模型中得到明显改善,见图 5-57。

（2）预报的准确性。用前段的数据建模预测后一年内的测值。两个模型的预报效果见图 5-58,竖线之右为预报阶段。传统模型预报过程线与实测过程线严重分离,残差过程线迅速越到 3S 警戒线之外;而新模型预报过程线与实测过程线基本吻合,残差过程线完全在 3S 警戒线之内且基本呈随机分布。

上述情况说明,因为首蓄分量模拟出首次蓄到新高水位时库水位对水平位移的影响,增加首蓄因子的模型拟合效果和预报效果明显优于传统模型,可以用来对未来水平位移发展情况进行预测研究。

（五）应用首蓄因子模型对未来蓄水过程中的变形预报

小浪底水库正常蓄水位为 275.0 m,已蓄到过的最高水位为 265.69 m,距正常蓄水位还有 9.31 m。目前坝顶水平位移仍有一定的发展速率,且不均匀变形程度较大,预测 275.0 m 水位下水平位移及不均匀变形的发展情况具有较大的实际意义。下面利用包含首蓄因子的统计模型来对未来变形发展情况进行预报。

根据首蓄因子建模原理,求得 813、C13 和 DY 的预报模型,见表 5-14。按照有关蓄水规程规定,假定未来分级蓄水过程为 265 ~ 270 m（持续 3 个月）和 270 ~ 275 m。模型预报结果见表 5-15,图 5-59、图 5-60 分别为 813 和 DY 的未来测值预报过程线,红色竖线右侧为预报时段。从图中可以看出,在假定的蓄水过程下,当水位首次由 265 m 蓄到 270 m 和由 270 m 蓄到 275 m 时,各点的首蓄分量和预报值分别出现两个台阶。

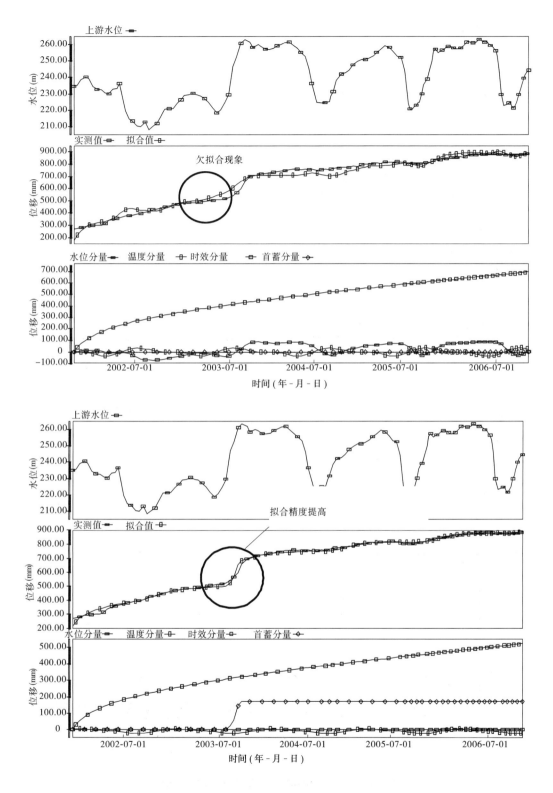

图 5-57　传统模型和新模型的拟合精确性比较

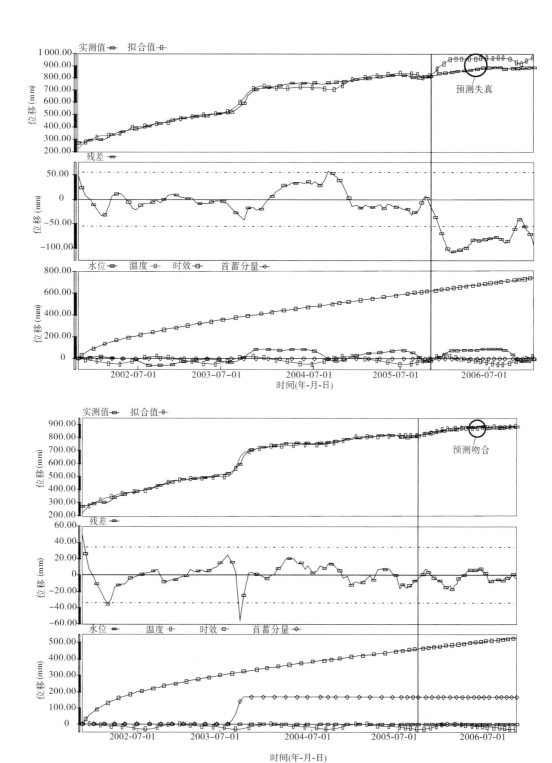

图 5-58　传统模型和新模型的预报准确性比较

表 5-14　坝顶水平位移及差值预报模型结果　　　　　　　　（单位:mm）

测点编号	建模时段	复相关系数	剩余标准差	方程
813Y	2002 年 1 月 1 日至 2006 年 10 月 15 日	0.996 3	11.989	$Y = 703.4892 + (10.0448) * \sin(s) + (7.3910) * \cos(s) + (-6.0987) * (\sin(s))^2 + (3.5374) * t + (78.2092) * \ln(1 + t) + (63.0297) * H_A + (-44.4252) * H_D$
C13Y	2002 年 1 月 1 日至 2006 年 10 月 15 日	0.996 2	6.179 1	$Y = 396.4498 + (78.5303) * H_1^2 + (2.5269) * \sin(s) + (-4.9906) * \cos(s) + (-7.5596) * (\sin(s))^2 + (0.9280) * t + (37.6719) * \ln(1 + t) + (45.5085) * H_A + (-32.5642) * H_D$
DY	2002 年 1 月 1 日至 2006 年 10 月 15 日	0.991 9	0.991 9	$Y = 240.9529 + (-76.3906) * H_{060} + (5.6402) * \sin(s) + (5.5677) * \cos(s) + (-9.7255) * (\sin(s))^2 + (4.2759) * \sin(s) * \cos(s) + (2.9862) * t + (38.6427) * \ln(1 + t) + (48.8768) * H_A + (-37.5166) * H_D$

从预报结果来看,若 2007 年起按照假定水位过程蓄水,在首次蓄到水位级 265～270 m 和 270～275 m 新高水位的阶段中,坝体的水平位移发展速率会进一步增大,并且水位级越高增加速度越快。在 275 m 水位达到之后,坝体变形主要按照时效分量的发展趋势发展。除了首蓄因子的影响,最大位移点的年变幅不到 60 mm,而位移差值的年变幅不到 40 mm。

以上的预报是基于前述假定蓄水过程得出的。给出其他的蓄水过程,也能按照该模型进行预报。

表 5-15　坝顶水平位移及上下游侧位移差值预报成果　　　　　　　（单位:mm）

点号	首次 265～270 m 蓄水 （2006 年 12 月 2～16 日）			首次 270～275 m 蓄水 （2007 年 3 月 10～24 日）			2008 年年底位移		
	起始值	结束值	增量	起始值	结束值	增量	最终位移	当前位移	增量
813Y	908.2	980.1	71.9	998.9	1 079.9	81	1 175	884.6	290.4
C13Y	510.1	560.1	50	564.8	619.2	54.4	634.6	482	152.6
DY	409.8	448	38.2	447.1	491.9	44.8	569.7	402.2	167.5

(六)结论

以小浪底坝顶裂缝问题为研究对象,研究开发并应用首蓄因子模型,对当前变形性态

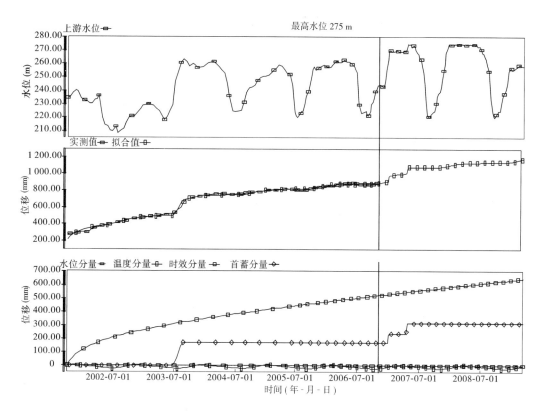

图5-59　坝顶下游侧813测点的水平位移预报过程线（到2008年年底）

进行安全评价,对未来正常高水位下变形发展趋势进行状态预测,得出大坝变形总体安全的结论,为工程竣工安全鉴定提供了有力的依据。主要结论如下:

（1）水平位移变化趋势为随时间逐渐增大,下游侧水平位移显著大于上游侧。时效分量占位移变化的主要成分,时效速率比早期有所减小,但目前仍有一定的发展速率。水平位移的变化与库水位呈正相关的关系,上游侧受水位的影响大于下游侧。

（2）纵向裂缝开度随水位骤降有显著增加,说明库水位下降是导致裂缝开度增加的主要因素。同时,裂缝发展与坝顶水平位移差值变化规律一致,均与库水位下降存在直接相关关系,说明裂缝开展和不均匀变形之间存在密切的联系。

（3）通过资料分析认为,该土石坝纵向裂缝的成因主要有两个方面:一是坝体水平位移量值较大;二是上下游坝坡变形不均匀,下游坝坡变形大于上游坝坡变形。

（4）针对"心墙土石坝在首次蓄到新高水位时的变形明显突增"的特点,提出了包含首蓄因子的水平位移模型,证明其拟合效果和预报效果明显优于传统模型,能够模拟首次蓄到新高水位时对水平位移的影响,可用来对未来水平位移发展情况进行预测研究。

（5）通过建立包含首蓄因子的预报模型,按照蓄水规程假定2年内的库水位过程,对水平位移及差值进行预报,预报结果可供管理者决策参考。结果表明,首次蓄到新高水位阶段变形会有突增,且水位级越高增加的速率越大。该模型效果在后来的运行中得到了验证。

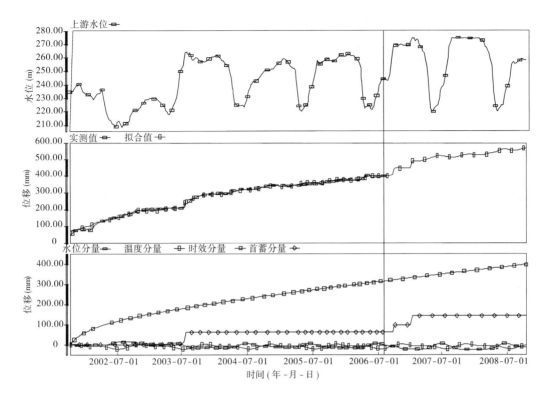

图 5-60　坝顶上下游侧位移差值预报过程线(到 2008 年年底)

总之,利用有效的监控和预报模型,对小浪底大坝不均匀变形和纵向裂缝的监测成果分析结论具有一致性,可认为小浪底大坝的变形性态没有明显异常,该土石坝的变形是安全的。

二、严寒地区的丰满混凝土重力坝冻胀上抬问题研究

处于我国北方严寒地区的一些坝,经历温度变幅很大,且有相当长时期的负温区间,导致坝体产生冻胀上抬等反常现象。利用常规监测资料分析模型来评估冻胀上抬对大坝安全的影响,效果不佳,从而需要根据问题的特点研究一些特殊的模型因子。作者研究采用冻胀因子能较好地解决这些问题。模型可用于评估冻胀对变形性态的影响,以及对坝体未来运行性态进行预测。

(一)工程概况及冻胀抬高问题

丰满大坝位于东北严寒地区第二松花江上。大坝最大坝高 91 m,坝顶全长 1 080 m,分为 60 个坝段。该大坝于 1937 年开始施工,1953 年完工,从水库初期蓄水至今已运行 60 余年。大坝施工质量较差,1954 ~ 1986 年陆续进行了补充勘探、维修、补强、加固,大坝带病基本维持正常运行。

丰满大坝混凝土冻胀破坏比较突出,主要存在 3 种冻胀破坏形式:一是溢流面的深层混凝土冻胀破坏;二是坝顶混凝土冻胀上抬;三是水平施工缝冻胀裂开。这里主要研究混凝土冻胀上抬问题。丰满大坝坝顶抬高问题从 1963 年起便引起人们的注意,坝顶垂直位移的突出特点是历年双峰现象及长期抬高的趋势性变化。经多方面的研究,排除了观测

误差、坝基变形、碱骨料反应等影响因素,认为坝顶抬高是由冻胀引起的。坝顶廊道引张线及真空激光准直水平位移的观测资料显示,坝顶水平位移实际上也存在双峰现象,见图 5-61。如何更好地解释历年双峰现象及趋势性变化,对于了解和评价冻胀对混凝土变形性态的影响以及进行大坝的老化评估都是很有意义的。

作者利用坝顶真空激光水平、垂直两向位移观测成果对冻胀变形的统计模型进行了研究,提出的冻胀因子模型较为理想地解决了丰满大坝的冻胀问题。

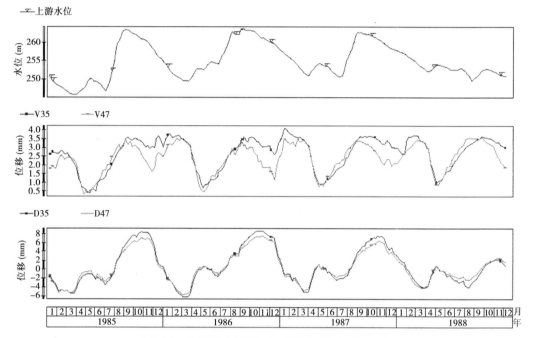

上游水位、坝顶激光垂直位移、坝顶激光水平位移测值过程线

图 5-61　上游水位、坝顶激光垂直及水平位移过程线

(二)冻胀因子的提出

采用传统的统计模型对垂直位移和水平位移进行分析,将冻胀变形影响归入了温度分量中,在理论上存在明显缺陷。应根据冻胀变形的机制来设置新的冻胀因子集。

冻胀变形主要因素有两个:其一为坝体内部裂缝中自由状态的水在冻结过程中产生 1/10 左右的体积变形,其二为混凝土的冰冻,由此产生的膨胀率可达 100 个微应变。混凝土的冰冻作用取决于多种因素的共同作用,其中负温作用是最重要的外部影响因素,但应考虑负温因子的滞后影响。此外,季节性的冻胀变形历年变化有一定的一致性,大坝的冻胀变形大致为半年周期过程。冻胀变形的因子集确定如下:

(1)定周期、定初始角的周期函数因子。通过多种方案试算结果分析,确定冻胀因素引起的变形前后历经半年左右,采用以每年 11 月 1 日为起始日期,以 1/2、1/4、1/8 年为周期的三角函数组成冻胀影响的基本因子集,该类因子描述了历年中冻胀变形相同部分的变化过程,非冻胀影响阶段因子值为 0。

（2）气温滞后作用因子。该类因子的基本形式为 I_{i-j}，i 为气温滞后影响的时间长度；j 为滞后影响时间之前所取平均温度的天数，反映前期气温变化的平均影响。该类因子可以描述历年由于温度变化的不同而引起冻胀变形的差异。该类因子计算结果为正值时取 0。

上述两类因子共同组成冻胀变形的因子集，采用的具体冻胀因子形式如下：

冻胀分量：$I\sin(2s)$、$I\cos(2s)$、$I\sin(4s)$、$I\cos(4s)$、$I\sin(8s)$、$I\cos(8s)$，I_{15-7}、I_{15-15}、I_{15-30}、I_{30-7}、I_{30-15}、I_{30-30}。

其中，"I" 的两下标参数具体含义见前述；三角函数前的字符 "I" 表示"冻胀因子"，以区别同一模型中的周期函数；$s = 2\pi(t-t_0)/365$，t 为时间长度，t_0 为分析起始时期到同年 11 月 1 日的时间距离（天数）。上述各因子的无效时段（数值归零阶段）按最小者计算。

（三）模型效果检验及应用

选取冻胀问题最为显著的 47 坝段激光观测的早期数据，未设冻胀因子的传统模型与考虑冻胀的两种回归结果见表 5-16。通过两种模型的回归结果可以看到，考虑冻胀因素的模型回归效果有明显的提高，除复相关系数增大、剩余量标准差减小外，从残差过程线也可以看到欠拟合现象明显改善。图 5-62、图 5-63 为两个典型冻胀模型分析结果过程线。可以看到考虑冻胀因子的统计模型有以下几个特点：①拟合效果优于或接近传统模型；②模型的物理意义更为明确合理，温度分量仅反映传统意义上的简谐温度场变化所产生的结构变形，温度分量的变幅及相位可以正常地得到反映；③可以对季节性冻胀的影响进行直接分析，对变化量值进行一定的估计；④与传统模型比较，冻胀模型回归结果中的水位分量、时效分量相差不大。总体来看，所建立的模型方法是有效的。

表 5-16　传统与考虑冻胀两种模型回归结果统计　　　　　　（单位：mm）

编号	分析时段	模型方程	复相关系数	标准差
V47	1985 年 1 月 4 日至 1988 年 12 月 7 日	$Y = -26.77 + 24.08e**k*t + 0.1325t + 0.7916\ln(1+t) + 7.414h - 4.456h**4 - 1.720\sin(s) - 1.351\cos(s) + 0.7124\sin(s)**2 + 1.541\sin(s)\cos(s) - 0.3556E - 01T030 - 0.8068E - 01T060$	0.945 7	0.29
V47 I	1985 年 1 月 4 日至 1988 年 12 月 7 日	$Y = -56.43 + 42.46e**k*t + 0.2720t + 0.8897\ln(1+t) + 37.38h - 23.04h**2 - 3.553\sin(s) - 1.430\cos(s) - 0.1390T0120 - 0.1363E - 01I157 + 2.769\sin(2s) + 0.1494I\cos(2s) - 1.382I\sin(4s) + 0.8103E - 01I\cos(4s) - 0.3267I\sin(8s)$	0.976 5	0.19
D47	1985 年 1 月 11 日至 1988 年 12 月 7 日	$Y = -8.104 - 0.4503\ln(1+t) + 16.75h**3 + 4.856\cos(s) + 0.4535\sin(s)**2 - 3.468\sin(s)\cos(s) - 0.7304E - 01T07 + 0.6928E - 01T015 + 0.1767T030 + 0.1815T060 - 0.9080E - 01T090$	0.987 3	0.58
D47 I	1985 年 1 月 11 日至 1988 年 12 月 7 日	$Y = 34.10 - 17.74e**k*t - 0.1586t - 41.79h + 36.26h**3 + 3.271\sin(s) + 6.153\cos(s) + 0.2576T090 + 0.4395E - 01I157 + 0.1563I307 - 0.1127I3015 - 6.060I\sin(2s) - 0.4605I\cos(2s) + 2.048I\sin(4s) + 0.5952I\sin(8s)$	0.990 6	0.51

利用上述模型对坝顶激光水平、垂直两向位移进行了分析,结果表明,大坝存在明显的季节性冻胀变形,且时效变形有一定的发展趋势。

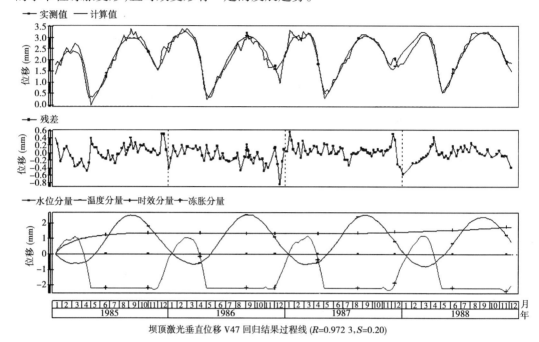

坝顶激光垂直位移 V47 回归结果过程线 (R=0.972 3,S=0.20)

图 5-62　47 坝段坝顶垂直位移冻胀模型回归结果

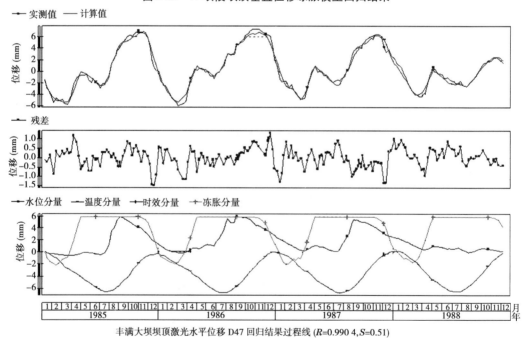

丰满大坝坝顶激光水平位移 D47 回归结果过程线 (R=0.990 4,S=0.51)

图 5-63　47 坝段坝顶水平位移冻胀模型回归结果

（四）小结

（1）采用提出的冻胀因子对变形监测资料进行统计模型分析，可以反映冻胀所产生的变化位移的基本过程大致是半年周期函数的一部分，较好地解释了历年双峰现象。

（2）采用提出的冻胀因子进行变形监测资料分析，其拟合效果优于或接近传统模型；模型的物理意义更为明确合理；可以对季节性冻胀的影响进行直接分析，对变化量值进行一定的估计。从总体来看，包含冻胀因子的模型方法是有效的。

（3）对于冻胀问题较为严重的大坝，尤其是地处高寒地区的混凝土坝，有必要采用考虑冻胀因子的模型进行分析，以了解及评价冻胀对变形性态的影响，对其老化评估、坝体未来运行性态预测也是很有意义的。

三、五强溪重力坝船闸闸室开合度异常问题研究

与大坝等挡水建筑物不同，船闸闸室的位移变化主要发生在闸室充放水的过程中，其主要影响因素不再是水库水位，故传统的统计模型就不再适用于其位移的分析。五强溪船闸一闸室开合度异常增大的现象引起了多方关注（此处闸室开合度沿用管理单位的叫法，指闸室两侧墙顶部的相对位移，张开为正，闭合为负）。作者研究了船闸闸室开合度的位移模型，并利用模型预测了在水库水位达到 110.0 m 时闸室开合度的变化情况。

（一）工程概况与研究背景

五强溪水电站位于沅水干流上，具有发电、防洪、航运等综合效益。枢纽主体工程由实体混凝土重力坝、右岸坝后式厂房和左岸三级连续船闸等组成。三级船闸布置在左岸，主体结构由上游进水口、4 个闸首、3 个闸室、下游泄水口等构成，总长 531.0 m，单级最大工作水头为 42.5 m，总水头 60.9 m，设计年过坝货运量 250 万 t。船闸于 1994 年底建成，1995 年 2 月 10 日首次通航。

一闸室左侧傍左岸人工高边坡，右侧紧邻溢流坝消力池，纵向自桩号坝下 0 + 065.00 ~ 0 + 172.00 间布置，沿船闸轴线方向总长 106.96 m，共分 5 个结构段。闸室结构为坞式整体结构，即由左、右岸闸墙与底板组成"U"形结构。输水系统廊道布置于底板内。闸墙顶高程为 112.00 m，底板高程为 72.80 m，底板总宽为 45 m。监测上 10 个引张线测点分布在 5 个闸段的左右两侧，用对应的引张线测点间的位移和表示相应闸段的开合度。根据设计阶段线弹性有限元分析结果，设计水位 110.5 m 时，一闸室最大开合度变形为 22.1 mm。

2000 年 11 月船闸引张线自动观测的结果表明，一闸室开度的变化超过测量报警范围，并伴随结构缝漏水明显加大的现象。实测闸墙顶部变形远超设计阶段计算值。该闸顶变位过大的问题引起了管理单位的高度重视，组织了多个单位专家进行现场检查和资料分析。经放空积水检查发现，闸室底板上出现了大量闸室轴向裂缝，裂缝间距为 0.8 ~ 1.0 m，侧墙与底板交界处均出现裂缝，个别闸段在侧墙上发现裂缝。作者参与了该船闸的监测资料分析工作，下面重点对一闸室的开合度专项监测数据进行深入分析，以研究闸室开合度与充放水高低水位之间的定量关系，并分析其变化趋势。

（二）初步分析

一闸室开合度观测采用人工观测和自动化观测相结合的方式，基于闸墙顶上的 10 个引张线测点。观测基于一次充放水过程，步骤如下：在闸室充放水过程中，对应最高水位

和最低水位分别测得闸墙顶上各引张测点的位移,计算出因充放水产生的变形,之后将左右闸墙相对测点的变形相加,便得出5个闸段各自闸墙间的开合度。人工和自动化开合度观测各有5个测点,分别用开度1~开度5和开度Z1~开度Z5表示。

闸室开合度特征值统计情况列入表5-17。人工测量的开合度最大值为35.80 mm,自动化测量的开合度最大值为37.40 mm。人工及自动化开合度测值变化趋势完全相同,测值能够相互印证。开合度变化趋势与闸室充放水运行水位密切相关,和充放水水位差成明显的正相关关系,并与水位的实际高低也有密切关系。

表5-17 一闸室开合度最大值及对应水位统计表

测点	开度最大值	最大值日期 (年-月-日)	对应高水位 (m)	对应低水位 (m)
开度1	32.90	2005-02-18	107.92	72.8
开度2	33.50	2001-01-13	107.3	79.93
开度3	31.00	2001-01-13	107.3	79.93
开度4	31.40	2005-02-18	107.92	72.8
开度5	35.80	2005-02-18	107.92	72.8
开度Z1	31.93	2005-02-20	107.87	72.8
开度Z2	36.78	2005-02-20	107.87	72.8
开度Z3	37.40	2005-02-20	107.87	72.8
开度Z4	33.75	2005-02-20	107.87	72.8
开度Z5	31.01	2005-02-20	107.87	72.8

(三)基于充放水因子的模型分析

为了研究闸室开合度与充放水高低水位之间的定量关系,选取人工和自动化测量的开合度作为分析对象进行统计模型分析。因为闸室开合度不仅与水位差有关,也与水位实际高低有关,故选择闸室充放水时的最高水位和最低水位作为影响闸室开合度的主要因子,温度和时效因子同传统模型。闸室开合度的回归方程组成形式如下:

$$\delta = \delta(H_1) + \delta(H_2) + \delta(T) + \delta(t) \tag{5-3}$$

即变形量由低水位、高水位、温度和时效4个分量组成,其中高低水位分量如下:低水位因子H_1、H_1^2、H_1^3、H_1^4,$H_1 = (h_1 - 70)/40$;高水位因子H_2、H_2^2、H_2^3、H_2^4,$H_2 = (h_2 - 70)/40$;其中h_1、h_2分别为观测时充放水最低水位和最高水位。

求解后的方程见表5-18。图5-64和图5-65为人工观测五闸段开度和自动化观测三闸段开度的回归分量曲线,可见模型具有较好的拟合效果。分析结论如下:①高水位分量是主要组成部分,开合度与高水位呈正相关,与低水位值呈负相关,说明高水位越高、低水位越低时开合度越大。②开合度与温度呈负相关,即温度升高开合度减小,温度降低开合度增大。这与闸室底板出现裂缝有关。夏天温升导致闸侧墙向闸室内部变形,从而使裂缝压紧,使裂缝内部不易进水,减小了裂缝内的渗透压力。冬天侧墙向闸室外侧变形,使裂缝张开,水渗入裂缝,从而增大了渗透压力,导致开合度变大。③时效分量很小甚至为0,说明船闸充放水时产生的闸墙变形一般都是可恢复的,目前仅个别闸段有少量残余变形存在。④综合来看,目前一闸室仍处于弹性工作状态,未受到残余变形的影响。

表 5-18　一闸室开合度回归方程

测点编号	建模起始日期（年-月-日）	建模结束日期（年-月-日）	复相关系数	剩余标准差	方程
开度 1	2001-01-17	2006-03-08	0.949 8	2.145 3	$Y = 8.2841 + (-14.0851) * H_1 + (-65.3258) * H_2^3 + (96.0531) * H_2^4 + (2.8809) * \cos(s)$
开度 2	2001-01-17	2006-03-08	0.912 7	2.905 8	$Y = 6.0278 + (-11.4531) * H_1 + (32.4639) * H_2^4 + (2.5212) * \cos(s) + (-3.2235) * \sin^2(s) + (-0.9052) * \ln(1+t)$
开度 3	2001-01-17	2006-03-08	0.907 5	2.714 8	$Y = 7.8691 + (-10.8181) * H_1 + (27.3685) * H_2^4 + (2.6149) * \cos(s) + (-4.2498) * \sin^2(s) + (-1.0810) * \ln(1+t)$
开度 4	2001-01-17	2006-03-08	0.908 8	2.797 5	$Y = 3.8366 + (-14.3665) * H_1 + (30.8349) * H_2^4 + (3.3589) * \cos(s) + (-3.8042) * \sin^2(s)$
开度 5	2001-01-17	2006-03-08	0.936 8	2.501 8	$Y = 9.0977 + (-16.4592) * H_1 + (-71.2272) * H_2^3 + (102.6822) * H_2^4 + (2.6300) * \cos(s)$
开度 Z1	2004-09-19	2006-03-08	0.968 5	2.038 2	$Y = 8.8501 + (-22.2141) * H_1^2 + (-146.422) * H_2^3 + (174.4887) * H_2^4 + (1.4154) * \sin(s) + (-1.9541) * \cos(s) + (-3.0503) * \sin^2(s) + (2.9247) * \ln(1+t)$
开度 Z2	2004-09-19	2006-03-08	0.973 2	2.026 9	$Y = -2.7812 + (-8.9580) * H_1 + (42.0909) * H_2^4 + (2.2643) * \sin(s) + (-2.5472) * \cos(s) + (-5.2788) * \sin(s) * \cos(s)$
开度 Z3	2004-09-19	2006-03-08	0.947 5	2.451 5	$Y = -3.9460 + (-19.4785) * H_1 + (43.6987) * H_2^4 + (-1.6595) * \cos(s) + (1.8901) * \ln(1+t)$
开度 Z4	2004-09-19	2006-03-08	0.912 2	3.140 8	$Y = -0.0721 + (-13.7613) * H_1 + (38.2370) * H_2^4 + (-3.0716) * \cos(s)$
开度 Z5	2004-09-19	2006-03-08	0.931 7	2.634 3	$Y = -6.0388 + (-15.3220) * H_1 + (38.7036) * H_2^4 + (-2.7464) * \cos(s) + (2.0267) * \ln(1+t)$

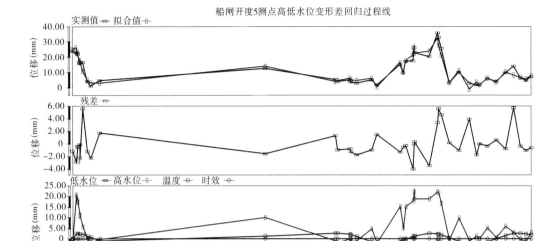

图 5-64　船闸一闸室开合度测值回归过程曲线(人工测量)

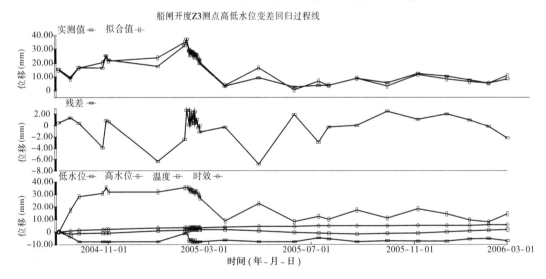

图 5-65　船闸一闸室开合度测值回归过程曲线(自动化测量)

(四)初步预测

目前一闸室的工作状态基本处于弹性状态,利用统计模型对未来的开合度变化进行初步的预测,对于判别工程的长期安全性具有较大的参考意义。下面研究水库的远景蓄水目标 110.0 m 条件下的一闸室开合度。

选择最不利运行工况进行预测:低温季节 + 高水位,即假设闸门充放水运行中的最高水位为 110.0 m,最低水位为 72.8 m,时间选在 2 月,预报 2007 年 2 月、2008 年 2 月、2009 年 2 月三个时间的开合度测值,预报模型采用:开度 5(人工观测)、开度 Z3(自动化观测)的统计模型,经计算得到表 5-19 中的预测值。

可见,未来水库若蓄水到 110.0 m,并且在低温季节运行,一闸室充放水运行时最大的开合度会达到 44.53 mm(3 年后)。这比文献[17]中计算得到的闸室最大开合度 66 mm 还有较多的余度,说明在现有条件下,即便水库蓄水达到 110.0 m,一闸室也能够正常运行。

表 5-19　一闸室开合度测值预测表

测点	当前最大值	预测值(mm)		
	(mm)	2007 年 2 月	2008 年 2 月	2009 年 2 月
开度 5	35.80	42.03	42.03	42.03
开度 Z3	37.40	43.61	44.12	44.53

(五)小结

通过对人工及自动化观测的一闸室充放水开合度数据的分析表明,观测数据能够相互印证,故是可信的。由统计模型方法分析结果可知,充放水的高水位是影响开合度变化的主要因素。从时效分量来看,目前闸室的残余变形是很小的,并趋于收敛,说明船闸充放水时产生的闸墙变形一般都是可以恢复的,闸室仍处在弹性的工作状态。采用统计模型外延对未来蓄水到 110.0 m 时一闸室开合度进行初步预测,估计最大开合度会达到 44.53 mm,一闸室仍能够正常工作。

但由于船闸运行时间较长,结构老化在所难免,闸室底板裂缝也存在扩展的可能性,故必须坚持监测,密切注视变化动态,及早发现可能的异常情况并及时处理。在决定提高蓄水位到 110.0 m 前,对闸室的安全性还需进行充分论证。

参 考 文 献

[1] 朱伯芳,张国新,贾金生,等. 混凝土坝的数字监控——提高大坝监控水平的新途径[J]. 水力发电学报,2009,28(1).

[2] 吴中如,顾冲时. 水工建筑物安全监控理论及其应用[M]. 南京:河海大学出版社,1990.

[3] 李珍照. 大坝安全监测[M]. 北京:中国电力出版社,1997.

[4] 李珍照. 混凝土大坝观测资料分析[M]. 北京:水利电力出版社,1989.

[5] 陈久宇. 观测数据的处理方法[M]. 上海:上海交通大学出版社,1987.

[6] 朱伯芳,张国新,郑璀莹,等. 陈村拱坝安全度计算分析[R]. 2006.

[7] 贾金生,鲁一晖,郑璀莹,等. 丰满大坝结构安全度计算分析及纵缝影响研究[R]. 2007.

[8] 贾金生,等. 特高拱坝安全关键技术研究及工程应用[R]. 2011.

[9] 郑璀莹. 混凝土坝中各种接触面的数值模拟方法研究及工程应用[D]. 2006.

[10] 中村,饭田,等. 实测资料にみるァーチダムのたおみの举动解析. 土木技术资料,1963,15(12).

[11] 黄河勘测规划设计有限公司. 小浪底水利枢纽大坝变形反演分析报告[R]. 2006.

[12] 水利电力部第五工程局,水利电力部东北勘测设计院. 土坝设计(下册)[M]. 北京:水利电力出版社,1978.

[13] 高澜,等. 碧口土石坝实测变形分析[J]. 西北水电,1998,(2):20-22,30.

[14] 南京水利科学研究所. 土坝裂缝及其观测分析[M]. 北京:水利电力出版社,1979.

[15] 俞介刚,等. 丰满大坝首次安全定期检查专题报告之十四——大坝冻融、冻胀、老化情况[R]. 水利部东北勘测设计研究院, 1997.

[16] 李珍照,等. 丰满大坝顶部抬高的观测研究[J]. 水利学报,1982(12).

[17] 中国水利水电科学研究院. 五强溪电站船闸变形问题研究报告[R]. 2002.

[18] 赵春. 大坝位移监控预报模型和病险水库除险加固重要性排序[D]. 2010.

第六章　大坝加固技术

　　20 世纪以来建设的水库大坝,其预期的正常工作年限,或者说大坝寿命,目前国内和国际上还没有一个通用的标准。有文献表明,1 000 年以前人类曾修建了大量低于 30 m 的各种坝,这些坝至今很少有存在的,绝大多数都溃决破坏了,其寿命是比较短的,主要原因是设计、施工和补强、加固水平比较低,如防洪标准低,大坝结构在应力、稳定等方面有明显的设计和施工缺陷,运行维护技术有限等。20 世纪以来,大坝设计、建设比较规范,补强、加固技术比较先进,因此大坝寿命普遍比较长。大坝的寿命不仅取决于大坝自身的质量问题,还与环境、社会需求等有关,同时也与补强、加固技术关系密切。大坝的寿命可分为自然存续寿命(简称自然寿命)、环境寿命和经济使用寿命。大坝的自然寿命主要取决于大坝自身的条件。因建筑物自身结构、材料、地震、洪水等原因导致大坝成为病险坝,大坝的处理需要按重建、拆除或废弃等情况执行时,可以认为大坝达到了自然寿命。人为破坏以外的,即除战争、恐怖等外的大坝溃决失效,例如我国有 3 000 多座大坝溃决,美国有 1 000 多座大坝溃决,也属于大坝自然寿命的终止。加拿大有一座 50 多 m 高的重力坝,运行 50 多年后,病险严重,多方案论证表明,补强、加固的费用高于新坝址重建的费用,故于 2003 年进行了重建,这种情况也属于大坝自然寿命的终止。大坝的环境寿命是指大坝因枢纽(如水库淤积)、环境保护、建坝目的的变化等非大坝自身因素导致的大坝功能的终止、废弃和拆除情况,如有些水库因泥沙淤满导致了大坝的退役,有些大坝因环境保护目的导致废止,有些大坝因服务目标变化导致拆除等。大坝的经济使用寿命是指大坝从新坝,经过一个时期运用,不断老化,安全余度或大坝功能不断降低,到需要全面治理或全面补强、加固的时间长度。全面治理或全面补强、加固的目的是使大坝重新恢复到一座新坝的功能和安全余度。一个大坝的自然存续寿命期内可以有多个经济使用寿命周期。不同大坝的经济使用寿命可能会有比较大的差异。有的国家规定混凝土结构的正常服务期为 50 年。从世界各国 20 世纪以来建设的重力坝运行情况看,一般重力坝的经济使用寿命周期是长于 50 年的,但也有短于 50 年的情况。对于一座具体的工程,确定一个具体的经济使用寿命周期有一定的参考价值,因为各项坝工技术和对大坝自身各方面问题的认识,历经长时间之后会有根本的变化,按新的认识和技术对达到经济使用寿命周期的大坝进行全面的长期安全性评价并针对揭示的问题进行彻底的补强、加固,将大坝的各项安全度储备恢复到一座新的大坝的水准,有实际的指导意义。

　　影响大坝补强、加固的另一个因素是大坝的环境寿命。环境寿命有时会明显短于大坝的自然寿命,同时影响大坝的经济使用寿命。例如,国内外都有一些泥沙淤积比较严重的河流,泥沙淤积直接影响兴利库容,虽然疏浚、运行调度如异重流、调水调沙等措施在有些情况下可以减缓泥沙的淤积,但从总的情况来看,多泥沙河流上的水库寿命有时是比较有限的,甚至短于 100 年。水库的废止会导致大坝功能包括经济使用寿命的终止,也会对补强、加固方案产生根本的影响。

我国水利水电工程的大规模建设和管理已历经 50 多年,在补强、加固方面积累了很多行之有效的方法和经验。施工期、运行期对大坝的各种缺陷及时、彻底地补强、加固可以有效避免重大病险,有效延长大坝的经济使用寿命。对于达到经济使用寿命的大坝,通过对各种参数的重新评估,运用仿真分析、观测资料分析、反分析等手段,可以对大坝长期安全性进行评价,并根据评价结果选用综合的全面治理方案。

本章系统梳理了作者最近 10 多年来在大坝除险加固方面的研究成果,内容包括大坝补强加固方案,在水库放空和水下施工情况下进行混凝土坝上游面防渗、大坝灌浆降渗等修补加固的技术方案,水下清淤和水下施工技术,以及土石坝加固技术等,以期为未来水库大坝工程除险加固选择提供参考。

第一节　混凝土坝加固方案综述

大坝的全面治理包括基础加固治理和坝体加固治理。基础部分加固的措施有锚固、置换、灌浆、堵漏及降低扬压力等,与岩土基础处理和边坡等的治理有类似之处,此处不作介绍。坝体的加固治理,分为日常的运行维护维修、小规模的除险加固和问题比较严重的、规模比较大的全面治理,前者多是大坝运行初期或者例行的工作,后者是指大坝有比较严重的功能或者安全问题,需要投入比较大的资金进行修复,多数情况是运行多年的大坝。本节重点介绍后一种情况的全面补强、加固,日常和小规模的除险可以参考相应的措施。

大坝全面治理的可靠性和有效性既取决于大坝长期安全性评价成果,也取决于综合技术措施的选择,这一过程具有很大的困难,它需要考虑许多因素,包括技术、经济、环境以及实践经验等。全面治理的目的多是解决大坝遇到的突出病害,并使大坝结构的安全余度或功能基本恢复到一座新坝的水平,使大坝进入新的经济使用寿命周期。

大坝经过几十年的运行,有的工程存在渗漏,有的混凝土耐久性差,有的混凝土施工质量与整体性差,有的大坝抗滑稳定及结构安全余度偏低等,也有的个别工程,各种缺陷都不同程度地存在,一般不能采用同一种技术措施完全解决,必须采用不同技术措施进行综合治理。老混凝土大坝综合治理一般有三个方案,即:①放空水库或在上游面做围堰,从而形成干地施工;②以原坝作为围堰,在坝后适当地方重新修建一座新坝;③采用水下等特殊施工技术。上述三个方案都有成功的实践经验,但采用比较多的是第三个方案,因为治理工作不影响或少影响电站的正常运行,亦能保证大坝的泄洪能力和对下游的供水要求,具有较好的经济指标。

常见的威胁大坝安全运行的主要病害或缺陷列入表 6-1。主要病害或缺陷可以归纳为五大类,每一类都需要有不同的治理措施。而综合治理措施的选择是至关重要的,简单实用、牢固可靠的、经过实践检验的成熟技术是应该优先选用的。实际上,由于大坝的特殊性,很难找到统一的、普遍适用的单一方案。表 6-1 中简要说明了各种病害治理预期达到的目的以及每种病害的治理措施及综合治理方案。

表 6-1　大坝主要病害或缺陷及其治理措施

	病害或缺陷		治理措施	预期目的
1	渗漏问题	渗漏	A 或 B	①提高大坝防渗能力； ②降低坝体浸润线高度； ③抵御水的有害的物理化学作用
		溶蚀		
		冻融		
		冻胀		
2	混凝土质量低劣 低强,强度不均匀		A 或 B	防止老混凝土进一步劣化,特别是风化、冻融破坏
3	整体性差	纵缝、子纵缝	C	①纵缝治理的根本目的是传递荷载,提高大坝整体性； ②封闭裂缝,提高大坝整体性； ③提高大坝抗震能力
		水平施工缝		
		裂缝		
4	大坝抗滑稳定及结构安全 余度偏低		C、E	①增加大坝断面,增加坝体自重,改善坝体应力状态,改善坝体抗冻融能力； ②减小坝底扬压力
5	碱活性反应等		D	锯缝释放挤压应力

注:表中治理措施代号如下:

A 上游表面防渗方案:

A1 上游面混凝土叠合层防渗;

A2 上游面混凝土面板与 PVC 复合柔性防渗体系联合防渗;

A3 上游面沥青混凝土防渗;

A4 上游面混凝土面板防渗;

A5 上游面 PVC 复合柔性防渗体系;

A6 上游面挂钢丝网喷混凝土防渗。

B 坝体防渗加固技术方案:

B1 坝体开槽防渗加固;

B2 坝体置换混凝土加固;

B3 坝体高压灌浆防渗加固。

C 坝体加固技术方案:

C1 纵缝的补强加固治理——混凝土塞＋水平预应力锚索;

C2 预应力锚索加固;

C3 下游面的加固治理——下游面外包高性能混凝土;

C4 坝体局部灌浆处理。

D 锯缝措施。

E 其他加固措施:

E1 坝基帷幕加强处理;

E2 坝基坝体排水;

E3 坝顶防渗处理;

E4 坝顶加高。

老混凝土大坝比较普遍的一个问题是渗漏。对大坝进行全面治理一般都需要探索在不同的条件下对大坝进行防渗,然后采取配套措施对大坝其他病害进行治理,从而形成完整的综合方案。

大坝全面治理加固,通常以防渗为主要难点,综合国内外经验,由于防渗措施的不同,第三个方案又可细分为四大类型,即:

(1)坝体上游面水下施工防渗方案;

(2)坝体内部混凝土防渗方案;

(3)坝体上游面干场施工防渗方案;

(4)特殊病害治理措施。

采用任何方案,都可以按表6-1中所列,根据条件进行多种组合,对大坝进行有限的或全面的治理。不同的方案,难点和适应性有比较大的区别。

在老丰满大坝全面治理中,研究比较了坝体上游面水下安装 PVC 复合柔性防渗体系综合方案、上游面浮式拱围堰防渗干场施工综合治理方案、坝内置换混凝土防渗综合治理方案和坝体灌浆防渗综合治理方案。坝体上游面水下安装 PVC 复合柔性防渗体系方案,与其他方案相比,特点是对坝体损伤小、有成功的应用实例、投资不大、预期效果便于检查等,国外有不少水下、水上老坝应用的实例。方案的难点是需要专业队伍在水下进行坝面清理、清淤和水下安装等,该方案是丰满大坝全面治理的首选。上游面浮式拱围堰防渗干场施工综合治理方案的关键是大坝上游面采用浮式拱围堰形成局部干地,为上游面防渗施工提供良好的施工条件。该方案可支持较多防渗加固措施的实施,如果实施大坝“金包银”防渗措施,则具有效果好、质量易于保障、安全可靠等优点。不足之处是该方案不确定性因素多,施工难度大。坝内置换混凝土防渗综合治理方案的关键是对大坝内部 AB 纵缝处混凝土采用分层置换形成防渗墙。该方案对生产运行影响小,可为提高大坝的整体性创造条件。该方案需要特别注意的是防止对大坝结构的损伤,保证新老混凝土结构的结合和协调。该方案的研究取得了不少进展,提高了可行性。坝体灌浆防渗综合治理方案的关键是对大坝上游部位混凝土灌浆,进行防渗和补强。通过灌浆进行防渗和补强有成熟经验,易于实施,对运行干扰小。鉴于丰满大坝的特点,专家们认为该方案可作为辅助性方案与其他方案联合使用。

老混凝土重力坝一般存在多方面的问题,单一的方案难以全面满足彻底治理的要求,除上游面防渗综合治理外,一般还需要考虑以下措施:

(1)在坝体下游面外包高性能混凝土,以提高安全余度,提高抗冻胀、抗冻融等能力。对于运行50多年的大坝,如果大坝安全余度不足,或者需要提高地震参数,或者有比较严重的冻胀、冻融等问题,一般就需要考虑大坝加厚。加厚的设计需要考虑将安全余度提高到一座新坝的水平,同时满足抗冻等要求,厚度可根据现场取芯结果和安全余度分析等综合分析研究后确定,如丰满大坝,安全余度要恢复到一座新坝的水平,约需在坝下游面加厚5 m。

(2)新老混凝土之间加设排水。

(3)安装预应力锚索,增强大坝的整体性和抗滑稳定性。

(4)对坝体内混凝土质量很差、渗漏严重的部位进行局部灌浆。

(5)对局部坝基防渗帷幕进行补充灌浆,并增设坝基和坝体排水,以降低坝基和坝体扬压力。

(6)大坝加高。除前面提到的设计目的改变或防洪要求外,有时大坝顶部有比较严重的冻胀、冻融和渗漏问题,也应考虑大坝加高措施。

大坝加高、加厚都有新老混凝土结合、防止脱开及新混凝土表面保温的问题,一般需要专门的研究和分析。

第二节　水库不放空的混凝土坝上游面防渗施工方案

一、坝体上游面水下施工防渗方案

在大坝上游面水下施工的防渗加固方案可采用上游面水下安装 PVC 复合柔性防渗系统。即从坝顶到坝踵安装一个连续的抗渗屏障,这个屏障与基础和帷幕灌浆连接,同时在 PVC 复合柔性防渗系统与坝面之间安装连续的表面排水系统,收集和排出渗漏水,以期在坝体上游面形成一个封闭完整的防渗系统,降低坝体渗漏量,减轻甚至避免渗漏水对坝体混凝土的溶蚀;同时降低坝体的扬压力,增强坝体稳定。

(一)大坝 PVC 复合柔性防渗系统组成与材料选择

PVC 复合柔性防渗系统根据装配模式可分为内藏型与外露型两类。内藏型 PVC 防渗系统,在生产混凝土预制模板时就通过特殊的固定措施把防渗卷材固着在模板上,坝体施工时,待模板安装固定完毕后,再把单块卷材拼接起来,一般用于新建坝。对于外露型 PVC 防渗系统,固定方法有粘贴式和机械锚固式两种,其中粘贴式固定适合于非常平整的坝面,常单独或与机械锚固联用于已建坝的修补中。如意大利的 Alpe Gera 坝,1964 年建成,位于意大利北部阿尔卑斯山中部,坝高 174 m。该坝采用了贫混凝土,上游面全部采用 3 mm 厚纯铁板衬砌进行防渗。运行一段时间后的观测表明:铁板因锈蚀产生孔洞,渗漏量增加,后采用 PVC 防渗系统进行修补。机械锚固适用于粗糙的坝面,可以省去对坝体上游面大量的烦琐处理工作,必要时还可以在防渗卷材下面铺设土工织物或土工织物 - 土工网保护衬砌层。

在坝踵的周边收集系统允许排出渗水。所有各部件都是在工厂受控的环境下制造的,以保证质量。因此,现场安装限定为快、易的预制件装配。

PVC 防渗系统的不透水屏障由一层暴露的柔性 PVC 复合土工膜(不透水的土工膜 + 防刺穿的土工布)构成。沿着坝基直到上游面的顶部,用防水不锈钢压条锚固周边,阻止水从水库侵入。在上游面垂直向的复合土工膜通过一种专用的不锈钢固定系统相连,如图 6-1 所示,使整个竖直复合土工膜受均匀的拉力,以防止出现点应力。

PVC 防渗系统组成中最主要的部分是土工膜,土工膜品质的好坏直接影响到整个防渗系统能否起到效果。土工膜的品质主要包括抗渗性、抗穿刺性能、物理力学性能、焊接时的变形、耐久性等。

加拿大魁北克水电公司(Hydro - Quebec)作为世界上最大的大坝业主之一,在 1995

年实施了为期一年的研究来确定在严寒气候条件下最有效的上游混凝土坝面防水方法。他们研究了5种技术系统:喷混凝土、钢板、沥青衬砌、合成土工膜片材,并进行了包括冻融循环、UV射线、低温、受拉、击穿、撕裂和冰冻等测试,结论是"考虑到土工膜后排水层的重要性,根据经验,PVC-B土工膜(CARPI系统)被认为更加适合"。

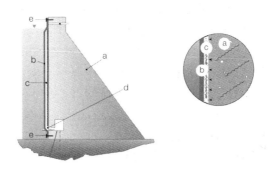

a—混凝土坝体;b—PVC土工膜;c—坝体上游面;d—排水系统;e—周边锚固系统

(a)坝体上游面PVC防渗系统示意图

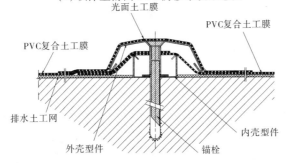

(b)国际大坝委员会78号公报中建议的CARPI紧固系统

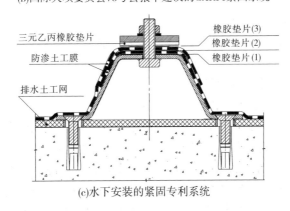

(c)水下安装的紧固专利系统

图6-1 坝体上游面PVC防渗系统固定示意图

在1995~1996年,由美国陆军工程师兵团水道试验站提供资金,由OCEANEERING与CARPI在密西西比州的VICKSBURG进行了一项研究项目,目的是发展CARPI专利防水系统在水下施工的适用性。这种适应性系统已经开发出来并且在一个能够模拟实际中可能遇到的水工结构的测试结构(如粗糙面、施工缝、复杂角等)中进行了论证。此外,研究调查了 21 种土工膜和土工合成材料(HDPE、EPDM、CSPE、PP、PVC 等)在不同水压力作用下的多种性能。其中,由 CARPI 生产的 SIBELON PVC 土工合成材料测试排名最高。CARPI 土工膜防渗系统的有效性还通过多种静水压试验得到了验证。

根据老丰满大坝所处地区的气候条件,CARPI 公司根据其在世界各国大坝上游面安装土工膜防渗系统的经验,推荐采用 SIBELON CNT 3750 型 PVC 复合土工膜、膜厚 2.5 mm、复合规格 500 g/m² 的无纺布。试验和工程实践可证明该类型材料完全浸没在水下时耐久性至少 200 年,在完全暴露的环境下耐久性也至少有 50 年。目前,SIBELON CNT 3750 型 PVC 复合土工膜已被推荐在蒙古 Taishir 碾压混凝土坝上游面采用,该坝所处地区极端最低气温达到 −51.5 ℃,极端最高温度达到 39 ℃,每年有 4 个月的最高气温低于 0 ℃,此外,每年还有约 3 个月的时间温度在 0 ℃ 左右循环,基本上每天会产生冻融,气候条件比丰满大坝所处地区的气候条件恶劣。

(二)大坝上游坝面 PVC 防渗系统水下安装简介

根据前述选定的 PVC 土工膜防渗系统,以及美国洛斯特·克里克(Lost Creek)拱坝上游面水下安装 PVC 土工膜防渗系统的经验,以老丰满大坝为例,水下安装步骤如下:

(1)将水位降至预定水位。对丰满工程,有两种选择,一种是降至 242 m;另一种是降至 225 m。

(2)疏浚丰满大坝上游河床距坝面 15 m 范围内的淤泥,以进行土工膜施工前的准备。根据丰满大坝的实际情况,淤泥可直接倾倒在水库内。

(3)在大坝坝前设置水上浮式施工平台,并通电、通水。

(4)对丰满大坝坝体上游面的蜂窝、狗洞等缺陷进行修补。对坝面,特别是拟安装固定零件部位的明显的低强(或因冻融、溶蚀等原因被破坏)混凝土进行置换。

(5)在整个坝面上安装土工网排水层,以排除施工期或运行期通过土工膜防渗层的渗漏水。

(6)安装上部周边止水和锚栓。

(7)安装垂直的内壳型件及其导向线,以确保潜水员在视力受阻的情况下能将壳型件准确安装。

(8)安装下部周边止水和锚栓。

(9)安装通风孔、排水系统和水位指示器。

(10)安装土工膜。由于丰满大坝较高,库水位较深,为了能够快速施工,并保证效果,事先在工厂或路上施工平台内将土工膜焊接成幅宽 6 m 的板材(工厂生产的初始土工膜幅宽仅 2.1 m),这样不仅可以避免现场安装时焊接可能引发的质量缺陷,还可以大幅度减少水下锚固的工作量。同时,由于一卷幅宽 6 m,最大长度约 90 m(如整个上游面全部安装土工膜)的土工膜质量约 5 t,施工过程中要使这些卷材就位需仔细计划。

(11)待土工膜从坝顶铺至坝底,安装外部垂直壳型件,并拉紧土工膜。

(12)将土工膜上下端部固定在已安装好的上部和下部周边止水上,并密封形成一个封闭的防渗系统。

上游面安装 PVC 土工膜防渗系统方案的造价与安装时水库控制的水位有关,根据安装时水库控制水位的不同,每平方米价格为 160～190 欧元。

PVC 土工膜防渗系统整个工程可分为准备阶段、进场阶段、安装阶段、退场阶段等四个阶段,其中安装阶段又可分为坝面混凝土勘测,土工膜防渗系统固定部位测量、定位和修补加固,土工膜材料预制与吊装,土工膜防渗系统安装与固定密封等四个大的阶段。由于材料是卷材并采用机械设备安装,一般施工工期比较短。

(三)大坝上游面水下安装 PVC 土工膜防渗系统的优点与存在问题

采用坝体上游面水下安装 PVC 土工膜防渗系统,有如下优点:

(1)无需放空水库,可以直接在水下修补,基本上不影响水库正常运行。

(2)修补施工过程中能最大限度地降低对环境的破坏。

(3)恢复坝体上游面防渗层的抗渗性,防止坝体混凝土的渗漏破坏。

(4)减小坝体的扬压力,如图 6-2 所示。

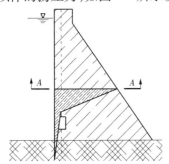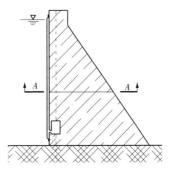

图 6-2　无土工膜与安装了具有排水功能的复合土工膜系统坝体扬压力对比

(5)降低坝体混凝土的含水量。

(6)增加坝体稳定安全度,特别是增强坝体在地震荷载作用下的稳定安全度。这主要因为扬压力降低和坝体混凝土含水量降低等。

(7)维护量小。经过几十年的发展,目前的土工膜材料自身抗渗性、抗穿刺性、耐老化性能等已经有了很大的提高,工程实例中 20 世纪 80 年代安装的 PVC 土工膜防渗系统运行 20 多年后依然正常。

潜水施工时为了保证施工安全,需要关闭水轮机和闸门,水下安装土工膜系统时有很大一部分工作需要进行潜水施工,因此安全问题和协调安装与发电之间的利益问题是需要特别考虑的。

(四)国外工程应用情况

(1)美国 Lost Creek 混凝土拱坝上游坝面水下安装 PVC 土工膜防渗系统(见图 6-3)。
Lost Creek 坝高 37.19 m,坝顶高程 1 001.87 m,坝顶长度 149.35 m,建于 1923~1924年。由于当时建造的技术以及混凝土配合比设计的原因,混凝土在一定程度上存在孔隙,不仅沿着浇筑缝和裂缝渗水,而且沿着整个坝体下游面渗水。冬季混凝土中的渗水结冰,引起混凝土膨胀和表面混凝土剥落。

完成 PVC 土工膜的安装后,打开连接到排水网上的排水阀门(安装在土工膜和大坝间),起初从排水系统排出高速水流,1 h 内水流明显减小。当水位在溢流堰顶时的渗流量较 1998 年 3 月中旬减少,不超过每分钟 0.91 L 时,水位指示器的读数显示排水系统内没有滞留水。下游坝面呈现干燥状况,并且没有观察到渗水。

图 6-3　Lost Creek 大坝上游面 CARPI 土工膜系统的安装

（2）普拉塔诺弗雷西（Platanovryssi）坝水下防渗修补。

Platanovryssi 坝位于希腊北部，是 95 m 高的 RCC 坝。由于在左坝肩坝段中间出现了一条平行于水流方向的裂缝，因此产生较大的渗漏。

CARPI 土工膜水下安装，成功封堵水深超过 30 m 的水下裂缝。

二、大坝开槽防渗加固方案

坝体开槽防渗加固方案是由日本专家在 20 世纪 90 年代针对丰满大坝加固提出的。所谓开槽防渗加固方案，就是在坝体中间适当位置，沿坝轴线由坝顶自上而下开凿宽度 1 m 左右的贯穿坝体的空腔槽体，通过回填浇筑新混凝土置换开挖掉的老混凝土，形成一道自坝顶直达坝基的防渗心墙，从而提高坝体的防渗能力，达到防渗加固的目的。虽有不同工程研究这一思路，但目前尚未有用这一思路加固的实际工程。

由于大坝安全的重要性以及坝顶宽度对施工空间的限制等因素，大坝坝顶防渗墙开挖成槽施工有一定的困难，对机械设备的要求也比较高。德国宝峨机械设备公司的履带式双轮铣槽机是可以考虑的。该设备曾在意大利都灵火车站和我国香港九龙火车站等工程中得到应用，取得了良好的效果。

利用该设备时有三个方案，即整个坝段开通槽，采取清水平压；全坝段开挖至上游水位时，再间隔开槽至坝基；从坝顶到坝基间隔开槽。

曾结合丰满大坝进行过计算分析，得出的结论如下：

（1）全坝段开槽并采取清水平压的施工方案，对结构的影响比较大，实施比较困难。

（2）全坝段开挖至上游水位，再间隔开槽至坝基的施工方案，尽管对大坝结构的影响较方案（1）小，由于大坝上游侧混凝土薄块存在截面变化以及混凝土材料差等因素，大坝结构在一定程度上也受影响，应慎重考虑。

（3）自坝顶间隔开槽施工，对大坝结构影响比较小，同时，该方案对水位的限制也比较小，是相对比较好的方案。

有些坝内部埋有预应力锚索，在开槽时要考虑锚索对开槽施工的干扰，应尽量避开锚索或者尽量减少对锚索的破坏。

该方案的优点是：施工期间对库水位限制小，不影响发电及对下游的供水；开槽回填形成新的混凝土防渗墙，有可能达到防渗加固的效果，解决影响大坝耐久性的渗漏问题；开槽设备在地下钢筋混凝土连续墙施工方面，已经形成比较成熟的施工技术，有可以借鉴的经验。

该方案存在的不足主要有：尚没有一座成功的重力坝实例；对于坝内有锚索的情况，由于是机械式施工，要避开锚索或者减少对锚索的破坏都有一定的难度；清水平压设想的有效性存在一定的不确定性；横缝的止水设置需要专门考虑，以确保整个设想的有效性。

德国宝峨机械设备公司双轮铣槽机是依据反向循环原理工作的液压式开槽机，配备有护壁泥浆处理系统，其硬岩双轮铣可以在诸如花岗岩、玄武岩等硬岩岩基（抗压强度达250 MPa）上开槽，槽宽可达 1.2 m，槽深 150 m。双轮铣槽机成功应用于都灵地下钢筋混凝土连续墙施工，可以用于混凝土坝开槽。

三、坝内置换混凝土加固方案

丰满电厂经过多年的研究，结合丰满大坝加固提出了在坝体内部上游侧 AB 纵缝位置（见图 6-4）置换低强混凝土以加固坝体，同时形成防渗墙与帷幕灌浆相结合的新的防渗体系的设想。

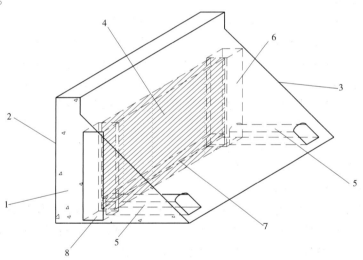

1—坝体；2—坝体上游面；3—坝体下游面；4—防渗墙；
5—交通洞；6—工作井；7—防渗墙基础隧道；8—积水排水井

图 6-4　坝内置换混凝土逐层浇筑防渗墙施工示意图

基本思路是：利用静态切槽或机械切割、凿除技术，在靠近大坝的上游 AB 纵缝部位切割一个适当宽度的腔槽，回填具有较好防渗性能的微膨胀混凝土，在坝基或坝体一定高程位置自下而上，逐层开挖回填（在压力钢管和锚索位置可以采用人工风镐开挖），最终在原坝体内形成一道混凝土防渗墙，达到阻水防渗目的，减小坝体的渗漏、溶蚀和冻胀，提高坝体的安全性。

为了减少坝体开挖对大坝造成伤害，通过对开挖过程中控制断面在控制工况（正常蓄水位加 8 度地震)下抗滑稳定性分析,以及通过三维有限元仿真分析模拟不同的坝体开挖尺寸和开挖方式,确定工程施工过程中可能出现的坝体稳定性和坝体应力的变化状况。

仿真计算的结论如下:

(1)开挖过程中和施工完建后,开挖和回填部分坝体混凝土的应力均很小。

(2)开挖断面尺寸的选择对应力有一定程度的影响,开挖尺寸增大,第一主应力和剪应力均有所增大,但增大幅度在坝体混凝土强度的控制范围之内。

(3)坝体中间和上部某些断面的抗滑稳定性是控制开挖断面尺寸的控制因素,因此应主要从控制坝体断面稳定性的角度确定合理的开挖尺寸。

(4)在地震工况下,新老混凝土的强度在施工前后都没有发生太大变化,按最大开挖尺寸控制在仿真施工情况下是完全满足要求的。

(5)坝体开挖断面距原有的预应力锚索较近,可能会对锚固端的强度产生不利影响,使预应力有所松弛。计算考虑了这一因素,认为当应力松弛小于 30% 时其影响也不是很大。

(6)实际坝体断面设有纵缝,但仿真计算的施工位置处于 AB 缝处(跨缝),施工完成后,对坝体整体稳定性是有利的。

(7)对坝体切槽开挖后的典型断面整体稳定分析表明,240 m 高程以上坝体的最大允许切槽开挖尺寸为 2 m×10 m,220~240 m 高程的最大允许开挖尺寸为 2 m×15 m。

推荐开挖断面尺寸:断面水平宽 2 m(形成的防渗心墙厚度 2 m),竖直高 4 m,每次回填高度 2 m,预留高度 2 m。即除第一次开挖为 4 m 高外,每次施工中,只需回填 2 m,然后再开挖 2 m。这样,保持最大高度 4 m 不变,直至开挖到坝顶为止。

针对施工工艺、回填混凝土、防水、堵漏、排水施工等都做过研究,有的还进行了试验。

坝体置换混凝土防渗方案的优点有以下几点:

(1)可以形成一道防渗效果较好、可靠的、不透水的防渗混凝土墙,解决大坝存在的渗漏、溶蚀问题,降低坝体扬压力。

(2)可以加强原坝内存在的缝和薄弱区,置换混凝土可以做成键槽式,解决缝活动问题,提高大坝的整体性。另外,可以结合施工开挖,在坝体内部对老混凝土进行灌浆,还可以用新混凝土进行置换,部分解决坝体低强混凝土问题。

(3)可以保证电厂正常的发电、防洪、供水功能不受施工影响,施工期继续发挥枢纽的各种作用。

(4)由于坝体内部基本处于常温状态,工程施工可以不受季节影响,有效延长施工周期;同时,施工占地少,可以降低征地和临建费用。

坝体置换方案有创新性和可行性,但需要特别注意防止对大坝结构的损伤,需要保证新老混凝土结构的结合和协调。老混凝土坝本身缺陷较多,开挖和回填的扰动以及回填后新的防渗墙与坝面之间混凝土的加固方式仍是值得研究的问题。

四、浮式拱围堰防渗加固施工方案

任何一座大型水库完全放空进行大坝上游面防渗修补,都会涉及巨大的经济、社会和环境保护的问题。因此,在不放空水库的情况下,如何对大坝上游面进行防渗修补处理,对工程技术人员来说,确实是一个极具挑战性的不寻常的新课题。在国内外大量调研基础上,结合丰满大坝加固,中国水利水电科学研究院提出采用浮式拱围堰施工方案。先围住一个或两个坝段,创造"干场作业"环境,进行大坝上游面防渗层施工,完成后,将拱围堰内腔中的水排出,使拱围堰自动升起漂浮在水中,用拖轮牵引到下一个施工部位,充水下沉就位、对接止水、排干围堰内的积水,又创造出另一个"干场作业"环境进行施工。由于拱围堰内空间有限,容易改善施工条件,因此可以全年抽水施工。由于拱围堰结构形式一致,制作、浮运转移及就位封堵都较方便,因此可以多座围堰同时施工,以加快施工进度,尽可能减少水库水位降低对社会经济的影响。

老混凝土重力坝的上游面往往是防渗的重点,有时十分必要将大坝上游面全部覆盖进行防渗防护,有时这种方法也是适宜的。目前,国外有类似的工程规模比较小的工程实例,具有一定的借鉴意义。

(一)方案特点

浮式拱围堰具有两大特点:一是利用拱的工作原理,将承受的水平水压力变为轴向压力传递到大坝上游面,由于是重力坝,一般不存在坝肩稳定问题;二是拱结构断面采用双箱形结构。实际上,内部空腔是一个可以控制的气囊,利用充水或排水办法来调节拱围堰的沉浮。由于设有空腔,它不但可以随意沉浮,而且还可以离开河床底部任意距离漂浮在水中。这样,它将很容易地被拖轮牵引到指定地点,重新创造出另一个"干场作业"环境进行施工。设计的基本条件是:对大坝本身不应产生不利的影响,大坝的防洪以及其他各项任务均不应受到干扰,不应污染水库内的水。

浮式拱围堰平面布置图见图6-5。

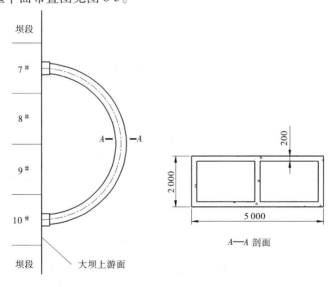

图6-5 浮式拱围堰平面布置图

拱围堰跨度的选择与施工期间水库水位有着直接的关系。因为被围堰所挡住的水荷载全部转移到左右邻近的两个坝段上。横缝与坝轴线垂直,将坝体分成若干个坝段。施工期间水库水位可以适当降低,降低多少,则与拱围堰所围住的坝段数目有关。

拱围堰的稳定性主要靠混凝土坝的稳定性来保证,并不靠自重来维持,这就有可能将拱围堰设计成轻韧且富有弹性的薄壁结构,可采用钢筋混凝土结构,它可充分发挥混凝土材料的抗压强度高的特性。浮式拱围堰横截面形状的选择,首先是满足浮力的需要,然后是结合拱结构受力需要。采用双箱形断面的结构形式是适宜的,一是利用它的排水量使其漂浮在水中;二是可以利用双箱室的充水与否来调节其平衡。箱形截面和Ⅰ形截面具有类似的截面性质,常用于跨度较大的桥梁结构。箱形截面混凝土集中在拱圈的上游面和下游面,在荷载作用下均能最有效地提供抗压能力。在选择拱截面形状时,还必须考虑到模板的问题。考虑到拱围堰结构的施工特点及薄壁结构的配筋设计,采用钢模板可能是经济而适用的。在这种设计中,通过两层钢板与填充在它们中间的高强混凝土联合作用共同承受荷载。对于承受静水压力的薄板,其横向抗剪能力一直为人们所关注,借助于两侧钢板,则可提高这种抗剪能力。

图6-6为单段坝体加固圆弧(180°)方案。

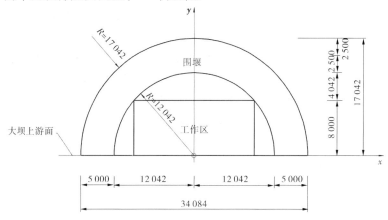

图6-6 单段坝体加固圆弧(180°)方案

浮式拱围堰的建造一般有三种方法。

1. 预制装配式拼装拱围堰

在水库岸边适当地点设预制厂,将拱围堰高度分为若干节,每节整体预制,用浮船运到现场进行装配。其优点是水上作业大大减少,混凝土质量容易保证,对水库水源的污染可降低到最小程度;其最大缺点是拱围堰的整体性差,增加了各水平拱圈的连接和止水麻烦,特别是潜水员的工作量较大,无疑会增加施工费用。

2. 水上整体式浇筑拱围堰

在水库内水深大于拱围堰高度的适当地点,设置浮游工作平台和浮吊设备。模板在陆地工厂制作,并分解为若干个标准尺寸的部件,用浮船运到现场进行拼装。采用商品混凝土,通过浮桥由混凝土搅拌车运送混凝土到浮游工作平台上,混凝土泵车垂直运输到各个串仓内浇筑拱围堰。高度为2.5 m的水平拱圈可一次浇筑完成。待第一节混凝土强度达到设计强度的80%以上时,可浇筑第二节围堰混凝土,施工缝必须经过凿毛、吹洗干净处理,铺上高强度等级水泥砂浆后再浇筑混凝土。分节浇筑,分节下沉。这种方法的最大优点是拱围堰的整体性好,但水上作业繁多,对水库水源的污染难以避免。

3. 预制和现浇相结合建造拱围堰

采用预应力的方法将较小的预制板块或预制节段逐步拼装成拱围堰,现浇接缝混凝土,逐段完成一层水平拱圈,再拼装上层水平拱圈,周而复始。这种施工方法可大大提高施工速度与质量,并将对环境的不利影响减小到最低程度。

为了满足标准化设计和施工的要求,若采用整节段拱圈拼装,会遇到运输和吊装以及接缝浇筑混凝土的困难。因此,采用将各水平拱圈划分为若干个标准板块的方法。由于受到运输和起吊设备的限制,每个板块的尺寸较小,这样拼缝必然增多。在施加预应力后,将混凝土板块中伸出的钢筋焊接,再用高性能混凝土连接而成。这种施工方法兼有上述两种方法的优点,但水上作业较多,技术上难度较大,对运输、吊装设备有更高的要求。

考虑到拱围堰的施工方法选择的先决条件是拱围堰位于大坝上游水库内,距引水坝段和溢流坝段不远,必须使拱围堰的施工对电站的正常运行和水库水源的不利影响减小到最低限度。三种施工方法都需要水上浮游工作平台和浮运设施,对水库水源都有不同程度的污染,第一种和第三种方法还需要在水库岸边设置大型预制厂和浮运设施,施工难度相对较大。经过综合分析比较,结合目前丰满大坝的实际条件,根据"技术上可行、经济上合理"的原则,选择现场浇筑拱围堰的施工方法是合适的。结合浮式拱围堰可行性论证,对坝前清淤、拱座安装、拱围堰就位与封闭止水、水泵排水与观测、浮式拱围堰的转移进行了专项研究,详见参考文献[3]。

方法的关键是大坝上游面采用浮式拱围堰形成局部干地,为上游面防渗施工提供良好的施工条件。该方法可支持较多防渗加固措施的实施,如果实施"金包银"防渗措施,则具有效果好、质量易于保障、安全可靠等优点。不足之处是不确定性因素多,施工难度大。

图 6-7 为拱围堰底部封堵示意图。

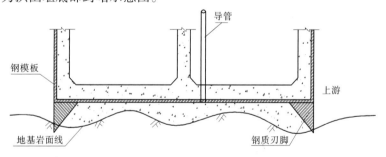

图 6-7 拱围堰底部封堵示意图

(二)特殊围堰应用情况

1. 加拿大麦克塔夸克(Mactaquac)电站

主坝为 46 m 高的堆石坝,此外尚有一座 5 孔引水闸、一座 5 孔溢流坝及电站厂房。20 世纪 70 年代后发现进水口有移动现象,并导致溢流坝闸门损坏和与进水口相连的溢流坝边墩的严重裂缝。由于主要是由碱骨料引起的,最后决定用金刚钻线锯在进水口闸墩上切割 5 条敞开缝,于 1988 ~ 1990 年实施。

为使上游面有干燥的施工场所,需建一个围堰,该围堰有足够大小,以便让工人进入,能安放金属切割线锯的滑轮及其他设备,并安装缝的柔性止水。

围堰为一半圆钢筒,直径 $d = 2.75$ m,高 23.8 m,如图 6-8 所示,它由薄钢板制成,内部用肋加强,以防压屈。为使围堰与不平整的坝面间能密封,在围堰与坝面接触面上安装有灌浆包,每当围堰停靠好后,立即通过导管对灌浆包注浆。在围堰底部有两台潜水泵,用以排干渗水。此外,围堰中还有一架梯子和一个平台、一套照明和通风管道系统。

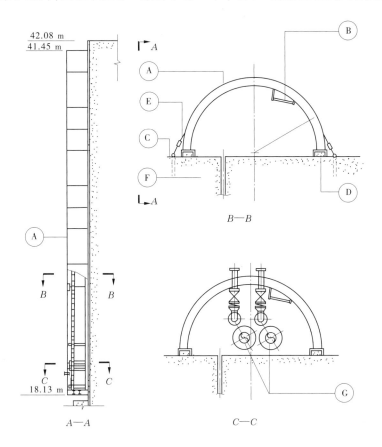

A—围堰;B—钢梯;C—进水口表面;D—装灰浆的编织包;E—电镀的安装钢丝绳;
F—切割锯与伸缩缝;G—排水泵

图 6-8　围堰立视图及平面图

2. 美国大约瑟夫坝加高工程

大约瑟夫坝位于哥伦比亚河上(其上游为大古力坝),大坝为重力坝,坝高 70 m,坝顶长 1 310 m,其中 281 m 为溢流坝段。水电站装机 16 台,计 102.4 万 kW,1958 年全部投入运行。因电力需求增大,要求加高大坝 3.05 m,使发电水头增加后可提高已装 16 台机组的出力。此外,还扩建 11 台机组,使总装机容量达 238 万 kW。

将大坝加高 3.05 m,要求既不能影响机组出力,又不能阻碍河水水流。厂房坝段后墙厚 1.52 m,用大体混凝土加高没有任何困难,只是溢流坝段的 20 座高 18.3 m 的闸墩,需拆掉一段,只留下 4.6 m 一段不动,然后立模安装钢筋浇筑混凝土。新闸墩比原闸墩加宽 2.74 ~ 3.96 m,加高 3.05 m,新闸墩建成后,溢流孔口净宽减小而净高增大。美国陆军工程兵团提出采用浮式围堰封堵溢洪道孔口,以便重建闸墩而不让水库水位降低。采用2座浮式围堰,每座围住3个孔口2座闸墩,混凝土采用爆破法拆除。每座围堰从边墩开始,挡住库水,排干围堰下游积水,然后拆除老闸墩,重建新闸墩,完成后,逐段向中间移动。

浮式围堰是一个钢筋混凝土空腔结构,长45.4 m,高22.9 m,宽5.5~8.0 m,壁厚0.3 m,质量4 720 t,内部分为20压载舱,用管道互相连接。用2台水泵和遥控器,将压舱水从一个舱转移到另一个舱中。用行走于围堰顶板上的移动开关控制水在管道中的流动(见图6-9)。

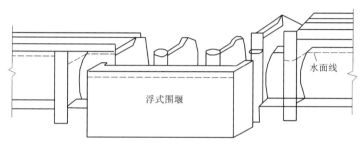

图6-9 浮式围堰(一端支在老闸墩上,另一端支在新闸墩上,
隔出一个施工场地,以便对相邻两墩进行拆除和重建)

浮式围堰在干坞中施工,浇筑混凝土时平卧在干坞底面,干坞位于水库边的滩地上,距坝0.4 km。干坞与水库间的横堤保护浮式围堰的施工场地。施工完毕,破堤放水流满干坞,以便浮运建成的围堰结构。先用拖轮将浮起的围堰拖入水库中,到达指定地点后,对围堰的各个压舱进行有选择的压沉工作,使围堰竖起。然后由拖轮将其拖到溢洪道闸墩附近,利用拖轮、绞车、吊杆使之定位,紧贴在闸墩上。此时,围堰上的内外两道氯丁橡胶止水将两侧和底边紧紧封闭,止水间的空隙则用灌浆法充满。在围堰下游的各孔口水排干后,将水库的水压力传递到闸墩上。围堰每次用过后,不必侧转围堰,潜水员可以很方便地对止水区进行水下清理,并能在竖立位置安装新的灌浆袋。

在浮式围堰运用过程中,发现通过缝隙的渗水量很小。在冬季施工中,每座围堰还安装了一套气泡防冻系统,没有发现库水沿围堰四周结冻。冬季施工是在柏油帆布覆盖的场内进行的,场内装有许多空气加热器,为施工提供适当的环境。

3. 黄河天桥电站冲砂洞尾水门槽修补

黄河天桥电站位于山西省保德县与陕西省府谷县之间,是黄河上第6座水电站,电站设有3条冲砂洞,宽8 m。

因2#冲砂洞尾水门槽钢轨及混凝土破坏严重,采用钢拱叠梁门围堰进行水下修补,以确保施工质量。拱叠梁门长16 m,高3 m,宽1.6 m,单榀质量23 t,底部止水采用水下不分散混凝土,钢拱叠梁门之间水平缝止水采用V_4S橡胶,效果较好,垂直缝则采用软模袋灌浆止水。混凝土标号C20,坍落度18~22 cm,而且混凝土中掺加粉煤灰和早强剂,以保证混凝土的和易性和早期强度。

4. 日本 Okutadami 坝

为增加新的机组,同时不影响水库效益,在工程施工中于大坝上游面设置了一高70

m、跨度 8 m 的双壁钢围堰,局部形成干地施工环境,开挖新的取水口,以引水发电,围堰底部采用水下不分散混凝土找平和密封。日本在分析该方案的造价时,估计造价是沿坝轴线每延米 100 万美元。

第三节　混凝土坝其他加固方案

一、水库放空的混凝土坝上游面防渗施工方案

影响很多大坝耐久性的根本病害是坝体渗漏,而最直接、有效的防渗加固措施是在大坝上游面进行防渗处理。在无法进行水下施工,且没有可靠的措施在大坝上游面提供有效"干作业场地"的情况下,需要采取修筑上游围堰的措施,使坝体上游面完全处在干地上施工——降低库内水位,抽除坝前基坑内积水,使坝体处在干地上进行防渗处理,这需要对水库进行放空。对已建成的水库进行放空,一般可通过利用、改造原有的泄洪建筑物或新建放空洞泄放库内水量进行。

水库放空将涉及放空的工程技术措施、施工导流方案、围堰设计、对国民经济及各行业影响评价等诸多问题。有的工程进水口高程高于坝基高程,并且在低水位时泄流能力有限,为放空库容,仍需通过新建放空洞放空水库。

大坝坝前形成干地施工条件后,加固处理的方案比较多且易于做到安全、经济和可靠。可以采用沥青混凝土、PVC 复合柔性防渗系统、混凝土面板防渗等方案。例如,河南宝泉抽水蓄能电站下水库大坝全面加固时就采用了放空水库修补加固方法。宝泉水库坝址位于峪河峡谷出口处,大坝为浆砌石重力坝。宝泉水库作为抽水蓄能电站的下水库,建筑物级别由 3 级提高至 1 级,洪水标准按百年一遇洪水设计、千年一遇洪水校核,设计坝顶高程 268 m,最大坝高 107 m,溢流坝段长 109 m,堰顶高程 257.5 m,堰顶加设 2.5 m 高橡胶坝。自 1973 年 7 月到 1994 年 6 月,分三期建成。坝体采用浆砌粗料石加水泥灌浆防渗,但在施工过程中,因有部分坝基未实施帷幕灌浆,故坝体局部防渗体质量存在问题,导致大坝防渗体本身存在渗漏隐患。坝体及坝基存在渗漏问题,最大渗漏量达 8 L/s。由于导流洞淤死,因此水库水位仅能放至 190 m 高程,给坝体防渗补强方案的选择带来了一定难度。经过多年论证和试验,最终选定了将水库放空并现浇混凝土面板的方案,大坝上游面形成了干作业施工场地。

二、混凝土坝降渗排水方案

老的混凝土重力坝,有的漏水量是比较小的,采取一定的降渗加固措施可以缓解大坝浸润线高的问题,对缓解冻融冻胀也有好处。大坝降渗加固方案主要包括:对原有坝体排水孔进行清孔处理、加密坝体排水孔、在下游坝块增设排水廊道、在新增排水廊道内沿下游坝面斜向上方钻设排水孔。

原坝体排水孔清孔在坝体上游基础廊道内施工,保证排水孔与上游基础廊道有效畅通。沿原排水幕轴线,在原有坝体排水孔基础上,加密坝体排水孔,将排水孔孔距缩小,新增的排水孔可在坝顶施工,采用垂直钻孔。

在坝体下游侧可增设平行坝轴线的排水廊道,考虑廊道内钻排水孔及施工需要,廊道断面尺寸可采用 2 m×2.8 m(宽×高),城门洞形。排水廊道内壁采用钢筋混凝土衬砌,衬砌厚度采用 30 cm,沿廊道内表面双向配置钢筋,环向钢筋采用 $\phi20$ mm,水平向钢筋采用 $\phi16$ mm,钢筋间距均为 20 cm。考虑坝体局部混凝土质量较差,另外设置部分锚筋。

结合丰满大坝加固提出的降渗加固工程主要由廊道工程、排水孔、灌浆等工程组成,其中清扫排水孔、钻孔灌浆施工等采用常规的施工方法即可,施工难点在于廊道开挖。目前在混凝土内进行开挖主要有控制单响药量爆破开挖、静态爆破开挖、混凝土切割开挖等方法。考虑到丰满大坝已运行多年,坝体混凝土质量较差,控制单响药量爆破开挖方法虽理论上可行,但实际施工中爆破控制非常困难,切割开挖造价又过高,综合考虑,推荐采用静态爆破的方式开挖廊道混凝土。

详细方法如下:采用手风钻钻孔,人工装填静态破碎剂静态破碎,再用风镐解小、清撬、破除,在破碎过程中具有无震动、无飞石、无噪声和无毒污染,对坝体没有震动影响。该方法的缺点为静态破碎剂受温度影响较大,爆破实施过程时间较长,开挖进尺较慢;其优点为对建筑物无震动影响。

关键线路为:准备工程→施工支洞开挖→廊道混凝土开挖→廊道混凝土衬砌→廊道内排水钻孔→施工支洞封堵。控制工期的工序为廊道混凝土开挖。

由于不同的环境温度和不同的静爆产品对开挖效果均有影响,根据时段的安排,廊道混凝土的开挖进尺大体可以按 1.0 m/d 考虑。

坝体防渗和排水降压是并行的两个选择。防渗做好了,扬压力自然会下降,也就不用排水了。

三、混凝土坝灌浆防渗加固方案

采用灌浆进行修补加固可以直接在坝上进行,对水库正常运行基本上没有影响,很多混凝土坝修补加固都采用了该方法。如我国福建水东水电站碾压混凝土坝补强加固、俄罗斯萨扬舒申斯克(Sayano – Shushenskaya)重力拱坝修补加固、西班牙 La Cuerda del pozo 大坝修补加固、西班牙阿尔兰松(Arlanzon)大坝修补加固、俄罗斯 Chirkei 大坝修补加固、奥地利柯恩布莱因(Kölnbrein)拱坝修补加固等修补加固工程中都采用过灌浆技术,有的取得了较好的效果,有的未能达到目标。

当工程漏水量比较大,有明确的漏水通道或裂缝时,大坝灌浆防渗是首选方案,国内外都有大量的成功的工程实例。通过大量的实践,大坝灌浆技术在浆液的种类、浓度、灌浆孔的密度、灌浆压力等的选择和适用条件方面已取得了不少进展,尤其是新的混凝土坝的堵漏防渗,成功的把握比较大。

采用灌浆方法未能解决问题的工程也比较多,尤其是老工程的修补加固。如德国布兰德巴哈坝,采用灌浆方法进行防渗加固,未能达到预期效果,后在坝体上游面安装 PVC 复合柔性防渗系统;奥地利 Pack 坝修补加固,多次采用灌浆方法进行补强加固,也未能达到预期效果,后放空水库在坝体上游面重新做混凝土防渗层才彻底解决问题。老的混凝土重力坝多数存在坝体浸润线高等问题,通过多年的灌浆处理,测得的漏水量有时是比较少的,完全依靠一道或两道灌浆帷幕,很难解决坝体浸润线高的问题。

第四节 混凝土坝锯缝技术

由混凝土碱骨料反应等引起的坝体混凝土开裂给工程带来重大隐患,不得不投入大量资金对大坝进行修补加固。对于有混凝土膨胀问题的大坝,采用锯缝措施,并在上游迎水面做防渗处理,是较为实用的方法,已有实际工程可作参考。

为减小对坝体混凝土的扰动,锯缝可采用绳锯锯缝技术。绳锯锯缝技术属于一种静力切割技术,静力切割技术也被称为无损性拆除技术,是指建筑物在拆除过程中对保留结构不产生任何外界破坏作用力的有效拆除方法的统称,其优点是既达到了拆除分离的目的,又未影响原有保留结构的质量。绳锯锯缝技术采用大功率液压马达带动表面镶嵌金刚石的钢丝绳索绕切割面高速运动研磨切割体,完成切割工作。由于使用金刚石颗粒做研磨材料,因此可以进行钢筋混凝土等坚硬物体的切割。金刚石锯切工具和驱动金刚石锯切工具的液压动力设备组成了一种新型静力切割技术,由于绳锯切割时振动和噪声很小,不受被切割物体形状与尺寸限制,可任意方向切割,施工速度快、效率高,优于其他切割方法,目前广泛应用于桥梁和工业民用建筑等大型混凝土结构改造工程中,在大坝修补加固工程中也常有应用。

绳锯锯缝技术在法国尚邦(Chambon)大坝、加拿大 Mactaqac 大坝等修补加固工程中应用过,在我国丹江口大坝加高工程中也有应用,是在接近坝面的地方垂直于坝轴线方向进行切割的。下面简要介绍该技术在大坝修补加固工程中应用的典型工程实例。

一、丹江口重力坝横缝切割

丹江口工程建于 1958 年,大坝建成运行多年后需要加高 14.6 m。根据计算分析,有些坝段加高前,需要对原有横缝高程 140～162 m 的部分重新切割,以释放应力,并要求施工中不得破坏原有的横缝上游面止水。研究决定采用绳锯锯缝技术进行锯缝,即先从坝顶和坝下游面分别打水平孔和垂直孔,并使两孔对接,通过钻孔穿绳使绳锯形成闭环,然后锯缝(见图 6-10)。

二、法国 Chambon 大坝横缝切割

法国 Chambon 混凝土重力坝(坝高 100 m),于 1935 年开始蓄水。之后遭受了持续不断的混凝土膨胀变形(10～80 $\mu\varepsilon$/a)影响,大坝不可恢复变形和渐进性裂缝最初出现在大坝建成 25 年之后。从那时起:

(1)坝体整个顶部每年大约上升 3 mm(80% 由坝体上部 40 m 的膨胀所引起)。

(2)在弧形的左岸坝段,坝顶实际上向上游移动了一定距离(4 mm/a),且伴随着 0.8 mm/a 的向左岸的位移。

(3)坝体混凝土的膨胀在河谷内受到了约束,但向两岸顶部施加了推力,对左坝肩顶部构成了一种威胁——溢洪道就设在该侧,可能会造成剪切。

为了确保该坝安全运行,1991 年决定:

(1)新修一座完全独立于坝体之外的地下溢洪道。

图 6-10 丹江口水库大坝横缝的切割

（2）进行包括坝体加固（裂缝灌浆，并在坝体上游面安装 PVC 复合柔性防渗系统，如图 6-11 所示）及开设旨在释放应力的应力释放槽在内的修补。

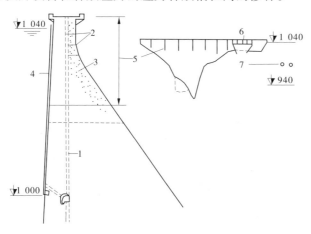

1—原有排水竖井;2—开放性裂缝;3—水泥灌浆区;4—PVC 防渗薄膜;
5—金刚石绳锯开槽;6—原有溢洪道;7—新建地下溢洪道

图 6-11 法国 Chambon 坝修补加固

其中应力槽于 1995 年新建溢洪道启用并可有效控制库水位之后才着手开始。此项工作是在坝体上部锯开 7 条窄槽，大约每 30 m 锯一条，采用 10 mm 金刚石绳锯锯至坝顶以下 20～30 m 深度。

三、加拿大 Mactaqac 大坝应力缝切割

加拿大 Mactaqac 电站建于 1964～1968 年，装机容量 65 万 kW，主坝为堆石坝，坝高

46 m。除主坝外，还有一座 5 孔引水闸、一座 5 孔溢流坝、电站厂房和进水口，其中进水口所在坝段为混凝土重力坝，坝高 48 m，坝顶长约 162 m。20 世纪 70 年代后期，发现进水口存在移动现象，并因此导致溢流坝闸门损坏；与进水口相连的溢流坝边墩出现严重裂缝；电站厂房中，机组下游侧有一条纵向结构缝逐渐张开，厂房中的混凝土引起发电机中心线偏移，上部结构与吊车轨道中心线有些变形。分析表明，主要原因是混凝土碱骨料反应导致混凝土膨胀。经方案比较和计算分析，决定用金刚石绳锯在进水口坝段切 5 条敞开缝，缝宽 13 mm。其中 1988 年切第一条缝，切在 5、6 号进水口之间；1989 年切 2、3 之间和 4、5 之间的两条缝；1990 年切 1、2 之间和 3、4 之间的两条缝，并再次切 5、6 之间的缝。整个切缝工程于 1992 年完成，如图 6-12 所示。

计算结果表明，邻近切缝处的闸墩有可能发生裂缝，而且在最不利情况下，切缝会使稳定安全系数降低到不可接受的地步，为此，1988 年在切缝前做了一些辅助工作，包括：

（1）在下游坝面和下部排水廊道之间，布设若干巨大的预应力锚索，以防止切缝引起裂缝发展，改善进水口上部结构稳定性。

（2）在桥面板和下游坝面增加一些斜钢筋，在溢洪道表面增设一些水平钢筋，用以抵抗坝块两侧可能的不平衡水压力。

（3）对邻近切缝的垂直伸缩缝进行排水。

（4）沿切缝面安设垂直的圆形混凝土剪切槽，使进口和坝块间能恢复承受水平剪切的能力。

（5）在切缝面安装一个柔性止水，代替因切缝而被破坏了的原止水。

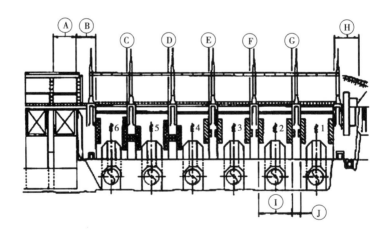

A—溢流坝 10 号孔；B—溢流坝东边墩；C—5、6 间的切缝；
D—4、5 间的切缝；E—3、4 间的切缝；F—2、3 间的切缝；
G—1、2 间的切缝；H—电梯坝块；I—典型进水口坝块；J—典型坝块

（a）下游面立视图

图 6-12　加拿大 Mactaqac 大坝切缝布置图

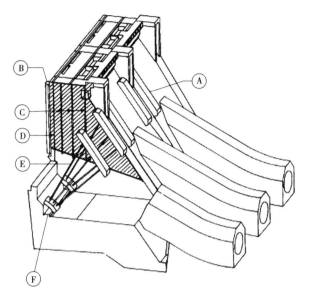

A—混凝土锚头；B—围堰；C—剪切键槽；D—止水；

E—预应力锚索；F—排水廊道

（b）进水口立视图

续图 6-12

第五节　水下清淤及水下施工技术

对于运行中的老病混凝土坝工程，对上游面进行修补，可能需要进行水下清淤和水下施工。对应不同的工程情况，应采用不同的工具、技术和方法进行清淤和水下施工。

一、水下清淤技术

根据不同的水深和淤积状况，应该采用不同的手段和设备来清淤。目前，水力疏浚和机械疏浚是两种最常见的疏浚方法。

常规水力疏浚是把吊臂或斜梯深入淤泥中，末端为刀盘。刀盘旋转并挖掘淤泥，挖掘出的淤泥吸入刀盘内，通过导管进入疏浚泵，这样反复操作，泥沙就通过疏浚泵进入弃渣场、驳船或岸上其他位置。

机械疏浚一般采用的设备是驳船和带蛤形铲斗或抓斗的浮式起重机（见图 6-13 和图 6-14），也可采用液压挖掘机。挖掘出的泥沙放置在驳船中，然后用一只拖船或两只小船把驳船拖到弃渣区，按照要求卸淤。卸渣可采用以下几种方式：

（1）可以把驳船拖到岸边，用另一带抓斗的吊车把泥沙卸载到装淤泥的卡车上，并由卡车把淤泥拖送至指定的堆放场地。

（2）把驳船拖到水面上指定位置，进行活底卸料。

（3）可以用吸泥泵和输泥管直接将驳船上的淤沙运至岸上或弃渣场。

在清淤水深较深，库底存在大量的泥沙需要疏浚的情况下，常规疏浚方法在实际应用

图 6-13　蛤形铲斗清淤　　　　　图 6-14　挖泥抓斗清淤

时将受到很大程度的限制。使用新型疏浚技术和高度专业化的挖掘工具,结合常规水力疏浚和机械疏浚,可以有效地完成水下清淤工作。

在疏浚和深水作业方面,美国 OCEANEERING 公司具有丰富的技术经验和先进的设备手段,专营海底疏浚和挖掘设备,拥有用于近海石油和天然气行业的 ROV(远程操控工具)等设备,用于海底抽水、输送、海底施工相关砂石、泥土和岩石的清除、停运和钻井支持活动,为近海石油和天然气的勘探和生产提供支持,在北海享有盛名,萨哈林岛和西非以外的地区以及墨西哥湾也都使用其技术先进的设备。OCEANEERING 公司以其强大的水下机器人制造实力和 GTO 独一无二的疏浚和挖掘设备相结合,具有强大的深水作业能力。

(一)GTO 疏浚设备与 ROV 协同作业清淤

ROV 是广泛应用于水下作业中的遥控潜水器,俗称水下机器人。1953 年世界上出现第一台遥控潜水器,目前全世界 ROV 的数量已超过 1 000 台,是其他各类潜水器总和的数十倍,这主要是由于 ROV 具有以下特点:

(1)通过与水面相连的电缆向水下机器人提供能源,作业时间不受能源限制。

(2)操作者直接在水面控制操作 ROV,人的介入使得许多复杂的控制问题变得简单。

(3)可以用于水下作业,并且可与载人潜水器协同作业,完成对各种失事飞机、潜艇等的打捞以及深海作业等任务。

ROV 如图 6-15 所示。

容量相对较小的 GTO 疏浚设备能见度高,挖掘能力强,能够清除大面积的淤泥,包括最大块径 36 cm 的淤积物,可以与 ROV 很好地协同工作。GTO 疏浚设备(见图 6-16)可以潜入水下作业,通过驳船上或坝顶的集装箱来操作。吸泥泵和喷头安装在一立方框架中,并且可以随时与特定长度的吸泥软管相连。软管另一端的吸头通过 ROV 根据淤积物的分布和地形灵活操作。这样,可以通过 GTO 疏浚设备和 ROV 协同合作将大量淤积物移置上游库区或库区内指定位置。

图 6-15 ROV(水下机器人)

图 6-16 GTO 疏浚设备

GTO 有不同类型,根据淤积物的容量、性质,疏浚施工要求等,可以选择合适的 GTO 疏浚设备。不同型号的 GTO 疏浚设备的疏浚能力如表6-2 所示。

表 6-2 GTO 疏浚设备

型号	8″	10″	12″	12″XL	14″XL	14″XXL	16″XXL
疏浚能力(t/h)	60～120	60～120	80～120	120～240	130～260	230～400	240～450
输送距离	依情况定	依情况定	依情况定	依情况定	依情况定	依情况定	依情况定
吸管直径(cm)	20	25	30	30	35	35	40
淤积物最大块径(cm)	18	22.5	27	27	31.5	31.5	36
水喷嘴	是	是	是	是	是	是	是
高压喷射(MPa)	1.6	1.6	1.6	1.6	1.6	1.6	1.6
黏土硬度范围(kPa)	16～200	16～200	16～200	16～200	16～200	16～200	16～200
导管长度	依情况定	依情况定	依情况定	依情况定	依情况定	依情况定	依情况定

ROV 与 GTO 疏浚设备相结合可以有效进行大坝坝前淤积物的水下清除。具体操作是先将水下机器人(ROV)、GTO 疏浚设备以及一定长度的导管放入大坝坝前水下指定位置,然后通过遥控,水下机器人会将导管的一端安装在 GTO 疏浚设备上,将导管的另一端对准淤积物,通过 ROV 和 GTO 疏浚设备的协调合作,将淤积物排放到坝前库区指定位置(见图 6-17)。

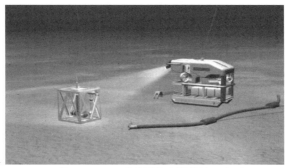

(a)将ROV、GTO疏浚设备和导管放入水下

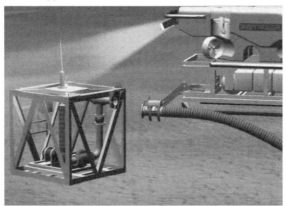

(b)ROV把导管的一端安装在GTO疏浚设备上

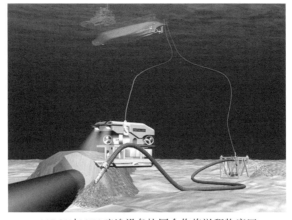

(c)ROV与GTO疏浚设备协同合作将淤积物库区

图 6-17　采用新型疏浚技术进行清淤的演示组图

（二）SEDICON 水库挖掘机清淤

SEDICON 水库挖掘机由水面上的驳船来控制操作。驳船能承载起重机和绞盘，通过起重机控制吸泥管的升降，并且驳船还可以承载用来喷射水流的抽水泵，以及工作人员。

使用 SEDICON 水库挖掘机可以直接将淤积物排放至距大坝上游面 200 m 的上游库区，并且其可以移动的淤积物最大块径为 35 cm。如果需要将淤积物排放至上游库区更远处，SEDICON 水库挖掘机技术上是可行的。

专利 SEDICON 吸头可以通过在驳船上操作，无需监控或特别控制。其特殊设计可以确保水和淤泥以最适合的混合比喷射出去，并且吸管不会因为过高含沙量而阻塞。同类型的抽泥泵已经被用于许多不同的海面或海岸上的工程。吸泥软管与高压吸头连接，吸管的长度可以根据设计要求而定，并且吸头可以由坝顶的起重机根据现场需要移动操作或通过驳船操作。

SEDICON 水库挖掘机的设计使它在清淤时不会激起淤泥扩散或显著减小水库的能见度。

SEDICON 水库挖掘机清淤示意图如图 6-18 所示。

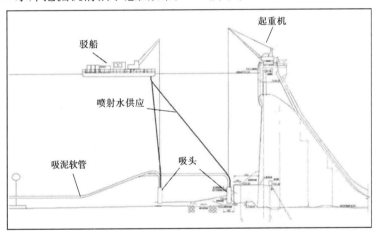

图 6-18　SEDICON 水库挖掘机清淤示意图

GTO 疏浚设备和 SEDICON 水库挖掘机都是受专利保护的国际先进疏浚设备，对水库能见度影响不大，可以保证水库在清淤后很快恢复原状，随即就可以进行水下灌浆、水下浇筑混凝土和水下安装柔性防渗系统等水下修补加固工作。

（三）大流量挖掘机清淤

大流量挖掘机（Mass Flow Excavation，MFE，见图 6-19）的优势是能在短时间内疏运大量沉积物，可在深海作业，实施声纳控制。应用大流量、高流速冲击式挖掘工具，朝河床方向可产生圆柱形水体，其流速可达 10 m/s，形成每秒 8 m³ 的水柱冲击河床，能产生强大的挖掘力。无接触、大流量、高流速、压力适当的柱形水体能快速破碎淤积板结的黏土、泥沙。

由于水库水下情况复杂，需进行深入的实际情况调查和研究，才能更好地了解采用什么设备和技术方案来进行水下清淤。在确定水下清淤具体方案前需进行的调查包括：土

图 6-19　大流量挖掘机(MFE)

壤采样和分析,库底最新情况调查,栈桥结构的准确制图,以及怎样在弃渣区域处理淤泥等。对于一般的水库大坝工程,采用现代的新型疏浚技术和高度专业化的挖掘工具,结合常规疏浚方式,可以有效地完成水库的水下清淤工作。

二、水下施工技术

(一)饱和潜水

饱和潜水是一种在深水中停留时间较长的潜水技术,与水面供应气体潜水一样,潜水员不会患潜水减压病,而且无需花费大量时间做潜水前的减压准备工作。

饱和是指在一定潜水深度下潜水员的身体所能承受的最大气体压力,在这种状况下,潜水员的潜水时间可以延长。通常,饱和潜水可使专业潜水员在水深大于 50 m 的地方生活和工作几天或几周时间。他们在由驳船支撑的受压区内工作和生活,通过潜水钟移动到特定的工作点。潜水钟是一种压力容器,能承受环境压力,底部设有一个可进出水的舱口。图 6-20 为沙斯塔(Shasta)大坝水温控制装置安装示意图和工程照片。

Shasta 大坝水温控制装置安装工程:7 000 多吨调控水温的钢构件装置安装
在大坝表面,使用饱和潜水系统水下安装,饱和潜水时间累计超过 14 000 h
图 6-20　沙斯塔(Shasta)大坝水温控制装置安装示意图和工程照片

饱和潜水是工期长、水较深的潜水作业中最有效的形式。潜水员工作时间长,周期轮换时间通常是 30 d。每个潜水员平均每天可以工作 5 h,可以不间断地进行作业。

饱和潜水设备如图 6-21 所示。

水下施工和水下安装 PVC 柔性系统示意图如图 6-22 所示。

(a)

(b)

(c)

(d)

(e)

(f)

(g)

(h)

图6-21　饱和潜水设备

图6-22　水下施工和水下安装PVC柔性系统示意图

(二)水面供应混合气潜水

水面供应气体潜水在90 m内无需使用饱和潜水技术,用氦和氧混合物作为呼吸气体可以增加潜水范围。不过,这项技术通常不是替代饱和潜水的一种有效方法。因为在更深的范围内水下工作时间有限,这项技术是只适合限量的工作范围,如期限短的潜水检查或简单任务。当潜水超过最佳的空气潜水深度57 m或要求较长水下工作时间时,通常用到氦氧混合气潜水(见图6-23)。空气潜水至45 m最佳时间为50分钟,而混合气潜水能使最佳水下作业时间增加至100分钟。尽管它明显提高了工作时间,但相比较而言,空气潜水减压工作只需2小时,而混合气潜水则需要大约6小时。

图6-23　水面供应混合气潜水

(三)水面供应空气潜水

水面供应空气潜水,可以安全地完成水深达57 m的作业。不过,水深超过30.5 m时,潜水员在水底工作的时间受限,而潜水员减压时间或释放体内剩余气体的时间相应增加。当水深小于30.5 m时,最佳水下作业时间显著增加,潜水员能在分配潜水时间内较好地完成一些轻微的工作任务。水面供应空气潜水技术非常适用于完成水深较浅和所需时间较少的水下作业(见图6-24)。

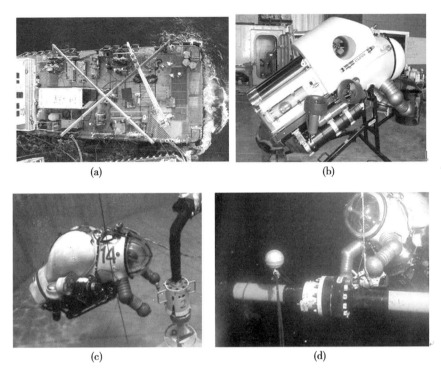

(a) (b)

(c) (d)

图 6-24　水面供应空气潜水的设备及潜水作业

第六节　土石坝加固技术

土石坝是我国数量最多的坝型,也是出现病险问题最多的坝型。从我国病险水库出险加固规划来看,土石坝一直是除险加固的重点。由于土石坝工程情形复杂,材料、施工机具等多变,其病害表现有所不同。根据土石坝工程病险的不同部位、病害成因及产生机制,可将土石坝加固技术分为六类,即防洪加固、防渗排渗加固、滑坡加固、裂缝加固、防液化加固和其他病害与破坏的加固,如图 6-25 所示。可见,土石坝加固技术形式多样,具有技术复杂、涉及专业门类多、综合加固处理难度大等特点。

土石坝加固技术很多都有其适用范围、局限性和优缺点,对每一个具体工程病害,都应进行仔细分析,从工程病害情况、加固要求(包括加固后工程应达到的各项指标、加固范围、加固进度)等方面进行综合考虑。土石坝主要加固技术的适用性可详见表 6-3。

确定土石坝加固技术时,应根据工程病害的具体情况对几种加固技术进行技术、经济、施工比较。合理的土石坝加固技术应是技术上可靠、经济上合理,又能满足施工要求。通过比较分析,可采用某一种加固技术,也可采用两种或两种以上的技术组成的综合加固技术,以提高工程加固的效果和水平。

土石坝加固技术

防洪加固
- 加高培厚
- 增加泄洪能力
- 加高培厚与增加泄洪能力并举

防渗排渗加固
- 土质截水槽
- 混凝土防渗墙(机械造槽法、倒挂井法、射水造槽法)
- 桩柱式防渗墙(套孔冲抓法)
- 黏土防渗墙(机械造槽法)
- 防渗板墙(高压喷射灌浆法)
- 灌浆帷幕
- 泥浆槽防渗墙
- 自凝灰浆防渗墙
- 灌浆帷幕
- 不透水水平铺盖与下游排水减压井相结合
- 土工膜防渗
- 贴坡排水层
- 棱体排水坝趾
- 褥垫排水层
- 坝体内竖向排水层和水平排水层
- 排水沟、减压井
- 透水盖重
- 反滤层

滑坡加固
- 开挖回填
- 放缓坝坡
- 压重固脚
- 防渗排水设施

裂缝加固
- 挖除回填
- 灌浆处理
- 挖除回填与灌浆处理相结合

防液化加固
- 振冲法
- 振冲置换桩法
- 强夯法
- 爆炸振密法
- 抛石压重
- 砾石或碎石排水井
- 重新翻新
- 坝基挖除
- 预压加固
- 围封

其他
- 局部翻砌护坡
- 砾石混凝土或砂浆灌注护坡
- 浆砌石块石护坡
- 混凝土护坡
- 白蚁防治

图 6-25　土石坝加固技术分类

表 6-3 土石坝加固技术适应性

编号	加固技术类型		适用条件
1	防洪加固技术	加高培厚	适用于水库大坝防渗体顶部高程不满足规范要求及坝顶高程相差较大
		增加泄洪能力	适用于水库大坝的抗洪能力不能满足防洪标准
2	防渗排渗加固技术	明挖回填黏性土截水墙	适用于深度在 20 m 以上的透水坝基
		混凝土防渗墙（机械造槽法）	适用于砂卵石、漂石、大孤石、纯砂、人工堆渣。墙深 82 m 以上（国内）和 140 m 以上（国外）
		混凝土防渗墙（倒挂井法）	适用于砂卵石层，墙深约 50 m
		混凝土防渗墙（射水造槽法）	适用于均质砂层或土层，墙深 20 m 以上
		防渗板墙（高压喷射灌浆法）	适用于软弱土层，包括第四纪冲积层、洪积层、残积层及人工填土，还有砂类土、黄土和淤泥等地层，墙深在 20 m 以上
		黏土防渗墙（机械造槽法）	适用于砂卵石层，墙深 25 m 以上
		黏土防渗墙（套孔冲抓法）	适用于黏性土层，墙深 20 m 以上
		灌浆帷幕	适用于砂砾石、卵石、漂石、细砂、粗砂层，最深达 255 m
		泥浆槽防渗墙	适用于砂砾石、卵石、漂石的强透水层到较不透水层，墙深达 24 m
		自凝灰浆防渗墙	适用于回填土、细砂、漂卵石、残积玄武岩层，墙深 16 m
		不透水水平铺盖与下游排水减压井相结合	适用于砂砾石、卵石、透水冲积物层，最大深度 183 m
		土工膜防渗	适用于：①堤坝的防渗斜墙或垂直防渗心墙；②透水地基上堤坝的水平防渗铺盖和垂直防渗墙；③混凝土坝、圬工坝及碾压混凝土坝的防渗体；④渠道的衬砌防渗；⑤涵闸水平铺盖防渗；⑥隧道和堤坝内埋管的防渗；⑦施工围堰的防渗
		反滤贴坡排水层	适用于均质坝，可防止坝面渗流破坏，不能降低浸润线
		棱体排水坝趾	适用于低坝
		褥垫排水层	可有效降低坝体内浸润线，减小其孔隙水压力，既可控制坝体渗流，又可控制坝基渗流
		倾斜或垂直的内部竖向排水层和坝体水平排水层	适用于成层性的较高土石坝，以降低施工期产生的孔隙水压力

编号	加固技术类型		适用条件
2	防渗排渗加固技术	排水沟、减压井或两者相结合	适用于透水坝基表层有一层相对不透水层以及有一定的渗流量的情况,但不可超过允许水力坡降
		反滤透水盖重	可用于坝体相对不透水下的坝趾下游部位,对坝基起排水作用
		反滤层	适用于细料与粗料之间过渡区以及渗水出口地点,如下游棱体排水坝址靠坝体的侧面和靠坝基的地面、黏土心墙和粗料坝壳之间等
3	滑坡加固技术	开挖回填	滑坡体的开挖,应视滑动方量的大小而定
		放缓坝坡	对设计坝坡陡于土体的稳定边坡所引起的滑坡,在彻底处理时,应放缓坝坡,并将原有排水体接至新坝趾
		压重固脚	严重滑坡,对于滑坡体底部前缘滑出坝趾以外的情况,在滑坡段下部采取压重固脚的措施,以增加抗滑力,一般采用镇压台,同时起排水作用
		防渗排水设施	在高水头的作用下,产生渗透破坏,引起下游坡滑坡,或者由于水位骤降,引起上游坡滑坡,使防渗体遭到破坏的情况。 对于渗漏引起的下游坡滑坡,当采用压重固脚时,在新旧土体以及新土体与地基间的连接面应设置反滤排水层,并与原排水体相连接。对由于排水体堵塞而引起的滑坡,在处理时应重新翻修原排水体,恢复排水作用
4	裂缝加固技术	挖除回填	适用于黏性土,裂缝深度不深的情况
		灌浆处理	适用于黏性土,坝体内裂缝和非滑动的很深裂缝
		挖除回填与灌浆处理相结合	适用于黏性土,非滑动的很深表面裂缝
5	防液化加固技术	振冲法、振动置换桩法、强夯法	适用于坝体水下部分砂体和砂基
		重新翻修	适用于坝体水上部分砂体
		坝坡压重	适用于砂砾石坝坡
		坝基挖除	适用于砂基
		爆破法	适用于砂基
		砂井排水	适用于淤泥、淤泥质土、软黏土等软弱坝基
		预压加固	适用于淤泥、淤泥质土、软黏土等软弱坝基

编号	加固技术类型		适用条件
6	其他病害与破坏的加固技术	局部翻砌护坡	适用于原有护坡设计比较合理,只是由于土坝施工质量差,护坡产生不均匀沉陷,或由于风浪冲击,局部遭到破坏的情况,可按原设计恢复
		砾石混凝土或砂浆灌注护坡	在原有护坡的块石缝隙内灌注砾石混凝土或砂浆,将块石胶结起来,连成整体,可以增强抗风浪和冰推的能力,减免对护坡的破坏
		浆砌石块石护坡	当水库风浪淘刷和结冰挤压破坏原块石护坡,采用混凝土或砂浆灌注石缝加固不能抵御风浪破坏时,可利用原护坡的块石进行全面的浆砌
		混凝土护坡	对吹程较远,风浪较大,经常发生破坏的坝段护坡,可采用预制或现浇混凝土板加固处理护坡
		抛石或整片钢筋混凝土板护坡	适用于防护上游坝坡部分
		白蚁防治	适用于白蚁繁殖的坝体
		预防水溶物石膏流失的水泥灌浆	适用于坝体的石膏部分
		干燥裂缝病害防护处理	适用于黏性土均质堤坝或者堤防

参 考 文 献

[1] 贾金生,鲁一晖,张家宏,等. 丰满大坝长期安全性评价总报告[R]. 中国水利水电科学研究院,中国大坝委员会,2006.

[2] 贾金生,鲁一晖,张家宏,等. 丰满大坝全面治理方案可行性研究总报告[R]. 中国水利水电科学研究院,中国大坝委员会, 2007.

[3] 贾金生,鲁一晖,张家宏,等. 丰满大坝全面治理方案可行性研究分报告(上册)[R]. 中国水利水电科学研究院,中国大坝委员会, 2007.

[4] 贾金生,鲁一晖,张家宏,等. 丰满大坝全面治理方案可行性研究分报告(下册)[R]. 中国水利水电科学研究院,中国大坝委员会, 2007.

[5] 陈昌林,鲁一晖,赵德海. 丰满水电站大坝防渗加固坝体开槽方案研究[C]//水工混凝土建筑物检测与修补第七届全国水工混凝土建筑物修补加固技术交流会论文集. 2003.

[6] 王刚,马震岳,陈昌林. 老化混凝土坝防渗加固施工仿真分析[C]//大坝安全与堤坝隐患探测国际学术研讨会论文集. 2005.

[7] 贾金生,郑璀莹,等. 丰满大坝PVC柔性防渗方案可行性研究报告[R]. 中国水利水电科学研究院,中国大坝委员会, 2008.

[8] 贾金生,魏迎奇,等. "十一五"科技支撑课题"病险水库除险加固关键技术研究"报告[R]. 中国水利水电科学研究院等,2011.

第七章 国外水库大坝安全管理及对我国未来工作的思考

我国现有各类水库 9.8 万余座。其中,大部分水库大坝兴建于 20 世纪 50～70 年代,限于当时的经济技术条件,水库大坝先天不足,加之运行多年,病害问题非常突出,这些工程的安全管理是当前面临的重大问题。另有一部分是为解决我国面临的水资源短缺、水灾害频繁、水环境恶化及能源短缺等一系列问题建设的新工程,其中不少工程建在地震烈度高、工程地质条件复杂及高海拔地区,有些工程的高度达到了世界级水平,其安全问题需要高度关注。无论是新建工程还是已建工程的安全管理,都需要广泛借鉴国际已有经验,结合我国特点,从体制、机制等层面,寻求中国特色的发展模式,实现科学发展、安全发展。本章对美国、澳大利亚、瑞士的大坝安全管理体系进行了总结,探讨了我国大型水库大坝安全现状和面临的主要问题,提出了建议,目的在于不断促进我国水库大坝安全管理。

第一节 美国大坝安全管理

一、大坝建设概况

美国现代化的水库大坝建设始于 20 世纪 20 年代初,20 世纪初美国的各类水库大坝总数不超过 5 000 座,30～40 年代有较快的发展,共修建了约 8 000 座水库大坝。50～70 年代,美国进入了经济高速发展时期,与此同时,水库大坝建设也出现一个发展高峰,共建设了 44 300 余座大坝,仅在 60 年代的 10 年间,就建设了 19 576 座大坝,达到顶峰。进入 80 年代,美国的水库大坝建设速度开始减慢,在 20 世纪的最后 10 年里仅建设了 2 500 余座大坝。进入 21 世纪,水库大坝建设速度进一步大幅度减慢。图 7-1 为美国水库大坝建设年份分布。美国大型水库大坝建设的主体是垦务局(USBR)、陆军工程师兵团(US-ACE)和田纳西河流域管理局(TVA)等联邦政府部门的下属机构。

在美国境内及其领地注册的大坝总计 87 000 座。联邦机构拥有大坝的数量只占全美大坝总数的 4% 左右,约有 65% 的大坝为私人拥有,州和地方政府拥有 25% 。美国大坝统计(National Inventory of Dams, NID)是在美国国会授权下,由美国陆军工程师兵团负责开展的,参与工作的部门还有州大坝安全管理机构、美国领地政府以及联邦大坝管理机构。统计范围为坝高超过 7.6 m、库容超过 6 万 m³,或者是发生溃坝后会对下游造成严重影响的大坝。大坝统计的主要信息有大坝的地理位置、规模、开发目标、坝型、最近一次的安全检查情况、调度参数,以及其他一些技术数据。这些统计信息一般每 2 年更新一次。

图 7-2 给出了美国不同坝高大坝数量分布。低于 7.6 m 的坝有 43 029 座,坝高为 7.6～15.2 m 的坝有 37 573 座,坝高为 15.5～30.5 m 的坝有 4 760 座,坝高超过 30.5 m

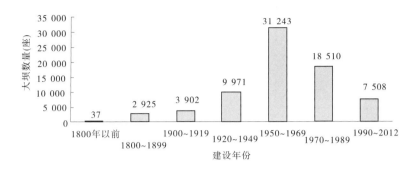

图 7-1　美国水库大坝建设年份分布

的坝有 1 673 座。最高坝为位于加利福尼亚州费瑟河（Feather River）上的奥罗维尔（Oroville）大坝，最大坝高 235 m。胡佛（Hoover）大坝位于科罗拉多河（Coloardo River）上，其水库为美国库容最大的水库，总库容为 369.9 亿 m³。美国高坝中，35% 由联邦机构所有。

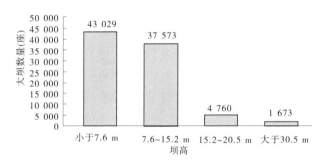

图 7-2　美国不同坝高大坝数量分布

二、大坝的安全管理

美国大坝的建设、运行管理体制比较复杂，分为联邦、州和私人企业等几个层次。各联邦机构和各州都有各自的大坝安全管理规章制度、运行程序和相关的技术文件。美国 80% 的大坝由各州的大坝安全办公室负责管理，目前除了阿拉巴马州，其他各州和领地都建立了大坝安全管理计划。尽管各州在管理程序上有所区别，但管理内容大致相同，主要包括：①对已建大坝进行安全评价；②对大坝的建设和主要维修工作的方案与技术标准进行审查；③对大坝进行定期检查；④对新建和在建大坝的施工进行现场监察；⑤评审和审批应急管理计划。

现阶段大坝安全的责任分别由下列部门承担：①联邦政府拥有的大坝由其下属的大坝管理机构管理，如属于内务部的垦务局，属于国防部的陆军工程师兵团和田纳西河流域管理局等；②非联邦政府所有的、具有水力发电功能的大坝由联邦能源管理委员会（FERC）管理；③其他用于供水、灌溉等的大坝由各州负责，并依据州大坝安全管理者协会制定的导则进行管理。

在经历了半个多世纪的大坝建设高峰后，美国已经全面进入大坝运行管理时代。21

世纪初,有 25% 的大坝服务年限达到了 50 年,到 2013 年,这个比例达到了 50% ,如图 7-3 所示。

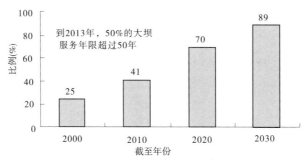

图 7-3　美国大坝服务年限超过 50 年的比例

近 100 年来,美国曾发生过几次重大溃坝事件,如 1928 年加利福尼亚州(State of California)发生了圣弗朗西斯科坝(St. Francis)的垮坝事件;1972 年西弗吉尼亚州(State of West Virginia)发生了布法罗·克里克坝(Buffalo Creek)的垮坝事件,造成 125 人死亡;1976 年,堤堂坝(Teton)溃决,造成 14 人死亡,损失 10 亿美元;1977 年,凯利·巴恩斯坝(Kelly Barnes)溃决,造成 39 人死亡。2005 年,托姆·索克(Taum Sauk)抽水蓄能电站上库面板堆石坝因发生漫顶导致溃决。每次重大溃坝事件都促进了美国各界对大坝安全认识的提高,推动了溃坝研究和大坝安全管理工作的进展。服务年限超过 50 年的水库大坝数量的快速增长也是促使美国加强大坝安全管理的重要原因。

(一)大坝安全管理的发展

美国大坝安全管理工作始于 1929 年初,起源于加利福尼亚州发生的圣弗朗西斯科坝垮坝事件。在此之后发生的其他垮坝事件,因造成了人民生命和财产的损失,促使出台了州和国家级的关于大坝安全管理的法规条例。

1972 年美国国会通过了"国家大坝检查法案(National Dam Inspection Act)(PL92 – 367)"。该法案授权陆军工程师兵团对非联邦的大坝进行核查,评价其安全性;向州政府提交安全核查报告,从加强大坝安全的角度提出需要改进工作的建议;开展大坝登记工作;向国会报告工作进展情况。经过几年的工作,提出了一个关于联邦大坝安全的计划,该计划于 1976 年提交到国会,但由于受到当时经费的限制,未能有效推动。1976 年发生的堤堂坝垮坝事件引起了公众和政府对大坝安全的关注。国会和联邦机构组织工作小组对该事件进行了调查,对大坝安全提出了一系列的问题,国会也为此出台了一部新的关于大坝安全的法律。

1979 年 4 月 23 日,一份来自卡特总统的备忘录被分别发送给内务部部长、农业部部长、陆军参谋长、国家预算管理办公室主任、总统科学技术顾问、联邦能源委员会主席、田纳西河流域管理委员会主席、国际河流委员会美国部主任。该备忘录对大坝安全的工作提出了很高要求,指出这是联邦机构最重要的工作之一,各联邦机构都要列专项开展大坝安全工作。备忘录还要求各联邦机构对其所属的大坝进行安全核查,主要包括对机构内部和外部的核查、人员资质核查、新技术的开发与整合、应急计划的制订、对已建大坝的安全核查等。这些工作由一个临时成立的联邦协调机构委员会和一个独立的评审委员会来执行,检查结果表明,大坝安全的管理工作总体是有成效的,但是仍需要进一步改进,包括编制大坝安全管理导则。1982 年,陆军工程师兵团完成了对非联邦系统大坝的安全核查,完成了大坝登记的更新,向国会提交了报告。1985 年,大坝安全协调委员会发布了大坝安全管理导则和运行规则。

1986 年,美国国会颁布了"水资源开发法案",其中包括国家大坝安全计划(National Dam Safety Program,简称 NDSP)的立项,授权由陆军工程师兵团负责该计划的管理。在 1996 年颁布的"国家大坝安全法案"中,授权美国联邦紧急事务管理署(FEMA)负责管理该计划,一直延续至今。2001 年"9·11"恐怖事件后,美国于 2002 年颁布了"国家安全与防卫法案(PL107 - 310)"。在这部新法案中,明确将水库大坝作为国家最重要的基础设施之一加以保护,不仅考虑因自然力对这类建筑物造成损毁后对国家和人民生命财产造成的严重损失,而且考虑对其进行反恐怖主义破坏的保护。联邦紧急事务管理署也由原来的联邦的一个独立机构并入新成立的国土安全部(DHS),成为国家政府部门下属的一个专门机构。该法案规定国家大坝安全计划将继续开展工作,延长至 2006 年。2006 年 12 月 22 日,布什总统签署了新的法案(PL109 - 460),再次授权国家大坝安全计划,将该计划继续延长 5 年。2012 年 7 月,美国国会通过了美国大坝安全法案,再次将国家大坝安全计划续延 5 年,并继续向项目提供资金支持。

(二)美国大坝安全计划(NDSP)

1. 工作目标

1996 年 10 月 12 日,美国水资源开发法案(PL104 - 303)被批准列入国家法律,在第 215 章中确定国家大坝安全计划的立项,由联邦紧急事务管理署作为计划的总协调者,该项目共设置了 10 个课题。参与这个项目的机构主要包括陆军工程师兵团、垦务局、国家气象局(NWS)、农业部(USDA)、联邦能源管理委员会、田纳西河流域管理局、州大坝安全管理者协会、美国大坝协会(USSD)等。

国家大坝安全计划的目的是通过建立并始终保持一个有效的国家级的大坝安全计划,将联邦的和非联邦机构中的专家与技术资源整合并开展合作,以降低国家大坝的风险及减少因溃坝给人民生命财产带来的损失。主要的工作目标为:①通过技术的不断完善和经济可行的项目计划实施,减少溃坝带来的灾害,确保已建和新建大坝的安全;②为大坝的现场勘察、设计、施工、运行、管理、应急管理措施等提供可行的政策法规和方法;③根据国家标准,建立各州的大坝安全计划;④向公众宣传,使公众接受国家大坝安全计划并给予支持;⑤向联邦和非联邦机构提供大坝安全计划的有关资料;⑥建立机制,将联邦的大坝安全技术传授给非联邦机构组织。

2. 管理体制

现阶段的美国大坝安全管理体制是以联邦紧急事务管理署为领导,由联邦机构、州政府、私人机构和学术团体参加的一个全国性的大坝安全管理计划。国家大坝安全计划机构构成见图 7-4。为了协调联邦、州、私人企业等不同部门的大坝安全管理和技术工作,专门成立了两个机构,一是国家大坝安全评估委员会(NDSRB),为联邦紧急事务管理署董事会提供关于国家大坝安全工作、影响大坝安全的国家政策实施中的咨询。该机构还为各州的大坝安全工作提供帮助,协助联邦紧急事务管理署对州大坝安全技术的评估以及经费预算。在这个委员会中,联邦紧急事务管理署的官员担任主任,从大坝安全协调委员会(ICODS)的成员单位中推选出 4 名代表;另 5 名代表来自各州的大坝官员,由联邦紧急事务管理署董事会挑选;1 名来自私人企业代表,也由联邦紧急事务管理署董事会挑选。

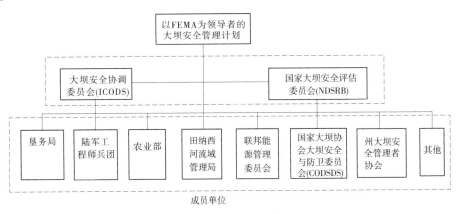

图 7-4　国家大坝安全计划机构构成

　　另一个机构是大坝安全协调委员会(ICODS)。这个机构最早成立于 1980 年,正式成立是在 1996 年公共法案 PL104－303 出台以后,成员来自各联邦机构的代表,包括农业部、国防部、能源部、内务部、劳工部、国土安全部、联邦紧急事务管理署、联邦能源管理委员会、国际河流委员会美国部、核能管理委员会和田纳西河流域管理局等。大坝安全协调委员会的主要工作是帮助和促进大坝安全工作更加有成效,包括制定政策和编写技术导则。

　　各机构和部门在开展自身关于水库大坝安全管理工作的基础上,还承担了项目中的一些专业技术开发、培训及技术导则和手册的编写工作。

　　3. 国家大坝安全计划执行情况

　　国家大坝安全计划以 5 年为一个阶段。自 1998 年实施以来,在大坝安全工作方面取得了很大的进展。开展的主要工作有:

　　●对美国大坝安全状况进行了核查、登记和分类,将具有高风险和比较高风险度的大坝列为大坝安全工作的重点;

　　●对大坝安全工作的实践经验进行总结,加强大坝的安全监测,对具有安全隐患的坝进行除险加固工作;

　　●编制了一系列技术规范、导则和指南,编制大坝安全计划管理程序(DSPMP),以加强对全国大坝安全的管理工作;

　　●对存在安全风险的大坝按溃坝对下游造成人员伤亡程度划分风险等级,制订应急行动管理计划(EAP);

- 举办了一系列的技术研讨会和技术培训班；
- 利用垦务局、陆军工程师兵团、联邦能源管理委员会、农业部、州大坝安全管理者协会、美国大坝协会、田纳西河流域管理局、国家气象局、美国国家地质调查局（USGS）以及大学等专业机构和部门具有长期从事大坝设计和运行管理经验的优势，开展大坝安全管理的科研工作；
- 筹措资金，帮助各州和私人企业开展大坝安全的管理和研究工作；
- 联邦紧急事务管理署组织专家对各部门、各机构开展大坝安全管理工作，开展技术监督和检查，针对存在的问题提出改进意见和建议；
- 每两个工作年度编写一份阶段进展报告，总结本阶段工作进展情况，提出下阶段工作任务。

该项目实施以来，促进了美国大坝安全管理工作更加科学化、信息化和实用化，主要体现在如下几个方面：

- 建立健全组织机构。陆军工程师兵团、田纳西河流域管理局、矿山和健康管理委员会（MSHA）、矿山废弃物和土力学工程分会、国际河流委员会（IBWC）、联邦能源管理委员会、内务部（DOI）、林业局（FS）、自然资源保护委员会（NRCS）等机构根据各自拥有和管理的大坝及其功能，分别加强了大坝安全管理工作组织机构的建设，配备了相应的工程技术和管理人员，并根据国家大坝安全计划，分别在各自的系统内部开展了相应的技术培训工作。
- 大坝登记工作。各部门按照国家大坝安全计划的要求，加强了各自负责管理的大坝的登记工作，按年度报告大坝登记情况，重点为具有高风险和较高风险大坝的数量及其运行情况。整个工作由陆军工程师兵团负责。
- 大坝安全核查。接受安全核查的大坝数量由1998～1999年度的13 000座增加到15 000座。由于美国的建坝高峰已过去了30年，许多部门（包括陆军工程师兵团在内）都缺少有经验的技术人员，为此，采取了部门之间或地区之间的合作方式，或委托联邦能源管理委员会的技术人员承担培训工作，陆军工程师兵团还承担了对年轻技术人员针对大坝安全核查工作需求的技术培训工作。
- 病险水库大坝除险加固。各部门根据所属大坝的现状，开展除险加固工作。如联邦能源管理委员会，2003～2005年间对47座坝进行了除险加固或改建工作，还有77座坝正在加固或进行评估；自然资源保护局有2 000座小坝需要除险加固，全部完成需要5.5亿美元，该部门于2004～2005年分别筹措了2 960万和2 750万美元保证除险加固工作。各州也在国家大坝安全计划指导下，开展州内大坝的除险加固工作。
- 应急预案编制。1998年国家大坝安全计划开始实施应急预案编制工作。州管辖的大坝中，2010年具有高风险大坝数量为11 202座，全国为13 991座。2006年，州管辖的大坝完成应急预案编制工作的数量为4 854座，完成51%。具有高风险的联邦大坝，96%已经完成应急预案的编制工作，应急预案编制工作情况要远远好于州管辖的大坝。
- 大坝安全管理中的科研工作。国家大坝安全计划十分注重大坝安全管理中的科研工作。1999年，大坝安全评估委员会提出了关于大坝安全领域里的17个重点专题，有些专题已获研究成果,编写成技术导则和技术手册。

- 大坝安全技术管理工具(DSPMT)。2004 年,评估委员会专门成立了一个工作小组,落实近期和远期的大坝安全管理工作措施的执行。通过国家大坝安全计划,开发了 DSPMT 软件管理系统,由陆军工程师兵团负责运行和维护,从国家层面上,评价国家大坝安全计划的工作成效以及整个国家大坝的健康和安全管理状况。

- 技术培训与宣传。以 2004~2005 年度的培训工作重点为例,基于溃决模式分析方法及监测,州大坝安全管理者协会共召开了 7 次区域性土工技术研讨会(东北、东南、西部、中西部),联邦紧急事务管理署应急管理研究所召开了水文模拟系统和河流分析系统研讨会,制订了大坝安全培训援助计划(TADS)。陆军工程师兵团编辑了关于 TADS 的系列录像资料,并作为网络学习资料放在机构网站上。田纳西河流域管理局、垦务局、联邦能源管理委员会、州大坝安全管理者协会、美国大坝协会、美国土木工程师学会(ASCE)等联邦机构和部门充分发挥了技术优势,在国家大坝安全计划的总体部署下,为地方部门培训了大量的大坝安全核查和技术管理人员。

- 大坝安全防卫工作。2001 年"9·11"恐怖事件后,国家大坝安全计划在原来的大坝安全工作基础上增加了安全防卫的工作。从加强防卫工作需要的角度,美国在国土安全部内分别成立了政府和部门之间的协调理事会,用于协调和指导大坝的安全防卫工作,召开了 5 次技术讨论会。在国家基础设施保护计划(NIPP)的框架下,编制了针对水库大坝安全防卫的专业规划,制订了详细的工作计划和安全措施。配合国家大坝安全计划,组织召开了针对大坝防卫技术讨论会,联邦各机构也制订了各自的大坝安全防卫计划。

(三)大坝风险等级划分

美国根据大坝发生事故可能造成的灾害程度,对大坝进行等级划分,分别为高风险坝、中等风险坝和低风险坝三个等级。高风险坝是指发生溃决或误操作可能造成人员伤亡的大坝;中等风险坝是指大坝发生溃坝或误操作可能对环境及财产造成损失的大坝(不造成人员伤亡);低风险坝是在上述情况下不会导致人员伤亡、不会产生严重经济损失或对环境造成重大影响的大坝。

根据统计,美国有 14 726 座坝被列为高风险坝,12 406 座坝为中等风险坝,58 956 座坝为低风险坝,还有 1 271 座坝尚未进行风险等级划分。美国大坝的平均坝龄为 55 年,有些老坝的性态已经不好,也有一些老坝的维护工作不到位。美国大多数坝属于私人拥有,业主负责大坝的安全并筹资对大坝进行维修与升级改造。随着技术标准的提高与新技术的应用、水文系列的延长、下游人口数量的增加,以及土地利用情况的改变等,一旦大坝风险等级提高,大坝就需要开展相应的更新改造工作,以满足安全的需要。在过去 25 年里,已有 1 500 座大坝(占比 2%)得到了不同程度的加固或升级改造,还有更多的大坝需要开展此项工作。由于各州大坝安全计划资源的限制,以及缺少大坝加固的联邦财政资金计划,非联邦和州大坝安全管理计划内的大坝的安全尤其需要引起重视。2012 年,有 17 个州得到贷款或资助项目,专门用于这些大坝的升级改造或维护工作。有些因维护成本超过工程自身效益的坝,则被拆除。在过去的 5 年里,有 200 余座高风险坝已经被拆除(约占美国高风险坝的 2%)。

近年来,美国大坝安全状况不断改善。公众与私人企业的合作关系进一步加强,联邦机构帮助州政府改进大坝安全管理计划,对大坝安全工程师和技术员进行技术培训,开展针对大坝安全的研究工作等,有效保障了大坝的安全。

第二节　澳大利亚大坝安全管理

一、大坝建设概况

截至 2011 年底,澳大利亚共有 564 座大坝,总库容为 948 亿 m^3,总装机容量为 7 689 MW,年平均发电量为 18 388 GWh。坝高 100 m 以上的有 12 座,最高坝为修建于 1979 年的维多利亚州(State of Victoria)的达特茅斯坝(Dartmouth)(坝高 180 m)。在已建大坝中,土坝和堆石坝最多,分别为 259 座和 145 座。坝高、坝型的具体分布见表 7-1。历史最悠久的为修建于 1857 年的维多利亚州的延恩(Yan Yean)土坝(坝高 10 m)和新南威尔士州(State of New South Wales)的帕拉玛塔(Parramatta)拱坝(坝高 15 m)。

表 7-1　坝高、坝型分布

坝型	坝高(m)					总和
	< 30	30 ~ 59	60 ~ 99	100 ~ 149	> 150	
土坝	207	48	3	1	—	259
堆石坝	59	52	26	5	3	145
重力坝	63	37	6	1	—	107
支墩坝	3	3	—	—	—	6
拱坝	24	12	4	1	—	41
连拱坝	2	1	—	—	—	3
其他	2	1	—	—	—	3
总和	360	154	39	8	3	564

二、大坝的安全管理

澳大利亚政府为联邦制,有 6 个州及 2 个领地,水资源的管理主要是各州的责任,其中包括关于大坝的安全管理。目前,新南威尔士州、昆士兰州(State of Queensland)、维多利亚州、塔斯曼尼亚州(State of Tasmania)以及首都领地都已经制定了专门的《大坝安全法》,而西澳大利亚州(State of Western Australia)、南澳大利亚州(State of South Australia)以及北领地(Northern Territory)还没有相关的立法。在已经立法的州,大坝业主负责大坝的安全,并有专门的政府机构监督大坝业主对大坝安全法律、法规的执行情况。在没有立法的州,由相关的水务公司管理大坝安全。

此外,澳大利亚大坝委员会(Australian National Committee On Large Dams,简称 AN-

COLD)在大坝安全工作中发挥着重要作用。澳大利亚大坝委员会组织主持制定了《大坝安全管理导则》,为大坝安全管理的参与者提供了很好的指导,虽无法律效力,但却被行业广泛认可和使用,各州的大坝安全管理都借鉴参考了《大坝安全管理导则》。澳大利亚大坝委员会于1976年主持制定了《大坝安全管理导则》(第一版),后来分别在1994年和2003年进行了两次修订,修订后对大坝安全的要求,不仅关注大坝的设计和施工环节的安全管理,而且形成了一个大坝长期安全巡检复查的体制。除了《大坝安全管理导则》,澳大利亚大坝委员会还组织编制了其他相关导则,包括《大坝地震设计导则》(1998年)、《大坝可接受防洪能力选择导则》(2000年)、《大坝溃决后果评价导则》(2000年)、《大坝环境管理导则》(2001年)、《风险评价导则》(2003年)、《大坝溃决后果分类导则》(2012年)等。这些技术导则构成了一套系统完整的大坝安全评价体系,在技术层面支撑了大坝安全管理工作。

下面介绍《大坝安全管理导则》的主要内容。新南威尔士州与西澳大利亚州的大坝安全管理是比较典型的例子,由此可了解有立法的州和无立法的州在大坝安全管理上的区别。

(一)《大坝安全管理导则》的主要内容

(1)规定了大坝安全的主要责任由大坝业主承担。大坝业主有责任提供足够的资源来满足大坝安全管理的要求。监管部门负责所辖范围内的大坝注册登记,并有权要求大坝设计、运行、维护满足当前标准。

(2)规定了大坝业主要按照大坝安全计划的规定来管理大坝,以确保大坝的安全。

(3)根据不同的风险程度,将大坝划分为七个级别:极低风险坝、低风险坝、中风险坝、C类高风险坝、B类高风险坝、A类高风险坝以及极高风险坝。大坝安全管理计划会根据不同风险级别而调整。

(4)从大坝安全的角度,对大坝的勘察、设计、施工及初次蓄水均提出了要求。大坝业主应当保存完整的设计文件和施工报告,水库第一次蓄水前应进行技术安全鉴定,其结果应归档保存。

(5)大坝的运行维护应有规程,并按规程要求正常地进行。规程每隔5年应当重新审查一次,如有需要应及时修改。

(6)大坝安全监察是保证大坝安全的重要措施。

(7)安全复查是一件复杂而细致的工作,包括对水位条件、大坝结构、水力学、岩土工程设计各个方面,以及对历次的安全监察报告、记录进行分析。任何一座坝都不能说是百分之百安全的,由于自然或人为的原因,材料特性和施工过程中的种种原因,总会有些不确定的因素存在。一旦在安全监察中发现大坝存在某种问题,或由于大坝年代已久,或规范标准改变等,就要进行安全复查。复查人员由大坝工程师、地质工程师、水文专家等来担任。安全复查报告应有原设计的背景材料,应综合分析各种信息,而不是单独分析某一种现象,有时还要求补充一些勘测试验工作,然后才能下结论。对于一些往往缺乏资料的老坝则更是如此。在结论中应对坝基、坝体、溢洪道、过流孔口、机械设备和监测系统等的安全状况给出建议,提出修补措施及实施时间。

（8）大坝修补措施（风险降低措施）应选择及时且性价比高的方案，包括临时与长期的修补措施、维护措施、改变现有运行程序以及拆坝。

（9）所有可能造成下游人员伤亡的大坝都需要制订应急预案。

（二）新南威尔士州大坝安全管理

新南威尔士州早在1978年就通过了《大坝安全法》，随后在1979年成立了州大坝安全委员会，负责州内的大坝安全监管工作。大坝安全委员会由9名来自各个相关领域的专家组成，委员会主席由州政府指定。大坝安全委员会有若干下属分会，包括监察分会、采矿分会、水文分会、应急管理分会等。大坝安全委员会主要负责对大坝安全进行监管以及编制可接受的大坝安全标准。大坝委员会的主要工作目标包括：

（1）确保大坝风险在容许的范围内；

（2）确保定期检查大坝风险，如果工程上可行的话，尽量降低风险；

（3）确保尽快降低大坝不能容忍的风险；

（4）如果一座大坝满足大坝委员会设定的大坝安全标准，就认为是安全的。

大坝安全委员会根据《大坝安全法》以及后来在1992年通过的《采矿法》两项法规来开展大坝安全监管工作。具体的大坝安全管理工作则由大坝业主负责，大坝业主必须服从大坝安全委员会设定的大坝安全标准，需要确保大坝风险在可容忍的范围内。大坝安全委员会的容许风险惯例包括：

（1）若风险在不能容忍范围内，则要求业主在合理的范围内立刻对其进行改善；

（2）若风险在可容忍范围内，业主不需要立刻对其进行改善，但风险应该满足最低合理可行（ALARP）原则，否则需要把长期风险降到可忽略范围内；

（3）若风险在可忽略范围内，不要求业主对其进行改善。

大坝安全委员会认为降低大坝风险是一项长期工作，在消除了不能容忍风险后，业主应该采取渐进改善原则不断降低大坝风险，长期风险应满足最低合理可行（ALARP）原则或者降到可忽略的范围内。

大坝安全委员会要求业主在大坝运行第一年必须提供大坝监察报告，之后每5年提供一次大坝监察报告。监察报告必须由经验丰富的大坝工程师完成，报告必须说明该大坝是否安全、是否需要进一步安全复查等。大坝的安全性评估包含大坝的安全性结论，主要由有经验的大坝工程师或工程师团队根据现有的资料提出。大坝安全委员会要求业主根据监察报告的建议进行工程处理，并对处理结果予以验收。对于特殊坝以及高坝，大坝安全委员会要求由独立的同行评审，同行评审人需是受到业界认可的高级从业人员，同行评审人须提供独立的报告。大坝安全委员会可以直接派人现场检查大坝安全状况，如果认为大坝不安全，可以要求业主采取有关措施确保大坝安全。大坝安全委员会每年在年报中就除险加固工程的进展、调查进行中的大坝安全情况等向州政府水资源部报告。自从1979年大坝安全委员会成立以来，新南威尔士州已有40余座大坝完成除险加固工程并达到安全标准。

大坝安全委员会要求业主归档保存好各种大坝相关资料，业主需要在这些资料上签字证明。大坝资料主要包括大坝安全评估文件、操作运行维护手册、大坝安全突发事件预案,对 1979 年以后建成的大坝需要有设计报告、建设报告、建设认证等资料。

关于大坝安全突发事件预案,所有高风险大坝必须制订相应的预案并且要定期演练。

此外,由于澳大利亚矿产资源丰富,采矿业十分发达,大坝安全委员会负责管制大坝及库区附近的采矿活动,防止这些采矿活动损害大坝与水库的安全。大坝安全委员会确定大坝周围的控制区域以及在这些区域内采矿的控制条件,包括规模、类型、监测要求等。

(三)西澳大利亚州大坝安全管理

目前,西澳大利亚州没有大坝安全法规,由西澳水务公司负责管理全州各地的大坝。西澳水务公司是一个联营企业,建于 1996 年,在由水资源管理办公室、水资源和河流委员会、环保局和卫生部构成的体系下运作。由于该州缺乏大坝安全法规,在公司内部组建了一个大坝安全指导委员会,确保能为公司高层和管委会提供权威性建议,并且制定合适的标准。大坝安全指导委员会由公司主要有关各方组成。在成立之初,该委员会就完全按照澳大利亚大坝委员会发布的《大坝安全管理导则》制定了一套公司大坝安全管理条例。

公司制订了大坝安全检查计划,包括年度检查计划与长期检查计划。年度检查计划包含监察总结、大坝运行状况,并且对下一步的监察提出建议。长期检查计划规定大坝每 10 年必须检查一次,高风险的大坝优先检查。如果大坝安全达不到公司规定的标准,就需要对该坝进行修补加固。公司成立以来,除大坝修补工程外,其他各领域也需要越来越多的资金投入。由于竞争的需要,某些项目应享受优先权。但是因为风险概率较低,大坝安全项目在基建工程优先模式中往往受忽视。为此,公司决定每年以大致相同的资金制订一项大坝安全滚动投资计划。这样,此类工程只须在大坝安全计划内相互竞争,从而把优先权放在大坝修补工程上。

因缺乏大坝安全法规,公司制定相应制度并对自身运作进行审查是十分重要的,包括内部审查和外部审查。1997 年,公司管委会组织对公司大坝安全管理进行了一次内部审查,找出了大量潜在的业务危险,总结了公司在大坝安全管理过程中的长处和不足。审查报告在多方面提出建议和目标,指明各级人员的工作责任及其责任主管,倡议制订一个促进计划协助推动管理实践和工作汇报,减少明显的业务风险。1999 年,公司邀请了一位独立审查员对公司大坝安全管理进行了一次外部审查。审查员主要遵照《大坝安全管理导则》和澳大利亚大坝业主的最佳实践经验,在很大范围内对技术措施进行了审查。审查报告指出西澳水务公司在大坝安全管理方面的实践已达到澳大利亚最先进水平,在某些非关键领域与最优水平尚有一定差距,并提出了改进意见。

第三节 瑞士大坝安全管理

一、大坝建设概况

瑞士从 19 世纪初开始兴建大坝用以发电;第一次大坝建设高潮出现于 20 世纪 30 年代;1950~1970 年是大坝建设的繁荣时代,建成了一批坝高大于 200 m 的水库大坝;20 世纪 70 年代以后新建大坝很少,目前已经开发了近 85% 的水电资源。瑞士大坝主要分布在阿尔卑斯山的中上部高程,首要功能是发电,其次是防洪、供水和灌溉;坝型包括混凝土重力坝、拱坝、土石坝、支墩坝,分别占38%、26%、35%、1%。目前纳入瑞士政府监管的各类大坝共有1 197座,其中联邦能源署直接监管222座重要和规模较大的水库大坝(4座坝高超过200 m,25座坝高超过100 m),以及20座大型闸坝,这些规模较大的水库大坝或闸坝均为私人所有;州政府大坝安全管理机构负责监管规模较小的坝,共计955座,小型坝除私人所有外,也有少部分为地方市、镇政府所有。瑞士最著名的大坝为世界上最高的混凝土重力坝大狄克逊(Grand Dixence)坝,建成于1961年,坝高285 m,控制流域面积357 km²;历史最悠久的为罗特韦尔(Rütiweiher)土坝,修建于1836年,坝高22 m。

二、大坝的安全管理

(一)大坝安全管理法规框架

瑞士联邦政府高度重视大坝安全,相关法规均由联邦政府制定。早在1916年,联邦政府就颁布了开发利用水资源的法律;1957年,联邦政府根据1877年出台的联邦法律对水体监管的要求(Federal Act on the Policing of Bodies of Water)颁布了《瑞士联邦大坝安全法令》,确立了大坝安全理念及大坝安全目标,规定了政府(大坝安全监管机构)、业主、工程师、专业社团等涉及大坝安全相关各方的职责,明确了谁负责保障大坝安全、谁负责监管大坝安全、谁负责持续改进大坝安全理念。为了指导《瑞士联邦大坝安全法令》的贯彻实施,联邦政府大坝安全监管机构还发布了大坝安全准则、结构安全评估、防洪安全评估、抗震标准评估、大坝监测与维护、应急预案等一系列指南。

1957年发布的大坝安全法规仅适用于坝高大于10 m或坝高大于5 m、库容大于5万m³的水库大坝,小型坝没有纳入管理范围。但小型坝往往靠近居民区,而且由于业主资金及技术力量有限,缺少必要的监管和维护,潜在风险很大。因此,瑞士联邦政府于1998年通过新的立法,颁布了《水库安全条例》(Ordinance on Safety of Reservoirs)。《水库安全条例》作为大坝安全的行政法令(Executive Decree on Safety of Dams),适用于所有类型(土石坝、混凝土坝等)、各种规模、各种用途(发电、灌溉、供水、防洪等)及各种类型业主(公有、私有)的水库大坝。

1998年的立法规定重要和规模较大的水库大坝仍然由瑞士联邦能源署监管,而将大量的小型坝赋予新成立的州政府大坝安全管理机构监管,这些州大坝安全管理机构同时受联邦政府大坝安全管理机构(能源署)监督(见图7-5)。

1998年颁布的《水库安全条例》基于以下三条基本原则:

(1)大坝安全是业主的首要职责;

(2)联邦政府有责任制订大坝安全目标;

(3)联邦政府通过专门独立的监管机构——瑞士联邦能源署来监督业主。

(二)大坝安全理念

《水库安全条例》确立的大坝安全理念包括如下三个方面(见图7-6):

(1)结构安全:联邦政府监管机构有权批准大坝施工计划,监督大坝施工,并审批水库初次蓄水方案;定期检查大坝安全是否满足要求,并可根据检查结果要求业主采取适当

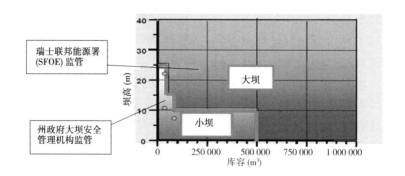

图 7-5　瑞士水库大坝安全监管权限划分标准

措施保障大坝结构安全。

（2）安全监控：在大坝整个生命过程中，业主必须采取包括监测、安全检查、检测等有效手段对大坝安全进行监控，及时发现缺陷、险情和可能出现的异常性态，预防可能发生的危险，并定期向政府监管机构提交大坝安全报告。政府监管机构则确保大坝监测符合有关法律规定，大坝安全状况在任何时候都能满足要求。

（3）应急预案：尽管持续进行安全监控，但每座水库大坝都需要制订应急预案，以预防可能出现的突发安全事件。政府监管机构则监督应急预案是否存在和可靠。

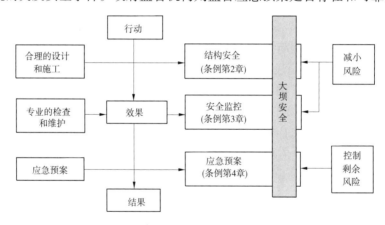

图 7-6　瑞士大坝安全理念

（三）大坝安全监管模式

瑞士大坝安全管理基于如下基本原则：

（1）大坝安全是业主的首要职责，业主具有依法对水库大坝进行长期监测的责任，无论大坝运行是否正常，业主都应定期向监管机构汇报大坝安全状况。

（2）联邦政府帮助确立大坝安全目标，独立的政府监管机构对业主进行监督。

（3）政府与利益相关方依据法律，通过监测、检测、资料分析、安全评估等手段对大坝安全进行监控。

根据《水库安全条例》，瑞士建立了四层次的大坝安全监控体系，如图 7-7 所示。

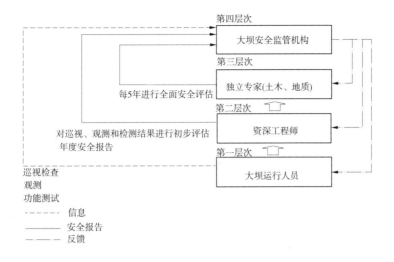

图 7-7　瑞士大坝安全监控层次与流程

（1）第一层次：大坝运行人员定期开展全面细致的巡视检查，运用监测设施开展量测工作，测试检查监测设施及安全设备，并对设施、设备进行维护。

（2）第二层次：业主委派的资深工程师对监测结果进行分析，识别结构异常性态，对大坝开展年度检查（检查大坝运行维护状况及运行人员资格），出具年度大坝安全报告。

（3）第三层次：由大坝安全监管机构确认的 2 名独立专家（1 名土木工程师、1 名地质工程师），每 5 年进行一次全面深入的大坝安全评估。土木工程师对大坝结构状况进行全面检查，分析坝体及坝基安全性态及发展趋势，发现异常时提出处置措施；检查大坝维修养护情况，参与泄洪设施闸门测试；为大坝业主准备深入的安全评估报告。对于大型水库大坝，地质工程师对坝肩及坝基性态进行评估，并检查库岸稳定性。

（4）第四层次：大坝安全监管机构对前三个层次的工作进行监督管理，确保相关工作程序及提交的文件符合导则要求，检查大坝安全年度报告及专家深入安全复核报告是否符合要求。出于安全考虑，必要时监管机构可命令业主放空水库或降低水库运行水位。

为解决小型坝存在的资金和人力资源有限、管理薄弱、风险突出问题，瑞士大坝业主采取灵活多样的组合式资产与运行管理模式，将集团或区域内的小型坝集中在一起，通过服务协议将其资产和运行管理委托给一个集中的专业机构进行管理，大大提高了小型坝的安全保障水平，并提高了管理效率，减少了管理成本。

第四节　对我国大坝安全管理的思考与建议

我国 756 座大型水库的总库容为 7 499.85 亿 m^3，占全国水库总库容的 80.45%。大型水库大坝的安全尤其受到关注。根据全国大型水库大坝安全调研，最近一次安全鉴定、定期检查定为一类坝、正常坝，以及近 10 年内完成除险加固的工程占已建工程的 85.7%。总的来看，我国大型水库大坝的建设、运行和监管比较规范，各项管理制度执行良好,工程运行性态基本正常,在设计标准和设计运用条件下,大型水库大坝安全状况总体良好。尤其在 2008 年汶川大地震中,位于震区的大型水库大坝都经受住了超设计地震的考验。我国大型水库大坝安全状况良好,主要表现在:

(1)近 40 年来无大型水库大坝溃决。20 世纪 80 年代以前,我国的年平均溃坝率为 1.23‰。2000 年之后,年平均溃坝率降至 0.06‰。目前我国已进入低溃坝率国家行列。1976 年以来,我国无大型水库大坝溃决。

(2)病险水库除险加固成效显著,进一步消除了安全隐患。我国已建大型水库大坝中,建设于 20 世纪 80 年代前的工程多因基础资料短缺、经济技术落后、实践经验不足等因素存在一定安全隐患。近年来,我国投入大量资金,对包括大型水库在内的众多病险水库工程进行了除险加固。至今,我国共有 327 座大型水库被列入全国病险水库除险加固专项规划(第一批至第三批规划或增补规划),目前大型水库大坝除险加固工作已基本完成,基本消除了安全隐患,工程安全状况显著改善。

(3)新建大型水库大坝工程采用的坝型更有利于安全。根据统计数据,在坝高 30 m 以上的各种坝型中,土石坝数量占 61.6%,溃坝中土石坝数量占 89.7%,是溃坝率最高的坝型,而混凝土坝、堆石坝和砌石坝溃坝风险相对较低。我国 2000 年以来开工建设的坝高 30 m 以上的大型水库大坝工程中,混凝土坝、堆石坝和砌石坝占 91.8%,而 1960 年之前该比例为 21.1%,1980 年之前为 32.3%。已建在建的坝高 100 m 以上的大型工程,97.9% 采用混凝土坝、堆石坝和砌石坝。近年新建工程的坝型更多采用了溃坝风险较低的坝型,有利于大坝安全。

(4)筑坝技术的进步有效提升了工程安全水平。伴随着大规模水库大坝建设实践,筑坝技术快速发展,新技术、新工艺、新材料、新设备在大坝建设中广泛应用,坝工结构设计、大江大河导截流、基础和高边坡处理、高水头大泄量泄洪消能等关键技术取得重大突破,实现了 100 m 级高坝、200 m 级高坝和 300 m 级高坝建设的多级跨越,世界最高拱坝、最高混凝土面板堆石坝、最高碾压混凝土坝都在中国。特别是三峡、小浪底、二滩、小湾、龙滩、水布垭等一批规模宏大的世界级水利水电工程先后建成并正常运行,标志着我国筑坝技术已经跻身国际先进行列。筑坝技术的进步为大型水库大坝工程的安全建设和运行提供了支撑。

(5)水库大坝安全监管不断加强,更好地保障了工程安全。水库大坝建设与管理法律法规、部门规章及技术标准体系健全,为依法、依规进行工程建设和运行管理创造了条件。水库大坝安全监管体系建设不断加强,工程建设中严格履行基本建设程序,项目法人责任明确,对工程质量实行有效的政府监督,建立了较完善的工程质量保证体系。在工程运行中,水库大坝安全责任制全面落实,政府、水库大坝主管部门和工程管理单位责任人的安全责任明确。建立了注册登记、安全鉴定和定期检查等制度,开展大坝安全监测,及时发现问题并加以治理,有效地保障了水库大坝的安全。20 世纪 80 年代以后修建的大型水库大坝工程被列入全国病险水库除险加固专项规划的仅 4 座,表明随着监管逐步加强,新建水库大坝的病险率显著降低。

然而,在水库大坝的建设和管理中还存在一些问题,安全监管存在薄弱环节等,少数

工程还不同程度地存在安全隐患,需要高度重视。突出的问题包括:

(1)水库大坝统计的可靠性、完整性问题。由于水库大坝数量多、分部门管理等,我国水库大坝统计工作一直较为薄弱。不同部门,包括部级大坝中心、各省级水行政主管部门、流域机构等,分别对各自管辖的水库大坝建立了数据库。中国大坝协会也利用自身的资源优势建立了相关的数据库,如全国坝高 30 m 以上大坝数据库、全国病险水库数据库、全国溃坝数据库等。但从总体来看,这些数据库难以做到动态更新,完整性和可靠性也难以保障。

(2)水库大坝应急管理的问题。随着 2007 年《中华人民共和国突发事件应对法》的颁布实施,与国家突发公共事件应急管理体系建设同步,我国逐步建立水库大坝安全应急管理体系。根据调研,在已建大型水库大坝工程中,有 88% 的工程已编制了应急预案。但从水库大坝应急管理总体来看,还存在如下问题:

- 应急预案不完善。尽管编制了安全生产应急预案,但对可能发生的溃坝险情等缺乏应对办法。

- 应急组织协调性差。工程管理单位与地方政府在监测预警、信息报告、应急决策和协调联动等方面沟通、衔接不够,地方政府在应急处置方面的责权以及区域性公共安全的联防联动机制不明确。

- 应急设施不足。水库大坝应急处置对放空设施设置有一定要求,在出现超标准洪水、超设防地震、恐怖袭击等应急情况下,应能迅速降低库水位。根据调研,由于技术标准缺乏相关要求,近年兴建的面板堆石坝都没有设置放空设施。另外,目前国内外闸门最高设计挡水水头为 160~180 m,工作水头为 120~140 m,随着坝高增加,有一部分高坝不具备设置放空设施的条件。

- 高坝事故应急处理能力不足。高坝工程需要在 100 m 甚至 150 m 以上水深情况下进行检测、修补和加固,而我国现有技术和装备只能满足 60 m 以内水深检修要求,一旦出现异常情况,难以及时降低水位和检测、修补、加固。

- 梯级水库群存在安全风险。对大江大河上的梯级水库群,目前工程设计、建设、运行中尚未采取足够措施控制和降低风险,一旦一座水库因超标准洪水、超设防地震或重大隐患造成溃坝,将会给整个水库群带来严重后果。

(3)病险水库除险加固问题。党中央、国务院高度重视病险水库的除险加固,从 2008 年到 2010 年,安排资金完成了 6 240 座大中型和重点小型病险水库的除险加固工作,消除了工程隐患,提高了防洪减灾能力;之后又启动了小型病险水库除险加固工作。然而,我国现有的各类水库 9.8 万余座中,绝大多数兴建于 20 世纪 50~70 年代,限于当时的经济技术条件,水库建设先天不足,加之多年运行,病险问题普遍存在,虽经多年治理,但病险问题依然突出。随着运行时间的增长,从未来看,大坝的除险加固和安全管理任务依然繁重。

(4)技术标准不完善。现行技术标准缺少针对坝高 200 m 以上特高坝的专门技术要求。我国现行拱坝、重力坝、土石坝、面板堆石坝等设计规范要求对于坝高大于 200 m 或特殊重要的工程应当进行专门研究论证。1991 年 9 月坝高 240 m 的二滩工程开工,2005

年 11 月开工的锦屏一级工程坝高突破了 300 m。目前已建在建坝高 200 m 以上的水库大坝有 13 座,还有十几座准备建设。这些特高坝工程主要集中在西南地区,面临地震烈度高、地质条件复杂等更大技术难度挑战。尽管特高坝工程都针对重大技术问题开展了专题论证,但由于工程建设难度大、面对的工程技术问题复杂,在建设和运行中,一些工程仍然出现了质量缺陷或安全隐患,如小湾工程坝体内部温度裂缝等。我国特高坝建设历史只有 20 多年,每类坝型的特高坝数量少,建设运行经验积累不足,技术标准尚不完善。现行大坝设计规范要求对 200 m 以上特高坝应进行专门研究论证,但对研究论证的内容、范围和技术要求缺少明确的规定。

针对上述问题,有如下建议:

(1)建立跨部门的水库大坝安全协调机制,统一组织、协调全国大型水库大坝安全管理工作。在协调机制框架下,研究建立全国大型水库大坝数据共享平台,集成工程基础信息和安全信息,为掌握总体安全状况和重大应急情况下的科学决策提供支撑。

(2)研究制定流域水库群大坝安全管理办法和调度规程,建立流域梯级水库群安全管理协调机制和定期安全检查制度,制定水库群大坝设计准则,建立和完善梯级水库群风险预警预报和应急反应体系,有效降低梯级水库群的安全风险。

(3)制定全国水库大坝风险等级划分标准,加强应急预案管理与演练。组织对全国水库大坝进行风险等级划分;制定考虑不同风险等级的水库大坝应急管理办法,将水库大坝的应急管理纳入地方政府总体应急工作体系,对可能发生的溃坝等涉及下游群众生命财产安全的重大突发事件,抓紧建立应急协调及响应机制,强化演练,以全面提升大坝安全预警能力和突发事件应对水平。

(4)加大研究和总结力度,提升我国病险水库除险加固技术水平;针对新建中小型水库大坝,研究漫顶条件下不发生溃坝,并且具有较好经济性、适用性的新型筑坝技术。

(5)系统总结特高坝建设实践的经验,加强大坝安全特别是特高坝安全科技攻关力度,研究完善特高坝适用的技术标准,明确特高坝设计准则,规范特高坝工程建设、运行管理、维修加固和应急管理。对坝高 200 m 以上,尤其是大于 300 m 的工程需慎重对待,科学论证。

参 考 文 献

[1] 郭军. 美国大坝安全管理现状分析及启示[J]. 中国水利水电科学研究院学报,2007,5(4).

[2] U. S. Society on Dams. Dams of the United States—A Pictorial Display of Landmark Dams[M]. Siler Printing, Denver, Colorado (2013942853). 2013.

[3] Bradlow, D. D., Palmieri, A., Salman, S. M. A. Regulatory frameworks for dam safety: a comparative study[M]. World Bank Publications, 2002.

[4] Droz, P. Dam safety regulation: the examples of Switzerland. Powerpoint, online: http://www. sesec. org/pdf/7/SESEC7_Droz. pdf.

[5] ICOLD. World register of dams[M]. International Commission on Large Dams (ICOLD), 2003.

[6] Wieland, M., Mueller, R. Dam safety, emergency action plans and water alarm systems[J]. Internation-

al Water Power and Dam Construction, 2009.

[7] 贾金生,郝巨涛. 国外水电发展概况及对我国水电发展的启示(四)——瑞士水电发展及启示[J]. 中国水能及电气化,2010(6):3-7, 12.

[8] 贾金生,徐耀,郑璀莹. 瑞士大坝安全管理与绿色水电认证[J]. 中国水能及电气化,2011(3).

[9] ANCOLD. Register of large dams in Australia. Australian National Committee on Large Dams. Online: http://www. ancold. org. au/content. asp? PID = 10005.

[10] ANCOLD. Guidelines on design of dams for earthquake[M]. Australian National Committee on Large Dams, 1998.

[11] ANCOLD. Guidelines on assessment of the consequences of dam failure[M]. Australian National Committee on Large Dams, 2000.

[12] ANCOLD. Guidelines on selection of acceptable flood capacity for dams[M]. Australian National Committee on Large Dams, 2000.

[13] ANCOLD. Guidelines on the environmental management of dams[M]. Australian National Committee on Large Dams, 2001.

[14] ANCOLD. Guidelines on dam safety management[M]. Australian National Committee on Large Dams, 2003.

[15] ANCOLD. Guidelines on risk assessment[M]. Australian National Committee on Large Dams, 2003.

[16] Bowles, D. S. , Parsons, A. M. , Anderson, L. R. , et al. Portfolio risk assessment of SA Water large dams[C]. ANCOLD/NZSOLD Conference on Dams, Sydney, Australia, 1998.

[17] Daniel, D. B. , et al. Regulatory frameworks for dam safety: a comparative study[M]. World Bank Publications, 2002.

[18] Heinrichs, P. W. Dam safety management in New South Wales. Powerpoint, presented at China Institute of Water Resources and Hydropower Research, Beijing, 2010.

[19] McDonald, L. A. , Wan, C. F. Risk assessment for Hume Dam—Lessons from estimating the chance of failure[C]. ANCOLD/NZSOLD Conference on Dams, Sydney, Australia, 1998.

[20] 加里·门克,等. 由公司管理大坝安全[J]. 水利水电快报,2001,22(3): 5-8.

[21] 贾金生,徐耀,郑璀莹. 澳大利亚大坝安全管理[J]. 中国水能及电气化,2010(10): 25-28.

[22] 匡少涛,李雷. 澳大利亚大坝风险评价的法规与实践[J]. 水利发展研究, 2002,2(10): 55-59.

[23] 王秀丽. 国外大坝安全管理[J]. 水利电力科技, 2006,32(1): 10-19.

[24] 李雷,王仁钟,盛金保,等. 大坝风险评价与风险管理[M]. 北京:中国水利水电出版社, 2006.